U0396976

BECOMING SALMON

〔挪威〕玛丽安·伊丽莎白·利恩 著

张雯 译

Marianne Elisabeth Lien

成为三文鱼

水产养殖与鱼的驯养

AQUACULTURE AND THE

DOMESTICATION OF A FISH

华东师范大学出版社

·上海·

图书在版编目（CIP）数据

成为三文鱼：水产养殖与鱼的驯养/（挪威）玛丽安娜·伊丽莎白·利恩著；张雯译. —上海：华东师范大学出版社，2021

ISBN 978-7-5760-1494-5

Ⅰ.①成… Ⅱ.①玛…②张… Ⅲ.①大麻哈鱼属－驯养 Ⅳ.①S965.399

中国版本图书馆 CIP 数据核字（2021）第 069101 号

上海市版权局著作权合同登记　图字：09-2018-263 号

成为三文鱼：水产养殖与鱼的驯养

著　　者　（挪威）玛丽安娜·伊丽莎白·利恩
译　　者　张　雯
责任编辑　顾晓清
审读编辑　赵万芬
责任校对　周爱慧
装帧设计　周伟伟

出版发行　华东师范大学出版社
社　　址　上海市中山北路 3663 号　邮编 200062
客服电话　021-62865537
网　　店　http://hdsdcbs.tmall.com

印 刷 者　苏州工业园区美柯乐制版印务有限责任公司
开　　本　890×1240　32 开
印　　张　11
字　　数　245 千字
版　　次　2021 年 5 月第 1 版
印　　次　2021 年 5 月第 1 次
书　　号　978-7-5760-1494-5
定　　价　75.00 元

出 版 人　王　焰

（如发现本版图书有印订质量问题，请寄回本社客服中心调换或电话 021-62865537 联系）

纪念阿斯比昂·利恩（Asbjorn Lien）

（1926—2012）

从前，有一条三文鱼溯流而上。在经过几个月的旅行之后，她已经精疲力竭、腹中空空。当她把鱼卵在砾石之中埋好，心中又涌起了那种熟悉的冲动：让自己顺流而下，返回遥远的、食物充裕的大西洋。这时，她有了一个主意，她想："要是我们不必这样做呢？要是食物就在靠近海岸的地方呢？要是我们能够训练一些其他物种为我们获得食物，而我们就待在这里一动不动，饭来张口？这样不是太美妙了吗?"

　　"小心你许的愿望，"她的三文鱼朋友说，"你永远不知道——有时候你的愿望会成真。"

目录

图 表

图　片

表　格

致谢

当 2001 年 11 月第一次拜访位于塔斯马尼亚的一个三文鱼孵化场时，我不知道这会是一个将持续十多年的三文鱼民族志之旅的开端。但是民族志遭遇和学术交流引发了新的问题，带我走上了未知的道路。我非常感激所有的因缘际会——人类的和非人类的——他们一路给予我洞见、信任和知识，使得这场旅程变得如此令人兴奋。

我感谢塔斯马尼亚的理查德和安娜丽莎·迪欧德斯（Richard and Annalisa Doedens）的友谊，允许我进入他们的行业中，而我能回报的很少。柴恩·卡尔斯吕（Trine Karlsrud）、维基·沃德利（Vicky Wadley）和盖伊·威斯布鲁克（Guy Westbrook）都是我在塔斯马尼亚三文鱼养殖场的重要向导，非常感谢他们花费时间陪伴我。

我希望向挪威研究委员会表示感谢，他们给我的三文鱼的田野调查提供了持续的经费支持，第一次是通过"概念和实质的跨国流动"项目给予塔斯马尼亚田野工作的支持。后来是通过"养殖场新秀：介于野生和工业化之间的大西洋三文鱼"项目对挪威田野工作的支持。奥斯陆大学社会人类学系也给我的研讨会和旅行提供了定期的资助。

如果没有机会进入三文鱼产业，这本书是不可能完成的。我非常感激挪威的斯拉克公司（化名）能够允许约翰·劳（John Law）和我在那里设立研究点，并慷慨地提供了许多实际的支持，包括免费住宿。我想感谢斯拉克公司的所有员工，感谢他们的温暖接待、他们的坦诚率真以及他们的帮助，包括他们愿意教会我们完成简单的任务并让我们观看他们的工作。我希望我的报告对得住他们的知识和付出。我还要感谢挪威和塔斯马尼亚三文鱼产业中的许多其他公司、机构和个人，我们对他们也做了访谈和观察。大多数的访谈是保密进行的，在双方同意之下隐去了被访者的名字。

约翰·劳、格罗·B. 维恩（Gro B. Ween）和克莉丝汀·阿斯达（Kristin Asdal）是这个旅程中的项目合作者。约翰·劳关于科学技术研究（STS）的许多著作是我重要的灵感来源。后来他成为我在这个领域的合作者、项目伙伴、共同作者和朋友。我非常欣赏他的幽默感、慷慨、学术上的鼓励以及批评。我大部分关于 STS 的知识，都是从他那里知道的。大部分关于挪威三文鱼的知识，都是我们共同学习得到的。所以这本书实际上是我们长期持续合作的结晶。当约翰和我研究三文鱼水产养殖时，格罗·B. 维恩在研究野生三文鱼，其在塔纳河的田野工作为本书提供了一个对比，同时也一直提醒我关于三文鱼的故事不是水产养殖就能讲完的。我感谢她的热情、知识上的好奇心和乐观品质。克莉丝汀·阿斯达研究鳕鱼的驯养，我感谢她坚持认为养殖鱼类是在许多不同的场合出现的，包括档案和书面报告中。

　　"养殖场新秀：介于野生和工业化之间的大西洋三文鱼"项目为许多三文鱼学者提供了一个激发思维的场域。我很感谢比约恩·巴罗普（Bjørn Barlaup）、本·哥伦比（Ben Colombi）、伯杰·邓斯戈德（Børge Damsgård）、苏尼尔·卡德里（Sunil Kadri）、塞西莉·梅杰尔（Cecilie Mejdell）分享他们的洞见，也感谢研究生莱恩·达尔海姆（Line Dalheim）、安尼塔·诺雷德（Anita Nordeide）、梅若特·奥德加德（Merete Ødegård）为我们的项目做出的重要贡献。我也受益于其他"三文鱼学者"的工作，希瑟·斯旺森（Heather Swanson）一直是洞见和鼓励的宝贵来源，并在很多重要的方面影响了我的想法。我也很感谢凯伦·赫伯特（Karen Hébert）阅读了书稿并提供了反馈，还有安妮·马格努松（Anne Magnusson），她关于挪威水产养殖的田野工作在我之前。

　　在 2004 年温纳格伦（Wenner-Gren）研讨会"野生动物如今何在：驯养的再思考"之后，我关于三文鱼的研究转向了一个新方向。我感谢丽贝卡·卡西迪（Rebecca Cassidy）和莫利·穆林（Molly Mullin）引导我联系驯养思考三文鱼养殖业，并使我相信自己可以有所贡献。后来，与研究北极的驯养的大卫·安德森（David Anderson）的讨论激励我挑战关于驯养的常规的研究途径，在人类学和其他方面对于场所（Domus）做出不同的思考。

　　我也想向那些参与《民族》（*Ethnos*）2011 年特刊"在世界

的尽头表现自然"的人们表示感谢，他们激励了我并提供了挪威和澳大利亚之间的民族志比较材料。特别感谢西蒙娜·亚伯兰（Simone Abram）与我共同编辑了刊物，为进一步的分析提供了理论平台。还有艾丹·戴维森（Aidan Davison）、艾德里安·富兰克林（Adrian Franklin）、斯蒂芬妮·拉劳（Stephanie Lavau）、大卫·曲格（David Trigger）、海伦·弗兰（Helen Verran）、格罗·B. 维恩全程提供的学术支持。我的作品也是在数不清的工作坊和学术会议中磨砺出来的，我很感谢听众，以及能够有机会在世界各地包括大学院系中谈论三文鱼，这些地方有：霍巴特、墨尔本、悉尼、阿伯丁、圣达菲、加州大学圣克鲁兹分校、加州大学戴维斯分校、兰开斯特、斯德哥尔摩、林雪平市、哥本哈根、奥尔胡斯、特罗姆瑟、特隆赫姆、卑尔根和奥斯陆。在人类学和社会科学的会议上我也得到了宝贵的评论——比如 ESEA（布里斯托尔，2006），ASA（奥克兰，2008），NAT（斯德哥尔摩，2012），AAA（旧金山，2012），CRESC（伦敦，2013）和 IUAES（曼彻斯特，2013）——还有一些在下述地点所举行的水产养殖会议，如法罗（BENEFISH，2009），特罗姆瑟（Havbrukskonferansen，2008），特隆赫姆（Aquanor，2013）和斯托尔（Aqkva，2012）。

在多年的田野工作和短篇章的写作之后，2012—2013 年我得到在加州大学圣克鲁兹分校人类学系访学一年的机会，我的书才得以成形。我无法想象哪里还有比这更激励人的环境。我在圣克鲁兹的同事都是培育好奇心和学术勇气的楷模。我永远感谢他们每一个人邀请我加入他们的学术生活。特别感谢安德鲁·马修斯（Andrew Mathews）、希瑟·斯旺森和罗安清（Anna Tsing）持续分享他们的思想、"森林对话"和对初稿的建设性意见。我也很感谢南希·陈（Nancy Chen）、雪莉·埃尔林顿（Shelly Errington）、唐娜·哈拉维（Donna Haraway）、黛安·吉福德-冈萨雷斯（Diane Gifford-Gonzalez）和丹尼林·卢瑟福（Danilyn Rutherford）有趣且宝贵的评论，还有研究生瑞秋·赛弗（Rachel Cypher）、皮埃尔（Pierre du Plessis）和凯蒂·奥弗斯特里特（Katy Overstreet）出色的问题和讨论。

我还受益于许多其他人的宝贵支持、鼓励和评论，包括菲利波·贝尔托尼（Filippo Bertoni）、洛塔·拉森（Lotta Björklund Larsen）、玛丽亚·布莱泽（Mario Blaser）、玛丽松·卡德娜（Marisol de la Cadena）、阿徒罗·埃斯科巴（Arturo Escobar）、弗里达·哈斯特普（Frida Hastrup）、布里特·克拉姆维格（Britt Kramvig）、苔丝·莉亚（Tess Lea）、弗朗西斯·李（Francis Lee）、安妮塔·莫斯塔德（Anita Maurstad）、玛丽亚·纳希什纳（Maria Nakhshina）、本·奥里夫（Ben Orlove）、吉斯利·保尔森（Gísli Pálsson）、埃尔斯佩思·普罗宾（Elspeth Probyn）、维姬·辛格顿（Vicky Singleton）、佩姬·韦斯特（Paige West）、理查德·威尔克（Richard Wilk）和布瑞特·罗斯·温斯雷克（Brit Ross Winthereik）。

在奥斯陆大学人类学系，我身边围绕着许多支持我的同事和令人鼓舞的学生。我希望向奥斯陆的所有同事表示感谢，尤其是那些直接参与到我的三文鱼工作中来的人：哈拉尔德·布洛奇（Harald Beyer Broch）、鲁尼·弗利克（Rune Flikke）、妮娜·哈斯利（Nina Haslie）、西格里·豪厄尔（Signe Howell）、玛丽亚·古兹曼·加勒戈斯（María Guzmán-Gallegos）、玛丽·梅尔胡斯（Marit Melhuus）、克努特·米耶（Knut C. Myhre）、安妮-凯特琳·诺拜（Anne-Katrine Norbye）、克努特·努斯塔德（Knut Nustad）、乔恩·奈奎斯特（Jon Rasmus Nyquist）、乔恩·雷姆（Jon Henrik Ziegler Remme）、斯泰恩·里布雷坦（Stine Rybråten）、塞西莉亚·萨利纳斯（Cecilia Salinas）、阿斯特丽德·斯坦斯鲁德（Astrid Stensrud）和克里斯蒂安·索豪（Christian Sørhaug）。

雅可布·希尔顿（Jacob Hilton）收集了阿拉斯加三文鱼的资料，克里斯蒂安·诺斯特德（Kristian Sandbekk Norsted）编辑了我的 EndNote 图书馆，珍妮佛·申茨（Jennifer Shontz）制作了图例。约翰·劳为我们的项目拍摄了许多照片，并友好地允许我在图表中使用他的照片。苏珊娜·J. 斯特吉斯（Susanna J. Sturgis）和芭芭拉·阿姆斯特罗（Barbara Armentrout）编辑了书稿。加州大学出版社的凯特·马歇尔（Kate Marshall）、斯泰西·艾森斯塔克（Stacy Eisenstark）、杰西卡·林（Jessica Ling）和多尔·布朗（Dore Brown）热情地引导我走过出版的各项流程，我很感激他们的支持。

我的家庭一直是感动和欢乐的源泉所在。我感谢维达、托马斯、托比昂、艾勒和我的母亲赫勒参与到这个旅程中来，也感谢我的丈夫埃温在我生命中的陪伴。特别感谢我们所有的孩子（他们的幼年在塔斯马尼亚度过），感谢艾勒有勇气到霍达兰上学并暂时参与到我的田野之中。感谢艾勒和埃温与我一起在圣克鲁兹度过一年，还有玛琳和安德烈斯也成为我们家庭的一部分。埃温慷慨地、全方位地参与到本书（的创作）中来，并成为我的灵感和支持的持续来源。我的父亲阿斯比昂在本书完成之前去世了，我永远感激他的爱、学术鼓励和他写作热情的分享。这本书献给他。

塑造中的三文鱼

"时光之流中的万物，一经发生，便留下了成为的轨迹。"

——提姆·英戈尔德（Tim Ingold），《活着：
知识与描述论文集》（*Being Alive:
Essays on Knowledge and Description*）

　　三文鱼由来已久。它们早于我们存在，作为一种可靠的季节性资源，一种来自远洋深处的营养物质，它们在近海地区可以被方便地捕获，从而成为了海边人群的生计支柱。我们曾拥有共同的历史，然而近些年来这种历史发展出了新的方向。

　　本书是关于"鱼的城市"的一个民族志。它讲述三文鱼如何成为养殖的动物和如何被赋予情感的故事。这是关于一个出人意料的、正在崛起的产业故事，这个产业已给世界渔业资源的格局带来了巨大改变。随着三文鱼的全球化，这也是关于一种新型生物资本改变人类与非人类、自然与文化之间关系的故事。但更重要的，这是一个关于挪威西部三文鱼养殖场内外以及河流上游和其他地区中三文鱼与其人群之间新的、非常规的接触的研究。

　　想象我们正处于挪威的峡湾之中，东岸的冰川将晨光反射出粉红的阴影。水面时不时被跃入空气中的银色影子搅动，提醒着在这里我们并不是孤独的存在。这时，一种粉碎的声音打破了沉默，犹如头顶的一阵冰雹。那是有节奏地压碎塑料管中的饲料颗粒的声音，50万条三文鱼很快就要进食了。我们一天的工作刚刚开始，它们的也是。养殖的大西洋三文鱼生来饥饿，而它们的工作也很简单：增重。

不同物种的共同历史很难被讲述，这不仅是因为我们中的一些人认为拥有历史是人类的特权，从而忽视了非人类物种同样也有历史的事实，而且也因为我们学会了分别讲述故事。我们倾向于把历史看作——或者是在没有人类干预的情况下展开的"它们的"历史，动物历史；或者是"我们的"历史，此时人类是主要行动者，而动物作为猎物、财产或象征存在。"它们的"故事在生物学家中寻找读者，"我们的"故事在人类学家中寻找读者。

但是讲故事的方式正在发生改变。生物学家和环境生态学家开始将人类写进他们的自然故事中。地质学家采用"人类世"（anthropocene）作为我们时代的标签，使人们注意到人类对大气和地球造成的持续性影响。社会和文化人类学家则越来越意识到"社会"这个词有可能也包括非人类，他们开始探索这种可能性的民族志含义。

考古学家从不会忘记人类历史是怎样与动物和植物的历史紧密联系在一起的。他们现在更注意这种接触，并将互惠共生和共同进化作为新的焦点。但即使是考古学家，当谈到来无影去无踪的鱼类时也不免有些为难。地下埋存的羊骨使人们瞥见了驯化的羊群与人类的共同进化，鱼类却很少有这种遗存。古代文明遗迹可以告诉我们古人食用海产品的情况，却很少会谈到鱼的形状以及我们是如何共同进化的。

三文鱼养殖可被视为人类驯化动物历史上的最新转折。有史以来第一次，鱼类被置于密集的、工业化的水产养殖之中。作为"蓝色革命"的先锋，史无前例的三文鱼养殖业的扩张增加了人类对北大西洋和南太平洋渔业资源的需求，从而给海洋渔业增加了压力。然而三文鱼养殖的出现不仅意味着资源利用模式的改变：随着鱼类成为养殖动物，以前在鱼类和其他动物之间的区分也被重新设定了。进入全球食品生产的工业化体系之后，养殖的三文鱼不仅成为了资本投资的生物群（biomass）和对象，而且也成为了一种有情感的存在物，能够感觉到疼痛，并且被纳入了动物福利法的保护范围。

在北大西洋两岸，三文鱼和鳟鱼的交叉繁殖的淡水实验已经做了好几代。然而，直到20世纪70年代早期，海水养殖三文鱼的实验才获得成功，我们所知道的商业化的三文鱼养殖才被发明出来：三文鱼很快被纳入密集化生产的体系，海洋不再只是适合捕捞渔民，同样也适合养殖渔民。农业的原则被延伸到海洋领域，水产养殖扩大到河口和海洋。在20世纪80年代到90年代，三文鱼养殖又大大增加并扩展到南半球，生产形式也变得多样化。

* * *

本书探索这些"养殖场新秀"的历史及它们所加入的这种新型动物饲养体系的情况。从挪威峡湾的"鱼的城市"到橘红色的娇嫩鱼卵的诞生地——黑暗潮湿的孵化室，我在三文鱼养殖场内外追寻三文鱼及相关人士的状况。我也跟随养殖三文鱼的足迹从北大西洋来到南半球，还通过书面材料了解它们，包括研究期刊、网站和国际商业展。在挪威西部，我还跟随它们溯流而上，到达了它们的远亲至今仍然在繁衍生息的地方。一些三文鱼垂钓者和生物学家成为了我的向导，而他们的担忧是从养殖场逃逸出来的三文鱼会对野生三文鱼群造成影响。但是大多数时间里，我还是与那些喂养和照料三文鱼的人在一起工作。对他们而言，这是他们深度从事并珍惜的生计。

非常规的接触？是的，的确如此。鱼类是冷血动物，它们生活在水中，远离我们的视线。它们沉默不语。从它们闪耀的眼睛里看不出任何情感，它们的身体语言也很难破译。所有这些都限制了人们对它们的回应。然而我们的回应仍然是重要的。驯化是一种双向的过程。自从我们的祖先开始与动物们分享他们的屋舍，驯化关系就是一种相互关系。本书讨论驯化关系现在是如何延伸到鱼类上来的。这可以说是一条陡直的学习曲线的最新发展。本书也是关于由挪威养殖渔民所组成的偏远社区的研究。这些渔民处于全球水产养殖的前线，是他们将一箱箱新鲜三文鱼装上卡车再航运到巴黎、东京、莫斯科和迪拜。

驯化将控制和约束作为人类与动物关系秩序化的关键手段，从而被认为实现了人类与动植物关系的根本转变。本书受三文鱼及其照料者的水世界的启发，将挑战上述的看法。本书认为，"共同性"、"不确定性"和"不断修补"才是用来把握人类与其环境之间生产性关系的更好字眼。我不采用"将人类进步看作是对自然的控制"这种过时的叙事方式来描述水产养殖的模式，而是邀请读者一起去探索这种超越人类的关系所能提供的新的机遇和风险。从这个意义上说，本书是一种关于三文鱼养殖和驯化是什么和可能成为什么的共同的追问。

新的缠绕关系

自有历史记录以来，或许从更久远的时候起，大西洋三文鱼和太平洋三文鱼就在北大西洋和北太平洋边缘形成了它们的生态种群。人类曾经通过一些物质安排改变或延迟三文鱼溯流而上的旅程，从而影响了它们的足迹。人类通过提取亲鱼的鱼卵和精液并在河流分流处放置受精卵来提高三文鱼的繁殖能力。人类的过度捕捞和选择性捕鱼，[1]还在无意间改变了本地最受欢迎的三文鱼种群的基因图谱。通过这些和很多其他方式，人类生命和三文鱼的生命几乎一直缠绕在一起，而我们今天在三文鱼养殖场看到的许多东西都可以被视为这种缠绕关系的一种延续，或者是加剧这种关系的例子。尽管如此，在当代三文鱼养殖场中还是有一些体现这种关系的全新的方式。

当代三文鱼养殖最显著的特点之一就是它史无前例的规模：从商业的角度看，三文鱼养殖拥有远超任何人预料的扩张潜力，这本身就是巨大的成功。20 世纪 90 年代末，据估计世界上 95% 的三文鱼都是养殖场养殖出来的（Gross，1998）。从那以后，全球的三文鱼产量翻倍增长，上述比例很有可能又提高了。到 2009 年，水产养殖供应了人类消费的鱼类和贝类总量的一半。到 2012 年，水产养殖是世界上增长速度最快的食物生产部门之一（三文鱼养殖是其先锋），并且有望在下一个十年在全球范围内超越猪肉、牛肉和家禽的生产（FAO，2012；Nærings-og fiskeridepartementet［商业、工业与渔业部］，2013）。作为这种大规模增长的一个结果，同时也因为养殖三文鱼的繁荣需要鱼食和鱼油的稳定供应，水产养殖的增长给世界海洋渔业增加了压力。野生鱼类过去用于为陆地牲畜生产饲料颗粒，现在养殖三文鱼对这种稀有的资源也提出了需求。于是，从 1992 到 2006 年，鱼油和鱼食的全球用量中水产养殖所占的比例翻了三倍多（Naylor et al.，2009；FAO，2008）。[2]作为海洋食物链中的捕食者，养殖三文鱼在全球海洋资源的格局调整中是一个关键角色，它推动了海洋资源从用于人类消费到饲养动物，从饲养陆地动物到饲养海洋动物的转变。

　　驯化位于这种大规模转变的中心。然而，虽然三文鱼作为"养殖场新秀"的说法指的是一种历史转变，水生动物的驯化却并不完全是新鲜事，驯化模式也不能完全解释我们正在目睹的大规模的全球扩张。在本书中，驯化将不仅作为一种比较工具，而且作为一种概念的占位符（place-holder），被用来对不同领域的、超越人类的实践进行民族志的研究。受考古学、人类学和人类-动物关系最新研究的一些洞见的启发，我将驯化理解为跨越物种界限的关系丛，它们使得特定的生物社会体或再生产实践能够成立和生效，借此，人类与非人类得以共同生存在彼此的世界中并且（有意和无意地）为彼此制造空间。这种关系性实践常常围绕着空间的调整、地点的划拨和周期序列中时间的安排展开。比如，播种和收获的季节轮转，为了农业用途的土地的划拨、牧群的移动，也经常与谷仓、鸡笼和三文鱼池塘等新的基础设施的安排有关。我们将看到，这些基础设施服务于特定的关系性实践的聚集或使其更加便利。我将上述人类-动物接触的地点理解为人类和非人类实体之间的异质性聚集，它定义和规定了何为被驯化的动物。受有关驯化的研究文献的启发，我将上述的地点称为"场所"（domus，见第二章），它们是物与事的不稳定的聚集，只要结合在一起，便构成了人类和非人类存在物生长繁衍的条件。

玛丽莲·斯特拉森（Marilyn Strathern）提醒我们，重要的是我们用来"理解其他观念"的观念是什么（Strathern，1992）。她的洞见有着更深远的启发。[3]"重要的是我们用什么材料来思考其他材料"或者"我们用什么实践来思考其他实践"，她的这些话提示我们可以用一些新的方式来关注民族志实践的侧面。在三文鱼水产养殖的研究中，这些话提醒我们没有明确的背景等待被揭示，也没有理论为手边的材料提供明显的分析依据，然而却有无穷的联系和并置的机会，每一种都具有将分析引向新方向的潜力。

驯化的概念给我的故事赋予了框架，同时也提供了让我的材料可以被"思考"的比较工具。这不是一个容易理解的选择。在水产养殖的话语空间中存在着许多其他的叙事方式，可以使关于三文鱼养殖的分析黯然失色。"工业化资本主义""全球食品生产""环境退化"和"野生三文鱼灭绝"都是一些其他可替代的框架。当我选择"通过牛羊思考三文鱼"时，并不是因为其他的选择不相关，而是因为驯化给我提供了机会，让我得以进行自己认为特别神秘而有趣的比较。最重要的是，它帮助我"去中心化"，或者说暂时悬置那些将英雄与恶棍、好与坏固定化的常规的、标准的叙事。它也让我思考水产养殖时并不马上囿于将自然和社会作为对立领域的概念二元论，[4]这种二元对立论支撑了关于环境和"野外"的如此之多的当代争论。

驯化作为一种比较工具调动了不同时间和话题领域之间的关联性和连续性，同时也包含了关于人类如何给自己提供营养的基本历史关怀。从这个意义上说，它能将分析导向意想不到的方向。然而，只有对作为常用叙事方式的驯化做出必要的再评估之后，这一切才成为可能。

驯化及我们遵循的其他叙事方式

如果人类学致力于持续的"思想的解殖"，[5]那么它就应该经常质疑我们所遵循的叙事方式。驯化可以被视为上述叙事方式的一种，它使欧美人熟悉的、与进步和现代文明有关的那些特定的历史轨迹和生物社会关系延续下来，并使之合理化和合法化。因此，驯化包含了目前在全球范围内占据支配地位的各种生活方式（定居农业、私有财产、强制畜牧业、自然物的提取），再生产了文化与自然的二元对立论和人类例外论，同时这两者也使驯化合法化。（既对牲畜也对土著人的）控制和空间约束是上述过程实现所借助的关键因素。在人类学中，驯化也相似地与人类统治、驯养、控制、等级和分类体系有关（Cassidy and Mullin，2007；Candea，2010）。

在文献中，三文鱼和驯化并非常见的组合，然而这种组合好像也并不令人意外：三文鱼集中体现了野生，驯化则讲述了一个典型的人类征服自然的故事。三文鱼养殖的全球扩张可以是一个当工业资本主义扩展到新的水产"领域"时，自然如何被超越的故事，[6] 或者动物驯化的进化史中的最后一幕（Zeder，2012）。[7] 事实上，故事常常就是被这样讲述的。然而，这种驯化的视角倾向于掩饰异质性和当特定的"生命形式"交叉作用时激增的、不连贯的例子。这些"生命形式"包括工业化的食品生产和有机的"生命形式"（例如其产品：饲料颗粒、养殖三文鱼片）（Law et al.，2014；Helmreich，2009）。

如果我们假定自己已经知道驯化是什么，这将边缘化那些不可预料的、也常常是不可预期的实践和结果，从而带来风险。这些实践和结果在同时存在的、完全不同的世界里展开——这些世界不必无缝地对接于常规的驯化模式。所以，我并未将三文鱼养殖业的发展分析为人类对"自然"统治的另一种结果（或者新自由主义对动物无意识的开发利用的结果），而是用多种方法在驯化和三文鱼养殖之间编织联系，并提出这些问题：使养殖三文鱼能够产生的特定的实践和安排是什么？作为结果出现的是何种人类和非人类的构成物，他们又是如何组合在一起的？当三文鱼以新的方式并通过多种实践与人类"一起形成"

时，什么样的三文鱼在这个过程中产生了？最后，三文鱼如何对驯化的过程产生启发？

这些问题使人们注意到生物社会的形成过程和三文鱼以"多于一种而少于许多"（Strathern，1991）的形式出现的可能性。因此，本书将关注在水产养殖实践中出现的部分关联和几乎不连贯的三文鱼。"饥饿的""生物群""可扩展的"[8]"有感觉的"和"外来的"是一些合格条件，聚集了三文鱼养殖场内外的关联的实践并为其提供基础，同时对三文鱼的转变至关重要。（见第三至六章）

因此我的假设是，驯化可能包含一系列变化的关系，通过这些关系，人类和动物塑造着彼此。我并未将三文鱼看作锁定在越来越强的人类控制的特定轨迹中的一个被动客体，而是将它看作一个突然出现的陪伴型的物种，在其参与的各种项目中既共谋又抵抗。通过关注经济和情感方面，我强调构成三文鱼水产养殖的不稳定的、偶然的实践，和作为结果出现的"成为三文鱼"的多种方式。

驯化：变化的布局

一百多年以来，驯化的概念作为一种信念，伴随着欧洲给世界及我们身处其中的位置建立秩序和赋予意义的实践。作为一种人类改变他们周遭非人类环境的强大意象，驯化通过特定的时间等级使得序列合法化，将人和地点沿着一种进化论轨迹分配开来：从野生的到驯化的。因此，驯化作为一种制造世界的特定模式出现，文明通过它得以解释自身。

驯化可以用许多方式进行定义，在学术话语内外，它的意义随时间而变。我们接下来做的不是要固定驯化的概念，而是要开启对话来讨论作为一种关键概念和秩序化工具出现的驯化。我将谈到生物学、考古学和人类学，不仅探究驯化在这些认识论领域中是什么，而且探究它做了何种工作，它建立和维持了哪些关系——或者，它实际上掩饰了哪些关系——以及驯化概念进行了何种秩序化的实践。

"驯化"来源于拉丁语"domus"，在古罗马指的是一种由富裕阶层居住的房屋[9]。字典上的定义将驯化与炉灶和家联系起来，指使某物变为"家用"（驯养）或者感觉像在家一样（归化）的过程[10]。变化的过程是中心意思，同时这个词也区分了被容纳在房屋、家户、家里的某物和（还）没有被容纳在上述环境中的某物。于是某种界限感被建立。通过驯化的过程，又可能被超越或克服。

流行的叙事倾向于将驯化描述为一个线性的过程，起源或发端于一个特定的点，通过人口流动、战争或征服传播到世界的其他地方。驯化与所谓的新石器革命相联系，后者被描绘为人类开始通过农业和养殖实践控制自然的转变性时刻。这个词本身代表了人类文明史上的一个转折点（Childe and Clark，1946）。在流行的叙事中，新石器革命标志着发展的进化过程的开始，其原因常归于人类的能动性和倾向性。著名的电视系列片《人类：我们所有人的故事》（历史频道，2012）就是一个典型的例子。第一集"发明者"是关于农业转型的，解说词如下："在一个独特的星球上，一个独特的物种迈出了它的第一步：人类诞生了。但是这个世界充满危险，受到物种灭绝的威胁，我们依靠各种发明而生存——发现了火和发明了农业；建造城市和金字塔；发明了商业——并且掌握了战争的艺术。从卑微的开始起步，我们变成了这个星球上主导的动物。现在，未来属于我们。"

对于绘制这种历史过程来说，考古发现一直是非常重要的。它们让我们知道在 6000—10000 年前，驯化起源于中东并扩展到欧亚大陆和非洲的其他地方，用它的方式不可逆转地改变了地景、社会和动植物（Cassidy and Mullin，2007；Vigne，2011）。由驯化带来的盈余允许，同时也依赖于更大规模的人类定居（来放牧牲畜，耕种土地庄稼以及其他）[11]。这又为劳动分工、社会分层、私有财产出现和国家形成铺平了道路：简单说，这就是我们熟知的世界。在一些版本中，驯化是进化成功的标志，虽然也有人强调它的阴暗面。但是两种版本都用驯化来讲述"另一种"关于人类、生态学和我们星球的未来的故事[12]。因此，驯化位于文明与野蛮，驯养和野生，文化和自然的基本分水岭的中央，对于殖民和后殖民政治、自然资源管理、科学研究的制度体系和统治的科学技术具有深远的影响。

控制与空间约束是驯化常常借助的关键要素。比如，常被引用的概念将牲畜定义为："在一个能够维持对其繁殖、领地组织和食物供应的完全统治的人类社区中，为了生计或利润的目的被圈养的动物"（Clutton-Brock，1994）。人类对于动植物的控制是一种现代制度，将人类作为个人化的主体，即人类创造者，拥有作用于自然的权力，而自然仅是被作用（例如见Descola，2012）。通过强调控制、统治和约束，驯化提供了使特定的生物社会关系变得合法化、规范化和不言而喻的模型。因此，驯化可以被视为一种范例模板或事实上的神话，由此更大范围的现象被组织、表达和形塑。[13]通过这种方式，驯化成为一种思考我们与非人类存在物关系的强有力的隐喻。

与此同时，驯化还的确是一种流动的概念，当其跨越学科界限以及从流行话语转移到科学话语时都保持着高度的可变性。

生物学的驯化

生物学的定义使人们注意到"身体的"变化。驯化指的是动植物种群在基因层次上被改变的过程，在这一过程中加强了其有利于人类的特性。相似的取向在生物多样性中得到应用。《生物多样性公约》（UNEP，1992）将驯化的物种定义为"人类为满足自身需要而影响了其演化进程的物种"（第二条）。这是对查尔斯·达尔文的响应，他使用驯化这个词来指动物从野生物种到"被认可的品种"的变化（Leach，2003）。[14]人类和单一的非人类物种的双边关系而非多物种关系被强调，一种人类倾向性和主观能动性的概念对于制造这种区分来说是最为重要的。

从传统上说，在一定程度上，形态学上的行为差异对于区分驯化和非驯化物种是重要的。但是随着基因研究的快速发展，差异更多指的是基因上的了。在三文鱼的例子中，比如，为了确定正在讨论的三文鱼事实上是否是"野生的"，需要识别某一河流中三文鱼的不同分支之间的可见的基因差异（Lien and Law，2011；Nordeide，2012）。因此，将野生定位于"基因"或者基因型之中，而非定位于显型或某种地景之中的变化已经发生。在这种版本中，驯化区别于驯养（taming），后者对生物学家来说意味着在一个动物的生命过程中与人类特定的接触，不一定对其后代有基因上的影响。[15]

通过强调基因改变，驯化的生物学定义呈现出人类干预的一些形式，比如人造环境中人类有意或无意地对动物繁殖、动物运动的控制，或者造成选择性的压力（见 Russel，2002）。[16] 关键问题不是它为什么或怎样发生，而是就基因改变而言结果如何。因此，"驯化"这个词在那些"原始状态"的生命形式和某些以某种方式"发明"出来的生命形式之间造成了可见的区别。通过这种分类方法，生物学家不仅可以帮助识别河流中的三文鱼，而且可以帮助确定在整条河流或者不同地景中的物种的保护价值，同时精确地指定哪些物种是"值得保护的"而哪些不是。由于驯化提供了一种将"野生"与被人类影响的生命形式区分开来的工具，它也处于环境话语的核心地位，并成为受争议的、关于替代性土地使用的公共决策的一种合法化来源。

考古学的驯化

对于维多利亚时代的考古学家来说，驯化是一个历史性事件，是从一种类型的社会激烈地转向另一种社会的时刻（Smith，2001）。这种突然转向的意象由"新石器革命"这个词最为清晰地表达出来。[17] 这个词由考古学家戈登·柴尔德（V. Gordon Childe）创造，最初是指由人类带来的革命性的变化。一种革命性的范式支撑了这种取向，突出了时间上的断裂。受到他本人的俄罗斯之行以及摩尔根（L. H. Morgan）的进化论范式的启发，柴尔德采用了马克思主义的词汇"蒙昧"、"野蛮"和"文明"来表示不同的阶段，这些阶段第一次是由新石器革命划分开，接着又被我们所说的城市革命划分开（Trigger，1980；同时见 Childe，1958）。[18] 在这种取向中，驯化被描绘为"人类食物采购方式的转型"：从采集狩猎到农业、定居和畜牧业不同程度结合的实践。这种转型可能是同时发生的，也可能是依次发生的。总之，这些转型给考古学家带来了关键的疑问，关于转型是何时何地发生、为何发生、怎样发生以及带来何种影响的辩论定义了几十年来的考古学研究。

新石器革命带来的意义是引人注目的。考古学家告诉我们驯化如何为财富积累和人口增长奠定基础，随之带来了定居社会、盈余的产生、社会分层、集权政治结构和国家的形成。从骨头碎片、遗迹和破瓦罐中我们可以绘制共同的起源并将我们如何成为自己的故事拼凑起来。考古学提供了一种不可或缺的知识来源，通过它至少一部分人类可以庆祝或者反思他们的成绩或失败之处。驯化就这样成为一种制造世界的方式，文明也因此解释自身。

这种宏大叙事处于欧洲的中心地位。柴尔德对于史前时期的文化研究取向就是一个典型的例子，20世纪20年代，这种学说逐渐取代了之前的进化论模式。他的《欧洲文明的黎明》启发了20世纪众多的考古学家们，对于国家建设而言意义重大（Trigger, 1996）。当多数关于驯化的考古学研究聚焦在物质功用上的时候，伊恩·霍德（Ian Hodder）的《欧洲的驯化》（1990）采取了不同的视角，提出了"在社会和象征意义上的驯化早于经济意义上的驯化"的可能性。[19]他的中心论点在于驯化和他称之为"野生"（agrios）的对立，后者意味着"野外的""未开化的"。农业便是"野生"的"文化化"，通过驯化与野生的对立，农业的源头被联系到更普遍的社会与文化驯化过程上。霍德对考古学证据的结构主义的再阐释在考古学界引起了一些争论，但在文化和社会人类学家那里并未引起多少争论，对于后者而言，驯化概念在当时还不算是中心议题。

面对达尔文所说的我们曾经是"完完全全的动物"的论题，[20]驯化的叙事提供了一种有关进步的学说。一方面，它是我们所有人的故事（参见人类普遍论）；另一方面，它提供了人类群体区分彼此的工具（参见人类多元文化论），他们沿着想象的、各自独特的轨迹迈向"欧洲文明"的版本。这种有关驯化的流行叙事并不符合更为前沿的考古学研究。考古学家们使用更加复杂的技术（基因学、土壤分析）来研究骨头、陶器和植物遗存，他们生产出更为精细的证据并思考驯化可能如何进化的不同学说。[21]然而一个多世纪以来，新石器革命的思想对欧美人的想象有着深远的影响，所以它已经成了，再次用斯特拉森的话来说，"一种用来思考其他思想的思想"（Strathern，1992）。

社会文化人类学的驯化

如果像达尔文说的那样，选择性压力可以导致驯化动物身体形态的改变，相似的机制是否也会影响人类？这个问题启发了弗朗茨·博厄斯（Boas，[1911] 1938），他与当时的社会进化论辩论，并试图通过传播来解释差异，以及理解动物和人类的身体是如何受到他们生存条件影响的。博厄斯的关注将人类身体、他们的环境以及他们的社会实践"联合"起来进行思考。然而优生学运动所带来的体质人类学的滥用中断了上述思考，导致了海伦·利奇（Helen Leach）2003 年所指的"20 世纪 50 年代后期人类学书写中人类驯化理论实际上的消失"。在一篇会议论文中，她主张在体质或形态学意义上，人类是与动物共同进化的，包括"纤细"的特质和更少"粗野"的体型。动物驯化中的"无意识的选择性压力"[22]也在定居人类身上起作用的思想是有争议的，对社会文化人类学家来说影响有限。后者大体上更关注的是人类身体韧性的、感觉的和变化的维度，而非我们的基因和骨骼。

社会文化人类学的驯化定义通常强调这种关系中人类的方面，对于动物的关注主要在于它们作为财产、对人类的功用或者它们的隐喻和象征意义（见 Leach，1964；Levi-Strauss，1966；Evans-Pritchard，1964）。驯化也被用来指隐喻性的驯化（Goody，1977）。许多人引用考古学家朱丽叶·克拉顿-布罗克（Juliet Clutton-Brock）关于驯化动物的定义，强调控制、束缚和人类利益（1994）。埃文斯-普里查德（Evans-Pritchard）的经典名著《努尔人》（1964）提醒我们人类学对于人类-动物关系的兴趣并不是新鲜事，并且他对于共生论和相互性的关注可被视为对驯化关系的非人类方面更多关注的开端。他对于共生论的看法值得被详细引用：

前面已经提到，努尔人可以被称为"牛背上的寄生者"，但我们可以有同样的理由说，奶牛是努尔人手上的寄生者，因为努尔人一生都在关注和照料着牛群。他们建造牛棚、点燃火堆、打扫畜栏，这都是为了使牛住得更舒适；他们从村落搬到营地，从一个营地搬到另一个营地，又从营地搬回村落，这一切都是为了牛的健康；为了保护牛群，他们会与野兽搏斗；为了让它们看起来更漂亮，他们制作出装饰品来打扮他们。在努尔人的悉心照料之下，他们的牛过着一种从容、慵懒、闲散的生活。实际上，努尔人与牛的这种关系是共生性的：通过彼此之间的互惠性的供给，人和牛维持着各自的生命。在这种亲密的共生关系中，人和牛之间形成了一种最为紧密的统一的社区共同体。

　　然而他的著作中的这个方面却很快被遗忘了。人类学大体上成为了一种"人的学科"，很少考虑埃文斯-普里查德描述的这种关系。

　　但是也有一些例外情况。比如人类学家提姆·英戈尔德很早就对动物的驯化感兴趣。在 1984 年，他将驯化定义为人类实现的"对于几代动物的社会合并或者占用"的方式。像罗素（Nerina Russel）一样，他采取一种考古学的视角，驯化的动物被视为"人类个体与家庭之间关系的客体或载体"（Russel，2002）。因此，动物驯化中的关键变化"并不在动物的身体中，甚至也不在人类与动物的关系中，而是在动物作为资源的社会定义中"。在这种取向中，驯化成为人类社会关系中的首要变化。

　　英戈尔德因此挑战了当时传统考古学叙述中的二元论，并提出应包含各种实践，比如将狩猎作为驯化实践的先驱。后来，丽贝卡·卡西迪和莫利·穆林使用驯化这个词使人们注意到"野生"概念变化的含义，并联系到当代社会文化人类学对"自然"的变化含义的关切。在卡西迪所写的导论中，她使人们注意到，（主要是人类学之外的）学者们是如何开始强调驯化的相互性而非所有权、财产和控制概念的（Cassidy，2007）。人们可能会认为对于动物的看法要发生变化了，而这实际上也意味着关于对什么是人类——或者说是人类学的"人"（Anthropos）的理解也要发生变化。然而并不必然是这么回事。

　　当代社会文化人类学中的"人"，其身体特征并不是像博厄斯（Boas，[1911] 1938）所讲的那样通过日常饮食和驯化形成的。实际上他是一个谈话、思考、感觉和行动的人，其身体或多或少是既定的：如果身体是有韧性的，那也是通过人类作为一种思考和行动主体的能动性的作用，而非祖先传下来的结果。因此社会文化人类学承认身体，但只是一种接受性的身体，只是一种被作用的平面而非代际变化和基因改变的场所。我们可以说一种福柯式的、"规训"的身体或者"装饰的身体"被认为与社会文化人类学的"人"相关，然而一种带有"纤细特质"的"驯化的身体"却不。[23]

然而这种对于人的描述来自何方呢？莫里斯·古德利尔（Maurice Godelier）提出了动物和人类之间重要的区别，他坚持只有后者才有"历史"，而前者只有自然历史，实际是再生产的结果而非它们自己有意向活动的结果（Godelier，1986）。生物人类学家可能不同意，但是古德利尔依据的是马克思的著名论断：

> 通过实践创造对象世界，即改造无机界，证明了人是有意识的存在物……必须承认动物也生产……但是动物仅仅生产它或者它的孩子急需的东西。它是单向地生产，然而人类是普遍地生产……动物只是生产自己，然而人类再生产整个自然界……动物按照它所属的物种的标准和需要来生产，然而人类知道如何按照其他物种的标准来生产。（Marx，[1844] 1961）[24]

通过能动性概念建立人与动物的区别以及通过有意识地作

用于他所处的环境来"创造历史"的说法，将人描述成了研究的客体。人与动物接触中互惠的可能性以及其他动物的有意向的能动性都被排除在外了。

如果这种"人"的版本是社会文化人类学研究的对象，人类学家将世界描绘成人类群体如何作用于他们各自的环境来养育自己就很自然了。因此，我们学习以及教授作为雨林采集狩猎者的人类、作为刀耕火种者的人类、作为稻谷耕种者的人类、作为草原游牧者的人类以及其他等等的人类。生存实践成为关于土著人"是"什么而非"做"什么的定义性特征。因为土著人会占有主流群体丢弃的土地，人类学的终极"他者"也经常是驯化叙事的终极"他者"。驯化叙事于是成为了一种人类学的秩序化工具，不仅定义了最有趣而值得研究的人类群体是怎样的，而且解释了他们那种呼吁学术关注的特质。最近，学界对于人类-动物关系研究的兴趣上升，并将非人类放在终极"他者"的角色上，但基本的等级关系依然存在。

这使得人们容易忘记，我们所研究的人群并非是从久远的时代起就在一种特定的环境中进化而来的。作为一种战略性迁移的结果，他们事实上早就离开了他们所在的地方，被挤出或者逃离了人口密度更大的农业生活方式。詹姆斯·斯科特提醒我们，即使是在欧洲农业发明和早期国家形成之后，"大部分时间里，人们视人口和政治压力情况在采集、刀耕火种以及更加密集的农业之间来回变动"（Scott，2011）。萨米人开始将放牧驯鹿作为一种专门的职业也是在挪威殖民势力使得捕鱼更加多样化以及放牧更难养活自己之后（Ween and Lien，2012）。南美的美洲印第安社会被作为新石器时代的遗留引起了人类学的关注，而他们之前很可能已是定居农业者，后来在面对外来征服时抛弃了他们的农业和村庄（Clastres，1974），变成了——就像现在这样——"被设计的野蛮人"（Scott，2011）。[25] 这些本来是一些能够挑战和有效改变驯化叙事及它的时空秩序的故事（就像斯科特事实上做的那样）。然而它们现在更多地成为了对那些被"现代性丢弃"或是本体论相异的人群的永恒的民族志描述。因此生活在广大而多样化的"无人之地"的人群，他们的生活并非不受复杂农业社会的影响，他们也并未对外部社会筑起高墙。如果人类学家不能在他们对于"他者"的研究中使用驯化，或是不能认识到驯化实践矫正后的潜能，那么驯化叙事也还不会受到挑战。当驯化概念作为一种独一无二的概念被修改但是并没有从根本上受到挑战时，它继续用它的缺席困扰着人类学，表现出一种以定居畜牧业和单一作物种植（农业-畜牧业联结）作为规则的特定秩序。就这样，一种时间秩序被建立起来，在这种秩序中那些（还）未完成转变的特定社会成为永恒过去的遗迹，并被作为现代人（人类）意向的反面。后者则是能操控自然的主体（不同的视角见 Anderson，Wishart，and Vate，2013）。[26] 相似地，自然成为这个等式的"野生"的那一边，并且属于一个不断退后的过去（也见 Anderson，2006）。

　　本书并没有论述一个更犀利和更好的驯化的定义。事实上，我将这种不精确性和易变性看作这个领域本身具有生产力的表现，并且将驯化与三文鱼一起看作旅行伴侣，希望这两者的并置能够引发对彼此新颖的理解。三文鱼与驯化都不是固定的实体，他们都是多重的并处于"成为"的过程之中。我相信无论在概念上还是在物质上，用于更新重建的神秘潜能都可能在这个特定的界面上产生。但我们还有其他的旅行伴侣。对于那些不因其关于驯化的研究而知名，而是对各种异质的实践机制充满好奇的学者，我同样也受到他们的启发。

生物社会形成物：迈向一种超越人类的民族志

我对于"成为"（becoming）的关注可被认为是人类学从意义到实践的理论转向的一部分，同时也是从表征性到表演性转向的一部分。受探讨上述可能性的学者们的影响（如约翰·劳、罗安清、唐娜·哈拉维、凯伦·巴拉德［Karen Barad］、吉斯利·保尔森和提姆·英戈尔德），我更愿意将此看作是一种提醒而非一种"转向"。如同提姆·英戈尔德所说的，"我们的任务并非观察估计（这个世界和）它的内容，而是**跟随正在发生的事情**，追踪'成为'的多重足迹，无论它们去向何方。追踪这些道路就是将人类学带回生活"（Ingold，2011；原出处强调）。

对英戈尔德而言，"人类学是对在世界之网中展开的人类形成物的研究"（Ingold，2011）。因此它围绕着一种关于"各种存在物……既为了他们自己又为了他们的后代，如何构成彼此的生存条件"的兴趣。因此,"有机体并非只是一种差异的表现,而是曾经出现的成长过程的结果"。这并非意味着一种激烈的转向,而是使得我们的民族志意识变得更加敏锐,使之包括我们(非人类)同伴的生命历程构成我们存在的各种方式,并使人们注意到罗安清所说的"一种超越人类的社会性"(Tsing,2013)。这也意味着我们更加严肃地意识到我们是如何与伴随我们的物种一起"成为的"(Haraway,2008)。我们从来不是独自存在的,我们已是并且一直是英戈尔德和保尔森所说的"生物社会形成物"(Ingold and Palsson,2013)。

当生物社会形成物的学说为三文鱼驯化研究提供了一种明显的指导时,它也包含着一些有趣的挑战。其中之一涉及对称取向的理念,它将与自然-社会二元论相联系的人类中心主义去中心化,并力求使二者更加均衡。柯克西和赫姆莱特(Kirksey and Helmreich,2010)采用了"多物种民族志"的概念——经常被认为是"后人类取向"——用来在人类-动物研究中推广对称取向。我将主张对人类和动物的平等关注需要一种方法论的工具箱,而这是人类民族志作者目前还不具备的(也见 Candea,2010)。

实际上我尝试去培育一种民族志实践,这种实践不是"后人类的",而是在力图扩展和探索这样一个问题,即作为一种既定位置上的有驱体、有感觉的存在物,民族志作者可以是什么,可以做什么。这并不是与常规的人类学方法分道扬镳,而是通过在诸如"社会"这样的概念边界上的微妙探索,扩大标准化的民族志工具箱。我认为不仅三文鱼可以是社会性的(参见

Tsing，2013），而且超越人类的各种社会性都需要超越语言表达的民族志记录。[27] 我承认我作为一名人类民族志作者与对话者，有时能够借助象征性的科学或物质调节技术，将界限转化为某种界面，从而逾越物种的界限。在这些做法中，我主要跟随的是在三文鱼养殖场中的人类对话者提供的线索。其他时间我以我的人类对话者通常不会采取的方式，直接将三文鱼作为我的对话者。从实践层面而言，这意味着我将自己放在接近于我所认为的直接的、物理的人类-三文鱼界面上：在围栏边、在池塘边、沿着河流以及在任何三文鱼生活、生长、逃离或死亡的其他地方。在这些场合中，我有时使得它们的身体（或者感觉）能够接触到我的身体（或影子），使我的感觉和情感关注到它们的世界，使我的想象用于创造德斯帕内特（Vinciane Despret）所说的"身体化交流"（embodied communication）的可能性（Despret，2013；也见第二章）。

民族志其实一直与创造身体化交流的可能性相关。而我的描述的创新性在于将这种好奇心延伸至非人类存在物——不是四条腿的陪伴型物种，比如狗（见 Haraway，2008），或充满魅力的濒危动物，如猫鼬（见 Candea，2010），而是大量制造的、工业化的、很快就要成为商品的养殖三文鱼。

尽管对人类 动物关系的研究方兴未艾以及人们对这种关系的情感维度的兴趣日益增加（如 Latimer and Miele，2013；Buller，2013），在这个方面还是很少有人关注养殖型动物。实际上似乎存在某种一般性的假设：工业化养殖与情感性关系不能同行。[28]本书跨越不同的背景和实践，从民族志上探索情感、感觉和关系的限度和广度，从而挑战上述假设。除了注意和模仿我的人类对话者与三文鱼相关联的方式（通过观察、实践参与和对话），我探索了我们在这种关系中回应和负责任地行动的共同能力（Haraway，2008）。我也尽量不浪费身体或情感接触的机会，让非常规民族志实践的片段为描述增加另外一个层次，如果它看上去与我所关心的问题有关的话。

这本民族志的主体部分将三文鱼作为一种物质的、身体化的实体，它们通常位于本地并通过各种各样的实践在民族志中浮现出来。上述的实践涉及人类和非人类，三文鱼和世间的其他存在，有活力的（或活着的）和迟钝的事物。[29]追踪这种实践以及它们发生的背景和它们的关系成为了一趟时空之旅，在其中一些特定时刻我调快了进度，而在一些看上去容易接近的、神秘迷人的和具有丰富民族志内涵的地方、地点和部分我放慢了速度。许多地点使读者得以瞥见现场"正在制作的"三文鱼。在其他的地方，实践只能在事后推理出来。比如，在摘要中、论文里和屏幕上的记录，通过数字、影像、图表和描述所看到的三文鱼。这些地方还包括政策文件、研究报告和网站。它们也建构三文鱼，然而是以不同的方式建构三文鱼，并且允许养殖三文鱼穿越到未来且同时进入许多地点。[30]

我的洞察力最主要基于参与观察，是建立在海水池塘和围栏的潮湿性而非文件、印刷品和契约的干燥性之上的。这种对比当然也不应被过分强调。我也将表明，三文鱼养殖场现在也算是实验室了，记录和统计数据在日常工作中占据了越来越大的比重。

关于三文鱼的田野工作

三文鱼养殖在世界许多地方存在。智利、加拿大、苏格兰、日本和塔斯马尼亚都是三文鱼水产养殖的重要地点。我选择在挪威从事这项研究。20 世纪 60 年代末 70 年代初，三文鱼水产养殖起源于挪威，它如今作为三文鱼的主要生产国而闻名。

不过，我关于三文鱼养殖的第一次田野工作是 2002 年在塔斯马尼亚做的。[31] 无论对于这个地区还是对于这个领域来说，我都是新来者，因此我经历了一个漫长的学习过程。过了若干年之后我才将我的研究材料与驯化理论联系起来再思考（参见 Lien，2007a；Cassidy and Mullin，2007）。当我这么做时，我越来越发现关于养殖三文鱼的实践还有很多我不知道的东西，进一步的参与性田野经历是很有必要的。因此返回挪威就变得很紧迫了，那里是三文鱼养殖发源的地方。[32]

挪威是世界上最大的野生大西洋三文鱼种群所在地，挪威官方对于该国的三文鱼河流栖息地负有不容置疑的全球责任。与此同时，对于三文鱼养殖产业的发展，挪威官方又起到了催化剂和推动者的作用。该产业按照目前的发展速度，肯定会对本地的水路以及世界海洋资源格局产生深远的影响。同时容纳一个增长的养殖产业和世界上最大的现存大西洋三文鱼种群是一项危险的平衡动作。这个平衡动作及它产生的实践和政治后果，构成了挪威当代三文鱼养殖的背景和条件。在后面章节中描述的许多实践是对这个困境的反应或者缓解它的努力（比如海虱治理）。对于野生大西洋三文鱼的威胁有许多种，且早在三文鱼养殖业形成之前就存在了。然而，在野生三文鱼生存的水路中高密度的养殖三文鱼的存在带来了很多问题，其中海虱和遗传近亲繁殖被视为最主要的问题。野生三文鱼和养殖三文鱼的特别组合使挪威在一场持续的战争中"既是现场又是见证"（Erbs，2011），而挪威官方在关于三文鱼现实和未来情节的许多分叉和矛盾的描述中既是英雄又是恶棍。出于这些考虑，我决定设计一个既包含野生三文鱼又包含养殖三文鱼的合作项目。这个项目叫作"养殖场新秀：介于野生和工业化之间的大西洋三文鱼"。我的第二次关于三文鱼养殖的田野工作便是这个项目的一部分，这个田野工作是 2009 至 2012 年间断断续续在西挪威水产养殖点进行的。[33]

当我决定就三文鱼养殖实践做更多的田野工作时，进一步运用 STS 和物质符号学（material semiotics）似乎是个好主意。这不仅是因为养殖三文鱼像是一种社会和物质的"杂糅体"，一种著名的野生物种被置于大规模工业生产的科学技术界面上，从而成为了科学技术研究传统关注的主题。同时也是因为养殖三文鱼是通过其本身多重的、异质性的实践显现出来的。这些实践同时是物质的、概念化的、社会的、人类的和非人类的，也就是我们所形容的"非整合性"的（noncoherent）（Law，2004）。在这次行动中，约翰·劳成为了我的田野伙伴和理论指导（也见第一章及导论）。我们合作的田野工作包括对当地无数次的访问以及持续进行的访谈，这时常在我们合作的论文中有所体现。即便我是本书唯一的作者，如果没有他我也不可能写得出来。很多这里展现的思想是通过我们间歇的对话以及人类学和 STS 之间富有生产力的交流而产生的。[34] 与约翰一起工作，我学会了关注各种各样的异质性实践，不仅仅是当它们被表征（被命名、评价、挑选、分类或阐释）时才关注它们，而是当它们在实践中展开时就关注它们。我追寻的是它们富有生产力的潜能而非它们的文化形式。

比如，当三文鱼整日被喂以颗粒饲料以及养在圆形的围栏之中时，这其实表明了三文鱼的养殖与动物饲养是相似的。知道了这些，人们就能将哈当厄峡湾（Hardanger fjord）附近斜坡放牧的羊群与在峡湾的围栏中游动的三文鱼视为同一种修辞的不同变种。同样地，当塔斯马尼亚操着英语的三文鱼养殖者将杀三文鱼叫作"收获"时，表明了这种相似性已经表现在语言中了，这使人们想起田野的收获和对于放牧动物的收获。换句话说，农业和饲养业看上去可以被归纳到水产养殖的类别。基于这些以及其他相似的观察，人们可能可以暂时得出结论：水产养殖是模仿农业和饲养业的模式，也就是"驯化"的模式——驯化本身就激发了新的问题和对比。

这是一个重要的观察，能够引发关于驯化的更深的问题。然而，作为一种分析行为，与牛羊的对比看起来做得还是有点过快了。这不仅是因为对于驯化的通常理解是过分简单的，也因为这种与陆地饲养业的联系无法质疑持续的物质实践与话语领域之间的关系。更准确地说，这种对比使分析的注意力从人和物富有生产力的能动性偏离，转向了封闭的概念分类的形而上学。[35]

相似地，当我明显在使用话语时（话语是我们最为重要的民族志工具之一），我也是带着一些警惕的。要注意总是有事情是不能被诉说的——那些不能使自己无缝地对接到可用的和共享的语言库的现象——我尽量聆听言外之意，并且不过分依赖于那些轻松将自己在叙事形式和连贯的意义中表达出来的事物的流畅性。事实上，我尽量缓慢行动，去关注那些不可言传的事物，去对那些表面看上去不证自明的事物提出问题。这表明尽管我承认将驯化作为一种比较概念所引发的相似性，我也只是将它作为许多分析路径中的一种而已。

之所以这样深思熟虑而又谨慎地放慢速度对于我来说特别重要，有几个原因。其中一个是我将三文鱼作为生物社会形成物的取向涉及了一种超越人类的社会性，这就需要"超越语言"。另外一个原因是挪威三文鱼养殖的民族志对我而言也是实现我所认为的"本土后殖民主义人类学"的一种尝试。关于这一点还需要一些详细说明。

迈向后殖民主义的本土人类学：
表演性与物质符号学

通常认为在"现代社会"做民族志，我们不再能得到那种描述了传统人类学研究的小规模社会特征的整体论模型

(Bubandt and Otto，2010)。为何得到整体论模型看起来如此困难呢？首先，重要的是将这个领域的实用主义描绘与有关本体论的考虑区分开来。从实践方面来说，一种现象或一个"领域"高度的复杂性和多地点特征经常要求实际的适应。比如关于三文鱼养殖的本项研究，并非是三文鱼养殖业或者陆地饲养业的研究，尽管与我一起工作的人们完成了这些活动。实际上我选择跟随三文鱼的网络穿越了一些三文鱼生产/建构的不同的地点，优先考虑的是与三文鱼相关的实践活动是如何跨越空间地点来生成"领域"的，而非社区如何进行三文鱼生产的问题（也见第一章）。有人可能会说我的研究是"本土人类学"的一个例子，因为田野工作者与她的对话者之间比较熟悉且共享一种文化背景。这部分是真实的，但是正如古塔和弗格森（Gupta and Ferguson，1997）令人信服地证明的，由于全球化过程和话语，本土人类学不再是一种文化认同的问题，而成为了那些几乎一直具有某种文化差异的事物的部分整合的问题。

虽然我与我的挪威西岸三文鱼对话者的文化参考和生活经验非常不同，我们还是共享某种"通用语言"，我们称之为官方标准挪威语。我也很注意参考挪威公共广播、国家大事、政治等等，然而我们的交集是部分的和非对称的：对于一个没有听惯的人来说，他们的本地方言是很难理解的，一开始我要跟上他们的对话比较困难。另一方面，我的奥斯陆话是挪威公共媒体中最为常见的版本，所以是他们在适应我而非相反。差异可能是琐碎的，但是它勾勒出我们在这种"接近本土"的民族志中经常面对的选择：我本可以选择强调差异，将本地的哈当厄社区作为我的"田野",将自己沉浸在当地历史和政治的细节中。通过这种做法以及强调当地社区是我三文鱼养殖分析最为相关的背景,我就同时将文化差异作为了突出的分析维度,并且将从陌生到熟悉的翻译作为讲述故事的常规工具。这种策略在人类学中太常见了,而且也并不完全是错误的。但是它并不能很好地服务于我的目的。一种具有相当偶然性的文化差异在生产三文鱼中会起作用吗?如何起作用?为什么起作用?这两者有什么关系呢?

我的策略是不同的。与其寻找文化差异,还不如关注熟悉的事物,假设我们共享的和认为理所当然的概念和假定(约翰也经常与我们共享它们,即使挪威语并非他的母语)才是应该分析的最有意义和重要的东西。因此,如自然、三文鱼、产业和福利等概念的分析比对哈当厄海岸独有的方言细节的分析更为重要。

在澳洲做研究的迈克·斯科特主张为了实现整体观,我们要将我们的民族志实践置于"在一种宇宙观框架中起作用的最深层的本体论的关系中"(Scott,2007)。把"整体观"这个词本质上的问题暂时搁置,也暂不考虑这种宇宙观框架在人类学文本之外甚至是否存在,[36] 我发觉他对于本体论的评论是很有趣的。在澳洲将民族志实践置于最深层本体论的关系之中实际上是很困难的,但是可能更困难的是在一个领域中"起作用的"本体论是否能够被人类学家、信息提供者、他们的人类学听众以及公众等所共享。这个问题事实上是"做本土人类学意味着什么"的问题的一部分。但是困难更多存在于我们的认识论工具箱之中，而非与这个领域有关。

　　人类学相对较少强调正规的方法训练（"旅行到远方，发现惊奇"），将惊奇和"冒险精神"作为方法上的向导[37]，因此人类学家通常都准备好了进行一次特殊的旅行——也就是，向未知进发的旅行。但是我们如何质疑那些被认为理所当然的事物呢？我们如何分析或者问题化那些看上去不证自明的存在和区分呢？我们如何理顺如自然-社会、人类-动物这样的二元论？由于我们共同依赖于那些已经知道、熟悉和共享的语言，上述的二元论已经支撑了这个领域的话语。

　　这个任务要求我们对自己的认识论工具箱进行仔细地重组。冒险精神已经不够用了。实际上需要的是对已知世界和它的构成进行长期而坚定的质疑：换句话说，对在广泛的领域中被认为理所当然的事物的深层质疑。在这里我们就从对认识论的关心转到了传统本体论令人不安的性质上来。也是在这里事情会变得特别混乱，尤其是当"家"与"田野"，"田野"与"听众"的传统的人类学距离开始瓦解的时候。对于在靠近家的地方做田野工作的我们来说经常就是这种情况。

　　在与分析时使用的截然不同的语言中做田野有着明显的优势。比如，想想如"玛纳"（mana）、"豪"（hau）和"夸富宴"（potlatch）这样的词如何扩大了欧洲人类学家们的想象，来思考人类世界是如何构成的以及可能的建立世界的方式。通过语言上的差异，无疑地也通过误解，本体论差异作为关键的发现在民族志描述中得到分析性的详细阐述。这些民族志描述使我们的世界变得更宽广、更丰富、充满细节。

由于留意文化上熟悉的事物是比较困难的（参见"在家的盲目性［home-blindness］"），本土人类学家面对的挑战通常通过人类学对比来解决：通过像"玛纳"、"豪"、"夸富宴"这些词语的帮助，熟悉的事物可以被转化成为陌生的事物。也就是说，惊奇从后门进来。这是一种有用的策略，但还不够充分。为了进行对比，人们首先需要一种"是"什么的观念，一种潜在的对比（或者变化的现象）的单位的观念。但是如果我们分析想要抓住的上述现象是突然出现的那该怎么办呢？将民族志实践置于"最深层的本体论的关系之中"，意味着上述单位不可能被提前知道。它们是在本土或者国外，通过田野工作一步步地产生的。因此它们是在持续的民族志实践中出现的。类似于结果，是需要被解释的而非用来解释的。用更熟悉的术语来说，一种随时出现的现象被当作"背景"或者研究的"焦点"这件事并不是既定的；实际上，就是通过上述在图与底、背景和焦点之间的变换，分析才获得能量。所以我们如何研究那些熟悉的事物是如何形成的呢？或者借用凯伦·巴拉德（Barad，2003）的概念，当那些需要一种特别的表现形式的事物突然出现时，我们如何抓住那些内在能动性的微妙时刻？

这就是物质符号学变得特别有用的地方。物质符号学通常被认为是法国和（或）英国行动者网络理论（actor-network theory）的一个分支，同时它的源头在加利福尼亚也能被找到。这种理论给进入不可能期望"惊奇"发生的领域中的民族志作者提供了丰富和完备的方法论工具箱。它最重要的特征之一，我认为是对那些被用来建构或确认理所当然的现实的各种"证

据"的坚持不懈的拒绝。无论这些现实是关联到世界展开时的
日常实践（比如在北欧），还是更普遍地对社会科学分析而
言的。

约翰·劳和安娜·莫尔（Annemarie Mol）的物质符号学理
论对于我的目标来说特别有用。将经验研究的焦点放在异质性
的实践上并通过在所谓的现代社会和（或）制度环境中的民族
志工作，他们行走在熟悉的地面上。他们的工作证明了"慢方
法"在研究我们认为理所当然的现象中的优点，并且注意到了
那些看上去稳定的实体出现的方式。因此，如"身体""动脉粥
样硬化"或"飞机设计"等现象同时是"非整合性的"并构成
了现实。通过这种方法，他们找到了被归纳为文化"在家盲目
性"问题的出路（Law，2002；Mol，2002）。

物质符号学并未假设自然、社会、人、市场、性别、族群
等类似概念真实存在，而是探索在动态民族志环境中现实是如
何通过关系性实践形成的。与其问自然"是"什么，不如问自
然是怎样被"完成"的。这种转向，通常也被描述为从表征性
向表演性的转向（见 Abram and Lien，2011；Barad，2003），这
对物质符号学来说是根本的。我认为通过这种表演性的转向，
我们才能在我们自己的社会中有希望接近迈克·斯科特所说的
"最深层的本体论"。在这种取向中，驯化在分析上并不先于三
文鱼，三文鱼也不是在驯化之前出现：两者是同时生成的，互相
都作为对方潜在的"背景"存在（但并非唯一的背景）。

物质符号学经常与"本体论转向"相联系，但只是部分重

叠。所谓的本体论转向（或我更愿意叫作本体论开端[38]）的发展建立在根本文化差异的基础之上，但约翰·劳、安娜·莫尔、唐娜·哈拉维和其他人所探索的物质符号学则并不需要有上述差异。事实上，它是在熟悉的制度环境中发展起来的，并且建立在实际的民族志情感之上。我们的任务是通过多种多样的关系性实践注意到"世界"的动态和意外的构成过程——在这些实践中非人类的主体也被赋予了行动的潜能。于是出现的不是一个世界，而是许多个世界，部分重叠，有时连贯一致有时又不是这样。与其说这是一个不同的形而上学或者完全不同和不可比较的人类或自然世界（就此社会科学家和自然科学家分别宣称他们的优越性，进行独一无二的研究）的问题，还不如说出现的是曾经产生的多样化的人类-自然世界，有时互相激发，有时发生矛盾摩擦，有时又肩并肩地安静展开。这种聚集起来的多样性并不宣称能够优先接近那些不可比较的差异，也并不要求民族志的"惊奇"。事实上，它谨慎地研究生活工作的人们日常事物中的那种熟悉的和世俗的实践性。加德（Christian Gad）、延森（Caspar Bruun Jensen）和温斯雷克（Brit Ross Winthereik）（Gad，Jensen，and Winthereik，2015）将这种受到科学技术研究启发的取向称之为"实践本体论"（practical ontology），区别于那些由卡斯特罗（Viveiros de Castro）、霍尔布莱德（Holbraad）和其他人提出的关于本体论差异的取向。

区分是重要的。就是因为它既不预先假设，也不再生产一种根本不同的形而上学（或者在田野工作者与对话者，或人类学听众与民族志田野之间制造一种先验的文化或本体论距离），实践本体论对我所认为的后殖民主义人类学工具箱作出了贡献。因为它帮助了对那些构成人类学认识论基础的概念——自然、社会、人、市场、甚至是驯化——进行"去中心化"所以它看上去不可或缺。实践本体论有益的地方既是方法论上的也是本体论上的：它帮助我们注意到，在民族志意义上并且通过实践性的和横向的参与，那些观念或者概念如何不是不证自明的，而是在实践中不断地被强调和被固定下来的（也见 Hastrup，2011）。通过这种方式，他们也帮助我们质疑了那些看上去是显而易见的真实的东西。

让我们举三文鱼和自然作为例子。实践本体论取向既不将它们中的任何一个看作是理所当然的，也不将它们二者目前的结合看作是理所当然的，如同最近的词汇"野生三文鱼"表现出来的那样。问题不在于野生三文鱼是全新的东西，而在于界限是曾经出现和不稳定的。通过创造像"野生三文鱼"这种词汇的概念性的工作，界限得以建立，这些建立起的界限将自然建构为与人类领域分离的事物：水面之下有无数种生物可能被包括在野生三文鱼的分类中，但是科学实践使得其中一种格外清晰可见——也就是大西洋三文鱼这一物种。这个物种的特别版本——也就是未剪过鱼鳍也并非从围栏中逃逸出来的——如今被称为野生大西洋三文鱼（也见第七章）。此时，它们这个聚集起来的实体似乎能够很好地结合在一起，但是只有当作者在分析中把实现这一目标所涉及的工作隐去时才如此。

将焦点放在实践上，多样性便出现了。我们看到构成"野生"的多种多样的实践有时重叠，但是并非一直如此。就像安娜·莫尔（Mol，2002）将经由不同方式诊断出的"动脉粥样硬化"描述为多样化的，三文鱼也是多样化的（Lien and Law，2011）。我们在这里谈的并非阐释的灵活性，我们对社会争议本身，或者对文化或逻辑的不一致性也不特别感兴趣。事实上，我们支持这种假设，即现实可以不止一种，而是有很多种。我们并不是说它必然如此，但是我们对这种可能性保持着开放的心态。这个主要建立在约翰和莫尔之前的研究上的取向，被我与约翰合作完成的三文鱼研究进一步发展，也为后文的分析提供了框架。

与西方普遍思维中相当根深蒂固的本体论假设相比，上述取向是不可知论的。这并不容易做到；它将我们推向本体论舒适区的边缘，以这种模式工作，在语言上、社会上甚至情感上都是具有挑战性的。在一套假设自然科学（能让人们）更容易把握现实的人类学话语中，写作、想象和论证都很困难。但是如果人类学想要能超越它对"他者"的迷恋和从这种殖民遗产而来的认识论上的限制的话，我相信我们必须要在确定性的边缘进行探索。只有通过上述探索，我认为我们才有希望迈向一种后殖民主义的本土人类学。

章节预览

本书追溯了让三文鱼在水产养殖中变得可见的不同的时刻、相遇以及计算。本书论点是：向海洋水产养殖的转向涉及到一系列变化的关系，通过这些关系人类和动物塑造着彼此。三文鱼的驯化是围绕着关系性的实践，而在其中结果其实是未定的。通过关注可扩展性和人类-动物接触的物质性，我追踪了构成养殖三文鱼的偶然的和不确定的关系性实践，以及由此产生的"成为三文鱼"的多种方式。我组织材料来反思我所认为的"多样化的成为"，这些"成为"接着也构成了大多数章节的标题。

第一章"追踪三文鱼"从区域政治和科学关注的角度，同时也从水产养殖地的围塘和网箱的角度，介绍了挪威西部哈当厄的三文鱼水产养殖。在该区域历史上，鱼类一直是生存实践和国际贸易的支柱。本章将养殖业置于这个历史背景中（分析），还对南半球的三文鱼养殖的重地塔斯马尼亚做了一个简单的介绍。它还描述了三文鱼水产养殖在 20 世纪 60 年代和 70 年代的兴起，80 年代以来始料未及的获利和产业的发展，以及养殖的大西洋三文鱼作为一种全球商品的出现。利用挪威和塔斯马尼亚的民族志案例，我还描述了田野策略并强调了民族志是一项在实践机会和理论关怀之间持续进行的谈判。这章也显示出，驯化比（三文鱼）之前任何适应环境的努力都更让它们具有流动性。

第二章"成为饥饿的"介绍了三文鱼场所，这是几十万条三文鱼的家园，同时也是一些人的工作地点。将注意力放在物质结构和人类-动物交流的不同模式上，我提出了以下问题：具体是什么构成了三文鱼的场所？通过探索水下饲养动物的含义，我将水面描述为一种人类-动物互动的界限和界面，以及人类评估三文鱼健康和福利的关键地点。我跟随养殖场工人进行每日不同轮次的喂养、收集死鱼、照料三文鱼，在这个多物种聚集地处理虱子、濑鱼、鲭鱼和其他生物。当我们关注将这些三文鱼生长地集合起来的实践时，我们也可以理解仅仅是将这个巨大的集合体凝结起来所需要付出的努力。三文鱼场所作为一种"易变的奇迹"出现，表面顺利的运行隐藏了这样的事实，即我们做的很多事情是试验性的、偶然的和很大程度上处于形成过程中的。

第三章"成为生物群"将注意力从有血有肉的三文鱼转向了数字和统计，以及使三文鱼成为流动的和可比较的"生物群"的方式。一条养殖的三文鱼是一条需要增重的三文鱼，但是这种目标如何达成？通过养殖场内外的不同文献追踪三文鱼，我将表明喂养实践如何使得三文鱼在内部和外部清晰可见，并且因此易于被管理控制。三文鱼担任着"饥饿"的角色，而生物群作为一种有边界的客体使得三文鱼生物学意义上的流动世界与全球市场的易变世界保持一致。对养殖场工人同时也对投资者而言，上述转化是管理三文鱼水产养殖的一种主要工具。

第四章"成为可扩展的"主张可扩展性并非资本主义企业不可避免的结果，而是一种本身应该被审视的机制。我建议，为了理解世界范围内三文鱼养殖史无前例的扩张，我们需要更密切地关注可扩展性是怎么获得的。这章详细地说明了目前支撑三文鱼水产养殖扩张的主要机制——"加快速度"和"冻结时间"是怎么回事。我将使大家注意到全球扩张的三文鱼养殖工程的关键技术：颗粒饲料。而颗粒饲料又因此为海洋资源从南太平洋到北大西洋的巨大转移铺平了道路。我认为海洋驯化可被理解为一系列的时间调整，这种调整通过像颗粒饲料这样的质地粗糙的附属物仔细地制作出来。作为一种比较，我也援引了罐装太平洋三文鱼和罐装技术带来的工业扩张。

　　第五章"成为有感觉的"探索照顾和宰杀的同时编排。欧洲的养殖三文鱼最近成为了一种有感觉的存在物与动物福利法保护的主体。更准确地说，它们从一种简单的鱼类转变为了法律意义上的动物，与牛羊等动物一样有着福利的需求和权利。在这一章中，我认为感觉能力是在各种各样有关照顾的安排中展开的关系属性：这些有关照顾的安排包括法律的、科技的或者喂养和清洁的实践性例行程序。人类的敏感性只是在三文鱼感觉建立的过程中被唤起的一个记录；科学仪器是另一个。它们如何配置并且建立起三文鱼的感觉能力一直是没有固定答案的。我认为三文鱼变得有感觉是因为它们不再独自受苦；它们在我们的照顾中受苦。

　　在第六章"成为外来的"中，我跟随三文鱼离开了围栏，来到了沃索河的上游。这里对英国垂钓爱好者来说曾是有名的垂钓点，而如今这里的野生三文鱼差不多要灭绝了。仅仅距离他们"更野生"的亲属九代之遥，逃逸的养殖三文鱼现在在它们的原生地已被视为外来物种。本章在公共和科学话语中，以及在进行中的致力于将沃索河恢复为三文鱼栖息地的项目中探索了"养殖的"和"野生的"三文鱼的相互作用。我会说明"野生三文鱼"如何成为了一种被不断修改的"流动的分类"，以及三文鱼新的亚分类是如何激增的。本章沿着未预期的轨迹追踪三文鱼，轨迹延伸至位于郊区的工业场地，以及其他一些地方，在那里，逃逸的养殖大西洋三文鱼完全是格格不入的外来者，它们不被需要，无家可归。

在第七章"尾声"中，我问道，驯化如何仍能被用作指南，来指导（不同物种）和谐共处，以及我们如何以不同方式来思考驯化。最后，我考虑了一些与三文鱼水产养殖的当前扩张有关的比较紧迫的问题。

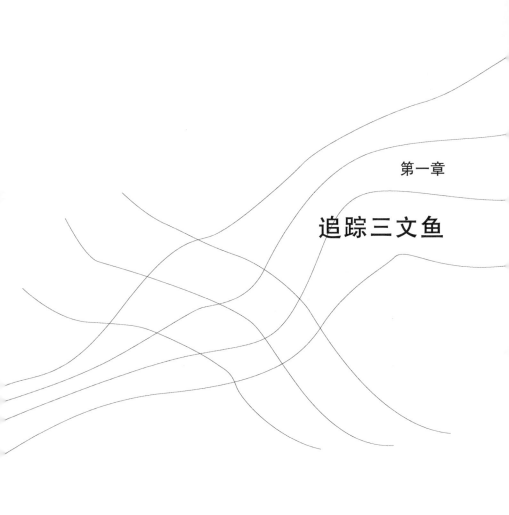

第一章

追踪三文鱼

当我们的飞机从崎岖不平的哈当厄高原西部下降的时候，冰川从视野中消失了，我们将抵达霍达兰。这是一座水系迷宫，是融化的冰川和雪水与来自大西洋的海水交汇的地方，从双引擎飞机上我们看到的是岛屿和水湾组成的马赛克画面。下方陡峭的山谷和闪耀的水面是游客们所熟悉的哈当厄峡湾，因其自然之美而闻名。我们向西飞行，正在从奥斯陆前往斯图尔的每日一班的直飞航班上。斯图尔是挪威三文鱼养殖关键区域之一的中心。

在飞机走道上，一位穿着整齐的商务裙装和夹克外套的女士正看着她的手稿，手上拿着一支黄色马克笔，默默地排练着。整个航程用了不到一个小时，很快我们就在机场跑道上降落，眼睛需要开始适应一月那微弱的阳光。接着大概有 30 个人在刮风的停车场上排队等候出租车。我们看上去是朝着同一个方向，那就是前往为期两天的年度三文鱼区域会议，听取大会报告和参加工作坊。这项活动被称为 Aqkva 会议，聚集了近 300 人，包括三文鱼养殖企业的高级行政官员、兽医、科学家、政府官员、记者、政治家。他们主要来自于本区域，也有一些来自奥斯陆的政策制定者，比如刚才拿着手稿的女士就是挪威渔业和海岸事务部的部长，她将作大会的开场报告。

追踪三文鱼的地点要坐飞机和大巴、汽车和渡船。它要求我们注意时间表、天气预报和地图。它需要我们于黑暗中在结冰的、蜿蜒的路面上驾驶，也需要忍受晕车和晕船。旅程在连接许多地点的、挂毯一般的道路和公共交通中展开，三文鱼聚集在这些地点的水面之下和围塘之中。我学会了从远处认出这些地点：以重复的形式分布在峡湾之中的圆形——有时是 4 个，有时是 8 个或者更多。但是三文鱼所在的地点并不仅仅是水下的鱼世界。三文鱼是通过大量的实践建立起来的，这些实践有些是围绕着活生生的三文鱼，有些则不是。

追踪三文鱼意味着将一些有关三文鱼形成的不同片段编织起来，我认为它们可以被称为"建构的地点"（construction sites）（Latour，2005；Law，2002），三文鱼在这里被制作出来。一些地点十分潮湿，需要使用船、消毒剂、胶鞋、雨衣和防水纸张。这包括本地的孵化和养殖场，以及生产鱼卵的地方，新的三文鱼鱼卵在这里生成。有时它们提供一种身体化、感觉化的体验，比如通过胶皮手套触摸三文鱼皮肤，或将三文鱼放在你的手上感觉它的重量（见 Law and Lien，2013），或者甚至是让鱼卵进入你的嘴里（见第四章）。但即使在这里，大多数时间，三文鱼也的确是脱离人类视线的。另外一些地点是"干燥"的，比如办公室和计算机。在这些地点中，三文鱼以数字的形式出现，被归类到表格的不同栏目中，因为三文鱼也在纸上出现。他们在对话、图表、报告和 PPT 演讲中形成。上述这些都是能够标志过去事件和提议未来方案的强大的认识媒介（Knorr-Cetina，1999；也见 Asdal，2014）。"建构的地点"因此包括许多地点和许多时刻，在这些时空中三文鱼被统计、知晓和记录，或者以数字、图表、文字或地图上的点，或者你脚底下活生生肉体的形式变得可见、变得真实。还有一些像是斯图尔会议这样的地点，在这里，一个临时性的人类群体共享对于特定的三文鱼现实的不同解读，一种标准在多样但不完全连贯的三文鱼故事中被建立起来。

对与自然或者环境有关的事物的人类学研究中经常将差异视为观念、感知或者阐释上的差异。这种差异并未从根本上排除这种可能性，即存在一种受到人类知识实践支配的单数的自然。物质符号学取向则将多样性视为异质性的实践生产知识的结果。和约翰·劳一起，我通过对异质性实践的民族志描述来追踪三文鱼。我更感兴趣的是三文鱼是如何通过实践被完成、确立和允许出现的，而非人们说什么或相信什么。他们的目标通常是取得某种结局，而我的目标是抵制这种结局，目的是使其他的复杂性得以出现。与其在这里设立一种对比，我认为不同的三文鱼，以及三文鱼的不同的研究取向是互相补充的——不是因为它们将共同组成一个一致性的整体，而是因为，就像贝特森（Gregory Bateson）说的，两个故事总是好于一个（two stories are always better than one）。

于是我们即将遇见的，不是一种三文鱼而是许多种。或者我们可以更准确地说，三文鱼是"多于一种而少于许多的"（more than one but less than many）（Strathern，1991，也见 Law，2002）。我们遇见的三文鱼在异质性的实践中被持续地制作出来。在这些实践中它们从来不是孤独的，人类参与其中并行动着。通过这些实践，我们能够追踪到那些仅仅是模糊地彼此相似、部分地重叠但是很少整合一致的三文鱼的出现。另外还要加上的是时间的维度，我们研究的不仅是一种成长和变化的实体，通过一般所说的"三文鱼生命周期"（见第三章）来实现，而且是一种会跨越时间而变化的实体。选择性育种和特定的繁殖实践意味着一条 2010 年的挪威养殖三文鱼与一条 2005 年或 1995 年挪威养殖的三文鱼并不完全相同，更不要说一条塔斯马尼亚或智利的养殖三文鱼了。然而，通过这种转换和变化，人们很快就能学会辨识一个熟悉的主题。这个世界并非是每天早晨从头做起的。大多数的实践很快变成了习惯；他们变得标准化或者以其他方式固定为模式，使得三文鱼养殖跨越大陆、穿越时间而成为一种非常容易辨认的实体。

田野策略：多点、超越人类以及合作式

一位年轻的同事曾经评论道，人类学有件很棒的事就是它无处可躲——既不能躲在田野中也不能躲在文本中。[1] 即使她可能忽略了沉默的策略是如何与我们的学科历史缠绕在一起的，她的乐观精神和努力使事情变成本来应该的样子还是让我感到安慰。本书建立在民族志方法和参与观察的人类学实践的基础之上。然而，在一些重要的方面，我的实践与那种孤独的个体在一个特定的地方沉潜很长一段时间的经典人类学实践还是有所不同。对我而言，田野工作是对研究者和他选择的田野或感

兴趣的主题之间的关系的仔细制作过程，是双方限制、影响、隶属和支持关系的不断修补的过程。民族志实践经常是意外，但也常常是周密计划的结果。它总是独特的，因为它反映了田野和田野工作者的特殊性以及两者结合的特定的环境。将所有这些条件都明白无误地说出来是不可能的，即使如此，为了向我的年轻同事致敬，我愿意详细地阐述那些对我的分析看上去是很重要的条件。于是接下来的内容就是关于我们如何以及为什么做田野的简短的描述。

由于养殖三文鱼是流动的，我们也是流动的。就像前面谈到的，追踪三文鱼的地点围绕着无数次的在仅仅是模糊联系的地点之间的跳跃，我们能够跟随的轨迹也是不确定的、断裂的，并经常是偶然的。我们的一些地点好像是年复一年一直存在的：它们允许我们来来去去并让我们感到宾至如归，我们也逐渐了解了这些地方、三文鱼和人群。这些包括孵化室、"银化"生产点和将方形网箱和圆形围塘置于海水之中的所谓养殖场。

只有经历了"银化变态"（smoltification）过程之后，三文鱼才会被送到养殖场，"银化"是一个为年幼三文鱼从淡水转移到海水做准备的生物过程。在江河里孵化的三文鱼要到营养丰富的北大西洋中去长大，这个过程是必需的。[2] 养殖三文鱼也要经历"银化变态"的过程。对它们来说，这个过程标志着从淡水的贮水池转移到峡湾中的网箱或围塘。因此，这标志着前一个成长和发展阶段的结束，而前一个阶段则开始于将受精卵运送到工业化的孵化室的时刻。

其他的地点仅仅是暂时性地体现出来，比如每年在斯图尔召开的 Aqkva 会议。在这里，三文鱼不仅作为研究对象出现，而且对于市长们和部长们来说，它们也作为治理和政治争议的对象出现。它是作为养殖场的生物群、河里的野生三文鱼种群、逃逸的鱼以及财政（既是地区生计又是当地税收来源）被建立起来的。它也是海虱的寄生对象，这是一种影响所有三文鱼的寄生虫，其泛滥据说是集中化养殖的后果之一。所以三文鱼既是主体又是受害者，这取决于它们在养殖围塘之内和之外的定位。Aqkva 会议上的三文鱼话题围绕着文献和研究实验，围绕着企业投资和小心翼翼的政治平衡。所有的这些都不是单纯的，每一种认识主体都穿越当前的时间，导向会议室之外，去到其他的地方。比如卑尔根的研究所、沃索河上的野生三文鱼实验、当地的商业投资、环境部政策或者全球现货市场上三文鱼价格的浮动。[3]

　　我们的大部分田野工作是在挪威西部的哈当厄地区做的。一个我们叫作"斯拉克"（Sjolaks）[4]的三文鱼企业好意地让我们接触到它所有的活动。斯拉克是一家中型的、本地所有的公司。像许多位于这个区域的公司一样，它也是扩张性的。通过这种方式，朝着更少数和更大的控股的方向发展，这也是 20 世纪 90年代和 21 世纪初挪威水产养殖业的特点。在我们田野工作期间，它雇用着超过 200 位本地工人和经理，并扩展到好几个郡和 20 多个地点，包括孵化室、"银化"地点和养殖场。[5]我们在斯拉克的田野工作时间跨度长达四年（2009—2012），对不同的地点进行了多次的调查访问，每次我们通常待一个星期。我们穿着雨衣和胶鞋，尽量帮忙，但从来不领公司薪水。我们的参与是自愿的——并且，我们希望能够给公司带来好处。通过参与到日常任务中，我们开始了解一些生产场所以及在那里工作的人们，并且变得能够适应时间上的变化。[6]

这些地点中的每一个都能通过比较、对比或翻译的特定形式，以明示或暗示的方式产生出它自己的情境。如果将规模想象成同心圆，我们可以构想三文鱼是通过朝里和向外的循环往复的过程被建立起来的。但是规模并不是一件既定的事情，它本身也是一种认识工具，人类借助它使世界变得有意义、清晰和有利可图（Tsing，2010）。这样看来，并不存在使其他情境被推论出来或者使之相关联的支持点、明显的中心或明显的地点。

因为三文鱼并非人类，我们的田野工作也是一种超越人类的接触——对使人类和三文鱼结合起来的不同时空点进行仔细制作和组合。我们可以将每一个点都想象为在展开的多物种网络中的"节点"，而编织网络的不仅仅是人类，还有三文鱼、海虱以及其他已知和未知的实体。当我们进入每一个地点并足够地放慢速度来适应它时，不同的层面在我们的活动中展开。我们发现每一个节点在细节上都是无限丰富，并同时被特定的界限限制的。接下来我将这些田野地点称为"相对整合的空间"（spaces of relative coherence）或者"片段"（patches）（Tsing，2015）。罗安清提醒我们"片段"原则上可以是任何规模的，但是在实践中并且根据田野工作的限制性和开放性，我在这里探索的"片段"是那些允许我接受并创造性地使用我作为人类的能力，把它作为"民族志工具"的片段。我是一个三文鱼食用者，养家糊口的人，有消化能力的女性生物体，在期望寿命的三分之二的年龄上，身体适应水下世界比较困难但是在地面上移动倒还不错（感谢交通上的便利）。与三文鱼相比较，我的嗅觉和方向感是无望的，但是我识文断字的多种能力为不同种类的想象留出了空间。它们提供了对于其他三文鱼和其他地方人们的感觉，并且提醒我无论如何转换角度来看，我的视野也总是有限的、部分的和不调和的。由于所有这些原因，本民族志并非一种平衡性的多物种描述，而是一种将超越人类的社会性包括到故事中来的努力。并且意识到即使人类要做一些不同的安排，人类也并非世界上制造差异的唯一的主体。

所以我——人类民族志作者——如何能了解一个超越人类的世界呢？我意识到其实在很多方面（多于我能说出的方面），我不能弄懂三文鱼。所以这本书是在少数我能弄懂的方面的谨慎探索。我不能和三文鱼一起游动，但是我可以喂养它们、给它们注射疫苗、清点它们、用手托住它们、对它们中的一些个体进行观察。我不在显微镜下研究海虱，但是参与到消灭它们的活动中去了，并且也清点它们。我不做基因分析或者实验室实验，但是有时候为其提供材料，并且我也与从事这些活动的生物学家交流。在三文鱼聚集和出现的地方，也在人类聚集的地方，我将我作为人类的能力与这些关系紧密结合起来。因此在人类与三文鱼衔接的地方，我从事着人类实践。追踪三文鱼有好几个层面的意思：首先，我追踪那些追踪三文鱼的人群，深度参与到他们的实践中去。第二，我追踪那些追踪其他种类的三文鱼或者以不同的方式追踪三文鱼的人群。这属于标准的民族志实践。第三，我来来回回、上上下下或者从侧面编织这些活动中出现的不同的片段。于是就有了第四个我们认为是有点危险的做法，我有意搜寻裂缝、断层线、缺口——那些"非整合性"，它们使我能看到与我一起活动的人们不一定看到甚至是无意地缄口不言或者掩盖的东西（见第七章）。这种有意的搜寻使本书与一个生物学家的描述会有所不同。生物学家的目标通常是追求整合性，而我不是这样。主要因为我的目标不是一个单数的世界，它允许其他种类的三文鱼、其他的存在物、其他的群体进入场景中，于是另一种故事被讲述出来。

第三，这本书的大部分内容建立在合作式田野工作的基础之上（也见导论）。我在塔斯马尼亚的田野是独自一人完成的，而挪威的田野工作主要是与约翰·劳一起做的。由于有了充足的资金支持，我们不仅能够将河流中的三文鱼与养殖场的三文鱼都包括进我们的大型合作项目中来（包括野生的和养殖的），而且可以在水产养殖环境中从事合作式田野工作的实验。这证明是比我们之前预料的还要更有生产力的。不论约翰和我是肩并肩地共同工作还是各自执行不同的任务，我们都发觉自己的观察能力和建立社会网络的技巧都由于对方的在场而得到了极大的提高。大部分的白天时间我们都从事与鱼类有关的劳动，而大部分的下午和晚上我们都面对面地坐在餐桌前，输入各自记录的田野笔记，但稍后会进行分享和比较。也许最令人惊奇的部分是我们各自先前错过的东西。"我注意到的是人而约翰注意到的是管线"反映的就是其中一个富有生产力的差异。我对机械设备的观察能力非常有限，感谢约翰使我在这方面得到很大提高。这里所说的不仅仅是个性和性别角色的差异，也反映了语言角色的不同。

挪威语是我的母语，而约翰的挪威语只限于理解最常见的、日常使用的语句。因此在实际的分工上，大部分的访谈是我来做，而他负责记录物质条件的情况（即使实际上养殖场工作的大多数人们英语都能说得很流利）。[7]这其实也反映了我们各自的学科训练（社会人类学与科学技术研究）以及理论倾向。一般而言人类学对于社会的定义很少包含非人类的社会性（不同看法见 Tsing，2013），物质符号学的目标则是追求一个平衡的取向。虽有一些过度总结之嫌，但对双方的对比可以作如下描述：人类学家追踪情境，关注意义如何通过语言文字聚合起来。而科学技术研究的学者们追踪情境如何通过实践聚合起来。作为我与约翰合作的一个结果，本书也探讨人类学与科学技术研究之间的微妙的差异、互惠性和紧张关系。

在这一章接下来的部分，我选择一些三文鱼被知晓和被协商的地点进行介绍，作为在其余章节将要展开的多样化场域的入口。首先，让我们从开头说起。

历史上的三文鱼

所有的故事是从何时开始的？沿着现在挪威蜿蜒的海岸线追踪人类和三文鱼的共同历史，将我们带回最后一个冰河时代。15000 多年前，当冰川后退形成了深深的沟壑也就是今天所知的峡湾和河谷时，三文鱼从北大西洋洄游到河流的上流去产卵。大西洋三文鱼通常是溯河产卵的：它们在淡水中出生，迁移到海洋中，在那里度过大半生，最后再回到淡水中产卵。[8] 当冰川消退，靠近冰川边缘的海岸带成为了人类、哺乳动物、鱼类和贝类的栖息地带。考古学证据表明，早在 11000 年前在海岸带就出现了人类群体。因此三文鱼和人类从一开始就是缠绕在一起的，虽然他们的关系性质对我们今天来说明显是比较难以捉摸的。很快有关三文鱼的文字和图像的历史记录就出现了，比如，在加拿大阿尔塔发现的五千年前的岩画上描绘的一种有鳍的鱼，现在被认为是一种三文鱼；挪威无数的地名来源于"laks"这个词，这是当地语言中指三文鱼的词；还有从维京时代开始用的法律语言，比如"Gulatingsloven"（直到 1274 年还在用），它管理着三文鱼捕捞活动并且禁止那些阻碍三文鱼洄游路线的措施，其原因是"上帝赐予物应该在她所选择的山川和海岸之间迁移"[9]（Treimo，2007；Osland，1990）。

三文鱼也在挪威人的神话中出现。洛基（Loke），半巨人半神的捣蛋鬼，[10] 以三文鱼的形象出现在其中一个神话里。这样他就既可以在淡水中躲藏又可以在海水中躲藏。保尔森（Pálsson，1991）指出关于洛基变形的这个神话是如何详细阐述了陆地和海洋之间的对比，以及洛基作为一个中介形象，是如何能够沟通这两个世界的（也见 Treimo，2007）。

维京人捕捞和食用三文鱼吗？很难想象为什么他们不这样做。在内陆山谷中发现的 11 世纪的岩石上以古代北欧文字刻着的一句话，意为："艾格（Eiliv Elg）将鱼带到了红湖"

（Osland，1990）。这里的鱼很可能就是鲑科鱼，并且这句话显示了鱼苗在淡水湖或河流之间的移动。如果将驯化看作人类和非人类共同居住在彼此的生命和世界中或者为彼此制造空间的实践的话，我们可以将这看成三文鱼驯化的早期的例子。这可能也是用来提高鲑科鱼数量的河流管理的早期例子。8世纪后，人类提高三文鱼种群数量的策略还包括将鱼卵和精液混合起来，并将受精卵置于我们认为是早期三文鱼孵化场的地方孵化。业余博物学家们经常从事我们认为是早期的科学实践。亨里克·崔孟（Henrik Treimo，2007）将上述实践与19世纪民族国家的建设以及随之而来的对于河流和渔业资源的科学治理联系起来。挪威政府资助了1853年在靠近德拉门（Drammen）的一条河流中做的首次孵化实验，该实验取得了令人满意的结果（Osland，1990；Chutko，2011）。这是国家资助的三文鱼养殖研究的一个早期的例子。实验结果被记录下来，经验被分享，进一步的研究也随之而来。1870年，在挪威东南部，为了养殖鲑科鱼，两处"海水公园"或围坝被成功建立起来（Osland，1990）。[11] 19世纪见证了许多不同种类的孵化实验的蓬勃展开，鲑科鱼在德国、法国、苏格兰和斯堪的纳维亚变得特别普遍起来（Nash，2011）。相似的实验在北美也开展了，太平洋三文鱼被引入东海岸。还有在塔斯马尼亚，从英国运来的一批批褐鳟和大西洋三文鱼改变了塔斯马尼亚的河流。澳大利亚和新西兰使三文鱼在南半球适应下来的努力大多付诸东流，但是鳟鱼从此在塔斯马尼亚兴盛起来了（Lien，2005）。

即使溯河产卵的三文鱼在150多年前就已经因为养殖目的

被限制在海水围塘中，但是直到 20 世纪 50 年代末浮动的网箱出现之前，三文鱼的人工养殖都并不是很成功。在挪威，这些实验的成功常常被归功于来自挪威西部的维克兄弟（Vik Brothers）。他们在 1959 年开始使用一种木制网箱，三年之后，40 条大西洋三文鱼在里面被养殖成熟（Nash，2011）。它们是第一批在网箱之中完成整个生命周期的大西洋三文鱼，并且上述实验启发了其他许多人尝试大西洋三文鱼的海水养殖。当三文鱼的大部分生命周期在网箱之中展开时，我们在这里看到了一种更紧密的人类-三文鱼关系。

为了出售鲑科鱼而养殖（而非为了整治河流或研究）可以被视为大规模生产的前身。在 20 世纪 60 年代，彩虹鳟鱼的海水养殖实验的成功导致了对大西洋三文鱼的进一步的实验，但银化变态始终是一个限制因素。直到 20 世纪 60 年代末，摩温克尔（Thor Mowinckel）在靠近卑尔根的地方建立了用于三文鱼银化变态的孵化场，银化才能够顺利完成（Nash，2011）。能够分别在淡水贮水池中安放银化的三文鱼和在海水网箱中安放成年三文鱼，三文鱼水产养殖的操作系统才算是基本上到位了。在 20 世纪 70 年代早期，商业化三文鱼和鳟鱼的海水养殖才成为了可能（Osland，1990）。[12]

在 20 世纪 70 年代早期，问题不再是鲑鱼的商业化养殖能否实现，而是谁来做以及应该怎样被组织和管理[13]。至少这是挪威当时提出的问题，也可能就是在这时政治才变得真正重要起来。从产业的视角来看，挪威的三文鱼养殖业是特别成功的。但是产业成功并不是必然的，接下来 50 年谁将成为三文鱼养殖业的先锋和领先的生产者，是挪威还是阿拉斯加、苏格兰、加拿大或者华盛顿州其实是很难讲的。关于这个问题彻底的思考并不在本书的范围之内，但是还是可以做一些评论。政治非常重要，正是在这里挪威三文鱼养殖的后续发展不同于上面提到的那些说英语的地方。

所以，谁将从商业化的三文鱼养殖中受益以及这个新兴的产业如何被组织和管理？在 1972 年，包括这些问题在内的议题被提交给挪威所谓的莱索委员会，而这个委员会提出的管理条例（NOU，1977）给后面很多年的挪威三文鱼养殖产业留下了印记。[14] 这些管理条例的目标首先是调控增长和巩固遥远的海边渔村中当地生计的发展（Osland，1990）。[15] 在 1981 年的《水产养殖法案》中这些目标进一步得到正式的表述，该法案反映了政策的目标是"维持基于小型企业的产业结构，基于当地所有权的所有权结构以及一个广泛分布的经济产业"（Aarseth and Jakobsen，2004）。

拥有多种收入来源，既来自土地又来自海洋，这是挪威海边人群常见的生计策略，所以"fiskarbonden"（渔民-农民）这个词描述了一种典型的生活方式。在这个背景下，水产养殖被视为提供了另一种收入来源，是使得农村经济更加强韧和灵活的另一种方式；它也与挪威当时的政治相呼应。但是这些管理条例是如何与驯化的过程和人类-动物关系联系起来发挥作用的？并且这种严格的管理条例将如何为未来这个利润丰厚的全球出口产业奠定基础？

政治学家伯格（Berge，2002）将挪威养殖业的相对成功与苏格兰的情况相比较，后者的发展就慢得多了。虽然 20 世纪 60 年代，挪威和苏格兰对鲑鱼做了相似的养殖实验，但是苏格兰的生产受到了更多的限制。在 2010 年，它的总产量只有挪威的 15% 左右。[16]伯格认为挪威的早期商业养殖实验是以当地养殖渔民之间的开放性和合作性著称的，而苏格兰相似的实验却被作为商业机密。在苏格兰，所有权和资本常常是跨国性的，联合利华的投资很多，而标准化的实践常常并不考虑当地调整的需要（Berge，2002；Magnusson，2010）。相似的公司结构和跨国投资也成为了加拿大、智利、塔斯马尼亚和美国三文鱼养殖的支柱。

虽然开放性和当地所有权是重要的，但是它们对于解释挪威三文鱼养殖史无前例的增长还是不够充分的。相关的比较提醒我们，从国际的视角来看，挪威在很多方面是一个"奇特的国家"。所以在塔斯马尼亚保护商业机密的行为对我而言是一个特殊的谜，他们有时候甚至会阻止当地的疾病救济从一个三文鱼养殖公司传递到另一个公司。而我们在哈当厄的经历就相当不同。在那里，尽管也有像"海洋渔获"（Marine Harvest）这样的跨国公司存在，最好的实践仍然通过非正式的或者正式的、对地方当局强制性报告的方式进行广泛地分享。因此，管理措施与当地惯例性的社会结构一起，塑造了三文鱼驯化得以存在的社会形态。

从 20 世纪 80 年代开始，挪威的三文鱼养殖的发展已经大大超过莱索委员会的预计，[17]外来的投资者对这个产业表现出了兴趣。在 1985 年，另一个养殖法案通过，它摒弃了养殖者所有的原则，但是却以其他的方式继续维持对增长的限制（Aarseth and Jakobsen，2004）。结果是，潜在的养殖业投资者去到别的地方寻找扩张的机会，这也是塔斯马尼亚以及智利的三文鱼养殖业增长的背景。[18]

但是挪威三文鱼产业出现的故事也是一次将选择性育种的知识加以独一无二的运用，以及将奶牛——更确切地说是将奶牛遗传学的模型——用到三文鱼上来的故事。农业经济学家斯杰沃德（Harald Skjervold）是挪威现代家畜繁育的领军人物，指导建立了现在为人所知的"挪威红牛"（NRF）的国家繁育项目，这个项目将不同的当地品种混合杂交以追求高效和经济（高生产力、抗病性好等等）的奶与肉的生产。斯杰沃德对三文鱼的早期商业化生产感兴趣，并于 1973 年在孙达尔瑟拉建立了一个研究站[19]，在那里他将之前在 NRF 项目中的核心原则运用到养殖三文鱼的选择性育种中来。崔孟（2007）描述了如何从 41 条不同的河流中收集到三文鱼的精液和鱼卵，并通过一个选择性育种的项目将它们混合起来，目的是提高与商业化养殖业相符合的一些关键参数。在 20 世纪 90 年代，加拿大人成功创造了一种生长速度是普通三文鱼四倍多的转基因三文鱼，这在挪威引起了相当大的争议，但产业界和当局并未如法炮制（Treimo，2007）。结果是，挪威对于亲鱼繁殖力的提高只是通过选择性繁育的方式来实现，[20]转基因不是人们考虑的选择，也不是三文鱼产业界游说的内容。

20 世纪 80 年代末，由于更加高效的喂养[21]、选择性繁育、疫苗的引进和大规模投资，三文鱼产业经历了进一步的快速增长。很快，全球的供应量超过了需求量，价格大幅下降，银行破产和兼并随之而来。这场 1990 年左右的危机导致整个行业大规模的重组和管制规定的解除，包括 1991 年对更早前的非本地投资者限制的解除。从那以后，所有权逐渐集中。1990 年，10 家最大的公司占据了挪威三文鱼和鳟鱼总产量的 8%。到 2001 年，10 家最大的公司的份额提高到 46%（Aarseth and Jakobsen，2004）。在 1994 年，49% 的挪威三文鱼养殖公司持有 5 张或更少的执照。到 2006 年，这个数字下降到 22%。相似地，1998 年，只有一个公司持有超过 50 张执照。到 2006 年，则是 33% 的公司如此（Kontali Analyse A/S，2007）。

同时，大西洋三文鱼养殖业继续扩展它的自然边界到南半球和北太平洋地区，这正好跟联合国粮农组织在世界范围内进一步发展水产养殖业的建议一致（FAO，2008），并且这种扩展一直在持续。在不到一代人的时间，或 4—5 代三文鱼的时间里，养殖的大西洋三文鱼从碎片化的、不确定的实验的一部分发展为一种快速增长的、工业化规模的海洋驯化的全球产业。

现在让我们看一下塔斯马尼亚。

澳新的大西洋三文鱼：
一个塔斯马尼亚片段

办公室是一间小房间，几乎不够容纳一张桌子、一些书架、一张办公椅和角落里摆放的为访客准备的一张椅子。现在这里是我暂时的工作场所，我在这里翻阅从吉姆的书架上挑选出来并堆放在地板上的文件、杂志和报告。吉姆来自悉尼，是塔斯马尼亚东南沿岸三个大西洋三文鱼育苗场的业务经理。塔州是澳大利亚的岛州，从 20 世纪 80 年代末起，塔州为澳大利亚的国内市场生产养殖的大西洋三文鱼，也有一些出口到亚洲市场。这一年是 2002 年，我刚刚开始从事三文鱼水产养殖的田野工作。

办公室位于海岸上，离一处被称为"史蒂芬角"的地方仅有一步之遥。后者由两套 8 平方米的网箱组成。每个网箱组件由金属走道连接起来，并且内衬两层的网。内层的网被称为鸟网，外层的网被称为海狗网，这是为了对付聚集在三文鱼养殖场附近的澳大利亚海狗的防护措施。但是海狗网效果并不是很好。早晨，两位潜水员忙于清除死鱼，他们把死鱼捡起来装在白色塑料袋中。直至目前他们已经从一个网箱里捡了 630 条死鱼了，因为一只海狗前一晚袭击了三分之一的三文鱼。这只海狗已经被捕获，关在了靠近岸边的 2 米×1.2 米的网箱里，而工人则忙于清理混乱的现场。网完好无损。海狗袭击的方式是用它两米长的身体压在网箱的网上，于是三文鱼在一个角落里被挤压成一团。用这种方式，海狗可以轻易地获取新鲜三文鱼并且还可以进行挑选。农场工人说，一般海狗将鱼的肝脏叼出，其余的部分丢弃腐烂。对于他们来说，这样的事情已经见怪不怪了。

当一个农场工人来办公室时，吉姆问道："你怎样处置我们的海狗朋友？"

这位穿着塔斯马尼亚皮靴、戴着宽檐帽的农场工人让他放心，说海狗看上去一切都好，他们在等"公园和野生动物"服务部门的护林员来把它运走。到今天夜里，海狗将完成7个小时的旅程，从塔岛的东南角被运送到西北角，在靠近它的繁衍地的地方被放归。农场工人已经发现了渡船，拖车很快就要到了。

澳大利亚海狗是濒危物种，也是在塔斯马尼亚海岸土生土长的。因为大部分成年雄性海狗被从繁衍地驱逐开（某一只雄性海狗控制了领地和一大群的"女眷"），并聚集在东南角靠近三文鱼养殖的区域，今早捕获的海狗很有可能会再回来。再过几周或更长的时间人们可能又会看到它。但是海狗的问题在任何时候都不太可能很快被解决。据吉姆说，袭击养殖三文鱼的海狗数量最近暴增，而且都是雄性。去年从7月到12月的每个月，公司都要损失平均5000条三文鱼。80头海狗被捕获和运送到北方，每头花费600澳元。在西部海岸，海狗数量更少一些，但是有更多黑鸬鹚，这是另一种非人类的三文鱼捕食者，鸟网也拦不住。

对于塔斯马尼亚海岸来说三文鱼是新来者。19世纪末人们努力使大西洋三文鱼适应塔斯马尼亚河流，却以失败告终（Lien，2005）。直到1985年，大西洋三文鱼才再次被引进，这次的目的是建立工业化的三文鱼养殖业。三文鱼鱼卵来自于自20世纪60年代就被保存在新南威尔士的湖中的一个加拿大亲鱼的家族。而几乎其他一切都是以当时正在出现的、利润可观的挪威产业为模型的。

我对三文鱼在塔斯马尼亚的"起源故事"的搜寻将我再次

带回斯杰沃德。参与到这个产业中的人们讲述了受塔斯马尼亚官方的邀请，斯杰沃德教授于 1984 年到访，思考在这个岛州三文鱼产业发展的潜力的故事。[22] 在这个故事中，斯杰沃德教授非常会鼓舞人，他指出塔斯马尼亚河口对于三文鱼养殖是非常合适的。[23] 很快，挪威和塔斯马尼亚的投资者建立了一个合资公司，更多的公司也随之建立起来。三文鱼养殖在地理上到南太平洋的扩展与其在智利相似的投资相一致，都部分地归因于前面所描述的挪威政策。这些政策旨在确保三文鱼养殖的当地所有权，防止大型资本收割本来应该属于沿岸社区渔民的补充性收入来源的那些利润。

到 20 世纪 90 年代左右，随着挪威房地产市场的一场金融危机，挪威的投资者撤出，三文鱼养殖业由澳大利亚的投资者接管。当我 2002 年在那里的时候，当地所有的三文鱼养殖业都建设得很好，每年能够生产大约 15000 公吨的大西洋三文鱼。这使得塔斯马尼亚虽然在全球是一个小生产者，但在澳大利亚市场上成为了一个重要的供应商。

当我翻阅吉姆的商业杂志时，我惊讶地发现了装订成册的挪威杂志《挪威渔业》，从几年前到现在的杂志都被完整地收藏着。

"你读得懂挪威文吗?"我问。

"不是全部"，他说，"但是我能理解一点点，看图片，如果需要的话我会查阅一些字。"

吉姆从他的书架上抽出一本挪威语-英语词典，跟我讲述了他的五次挪威之行，以及跟上最新的发展对于当地产业而言是多么重要。他说，挪威的实践是最先进的。他还补充说道，当谈到三文鱼养殖时，塔斯马尼亚毕竟还是边缘之地。

从澳新的"边缘"到世界的"中心"

三文鱼养殖可以被作为全球化的故事来进行讲述。标准化实践和科技的空间（地理）扩张，一群实践者在世界的某处获得了经验，并把它应用到其他的地方。养殖科技、金融资本、遗传物质、鱼饲料都是以复杂、重复的形式穿越世界的流动实体，使得三文鱼养殖成为许多人所说的真正的全球产业。然而，就像澳大利亚海狗和土生黑鸬鹚提醒我们的，每个地点都向不同的人类和非人类环境，提出了不同的问题和挑战。塔斯马尼亚没有海虱，但是有捕猎性的海狗。没有传染性的鲑鱼贫血症，但是有阿米巴鳃病。从水温到法律条文的其他许多条件也有不同。因此三文鱼养殖也可以被当作许多的当地故事来讲述。

但是本书并不是定位在"当地和全球之间"的食品产业实践的故事。实际上，我将世界中心和当地边缘视为不断被表演和被再生产的——是结果而非养殖实践的背景。吉姆的挪威语词典与其他的实践产生共鸣，系统化地生产了作为全球中心的挪威和作为边缘的塔斯马尼亚。在日本，其他实践也生产了其他的二元对立，比如在日本和美国之间的二元对立（Swanson，2013）。地理政治等级也通过一些重要的国际活动的举办而被再生产出来，比如一年两次在挪威举办的水产养殖会议 Aquanor 和一年两次在南半球举办的 Aquasur 会议。这些活动使得三文鱼养殖成为一种强有力的集合，通过国际关系和非对称性被不断地制造和协商。正是因为三文鱼可以被视为一种标准化的事物，所以比较才会发生，通过这种比较某些实践被定义为"最前沿的"，而其他的还处于"过去"（Lien，2007b；Swanson，2013，2015）。这样，当它们处于一种线性的时间序列上时，全球三文鱼养殖的标准化实践便成为一种时空秩序化工具，使得一些地点在前面，一些在后面。一些在中心，另一些在边缘。

中心与边缘的关系特性经常通过并列数据的形式被制作出来，就像我刚刚做的那样。但是它们也通过其他的对比形式产生。挪威的三文鱼生产不仅在数量上超过大多数的其他国家，而且它也发生在一个人口只有五百万，主要的出口商品是石油的国家。所以海鲜是位居第二的出口商品，水产养殖在财政收入上超越了野生捕捞，这个产业成为出口创汇不容忽视的来源。塔斯马尼亚的三文鱼生产对于堪培拉的联邦政府来说并不是主要关注的事情，[24]挪威的三文鱼养殖却是奥斯陆的国家政府不能够忽略的事情。

令人震惊的三文鱼养殖的增长使挪威不仅成为世界上处于领先地位的养殖三文鱼的生产者，而且成为鱼类和水产品的第二大出口商，仅次于中国（FAO，2008）。一年超过一百万吨的三文鱼产量相当于一天供应一千两百万份三文鱼餐（FHL，2011）。所以不奇怪挪威研究委员会资助的研究主题常常是"水产养殖"，[25]关于三文鱼产业的新闻也经常出现在销量领先的全国性报纸的商业栏目中。挪威官方对于三文鱼养殖的兴趣和支持无疑有助于这个产业的成功，也使得挪威在世界上处于领先地位。因此，挪威作为世界水产养殖中心的地位一直在不断地得到提高、确认和维持。

现在让我们转向本章开头所介绍的斯图尔的年度产业会议。

AQKVA 会议：短暂的片段

斯图尔饭店大型会议厅升起的舞台后面的白色屏幕上，不同的三文鱼以图表形式出现。这是在 2012 年 1 月，我第三次参加 Aqkva 会议，每一年都有更多的人们来参加。男士人数依旧比女士多，大概是 5 : 1，并且这个集会的场合为我提供了一个机会，让我感觉到三文鱼养殖作为一种社会学现象的存在，从围塘边不能得到这样一种鸟瞰的视角。房间中的每个人都通过略微不同的实践了解三文鱼，所以他们说出的三文鱼也并不是一样的。会议是一种使上述分歧得以表现的一个场合。差异很重要。哈当厄的三文鱼养殖对这个区域的野生三文鱼来说是威胁吗？最近的消灭海虱的政策措施奏不奏效？当多样化的三文鱼体现为许多需要解决的紧急事项时，在这种情境下一个怀有科学研究兴趣的学者注意到的是什么？

每一次通过新的区分，就会出现另一种潜在的讨论，另一种在观众席中出现的分野和另一种要保卫或反抗的三文鱼现实。一些演讲者留下了许多开放式结局、分歧或是不确定性，但是也有一些人寻求建立某种共识（虽然是微弱的或暂时性的）。有时，我也能感觉到一种临时性共识的出现。这个会议是"现实通过谈话形成"的许多地点之一（Nyquist，2013）。

一些演讲者富有外交天赋。在斯图尔市长的欢迎辞中，她提醒我们虽然"哈当厄峡湾"是作为旅行者唯一的目的地存在的，但是它"不是一个，而是许多"。她参考了方言地理学，将水系的许多部分按照当地所知的方式命名——艾德峡湾、南峡湾、伯姆卢峡湾和很多其他——并且坚持不同的地方兴趣也是许多种的。"可持续性是我们的目标"，她说，"并且良好的对话是关键。"

在欢迎辞之后，国家渔业和海岸事务部部长登上舞台，观众聚精会神地听着。人们期望部长精心准备的发言会显示出官方对于水产养殖业进一步扩张的政策，这对于当地产业和其投资政策来说将产生直接的效应。部长声明当前的政府致力于发展，但是发展必须是可持续性的。她说官方的目标是使挪威成为世界上最强大的海鲜国家，一份将要出台的白皮书将解释如何做到这一点。同时政府将继续资助研究，特别是那些对于高度关注领域的研究，比如同系交配导致的野生三文鱼的基因突变和这个区域最近的海虱迅猛增多。后者是一个严重的问题，不仅仅因为它影响到养殖三文鱼，也因为在水系中生存的海虱使得处于银化期的三文鱼通往海里的交通更加危险，从而威胁到野生三文鱼种群的可持续性。因为这些挑战在这个区域特别紧急，官方决定将哈当厄的生物群总量限制在50000公吨，直至这些问题被解决。

这个数字使观众席中一些人如释重负而另一些人感到失望。过去几年居高不下的三文鱼价格为这个产业带来了源源不断的投资。但是因为每个生产者都要根据可允许的总生物量来限制自己的生产（作为这个地区可允许的总生物量其中的一小部分），她所提的这个数字明确了要限制增长。一些三文鱼养殖者感到如释重负，因为他们之前害怕这个数字可能会更低。另外一些人希望有进一步投资的更多机会，所以感到有点失望。非政府环保组织关注野生三文鱼但是也愿意看到进一步的限制措施。没有人对这个数字感到惊奇，尽管它看上去是一个谨慎的平衡动作的结果。部长结束发言时表明，三文鱼养殖业的接受度最终取决于产业自身，她呼吁道："做必要的投资，遵循规则，并且使用常识！我们不会将聪明的事情强加于你，我们也不会阻止那些愚蠢的事情发生。我每天的工作都是为了确保挪威水产养殖业拥有一个良好的结构，然而是产业自身拥有了它目前面对的环境挑战和机会。"[26] 晚宴时，部长已经回到了奥斯陆，剩下的参加者们在吧台聚会。如果说今年的会议有任何与去年或之前相似的地方，就是三道菜的晚宴还是要持续好几个小时，还好当中有一位当地喜剧演员时不时进行穿插表演。那里有足够的东西喝，演员简短的讽刺小品引发了阵阵笑声和对于不同版本的霍达兰方言的评论。大部分参加者都能自信而准确地将方言定位到附近的某个岛屿。

经历了在政策、最好的实践和近期研究（包括我自己项目的研究结果。我作为"来自奥斯陆的教授"，今年被邀请来做报告）之间不断权衡的漫长一天之后，夜晚的气氛乐于接受笑声和结盟，而非那些有争议的三文鱼现实。当我又溜进了熟悉的局内/局外人视角之后，我看到了不同关系被确认和更新。当夜晚结束的时候，我们被告知，虽然大家都知道有一定比例的回家的三文鱼会"误入歧途"，到它并不属于的河流[27]，我们还是注意不要模仿这种例子，要确保每个人都回到他自己的酒店房间。这个笑话仅仅是一系列黄色的显式笑话之一。我自己的奥斯陆方言把我标识为不属于这里的某人，同时就性别而言我也是少数群体的一部分。在晚宴这样的时刻，我有时能感觉到陌生人从桌子那边时不时投过来的一瞥："她笑了吗？她被冒犯了吗？她明白了吗？"在这个地区进进出出做了三年田野工作之后，我通常能感觉到一种共享的语言（比如三文鱼）如何能提供共同的基础和微妙的界限。不过在一个明显的男性化环境中成为"他者"的这种感受是仅限于这个会议中的。虽然在养殖场里男性的人数也通常超过女性（常常是根本没有女性），但是那里并没有这种固定的性别化和性别歧视的情况。这使得挪威西部三文鱼生产场所与我曾拜访过的其他地方有所不同，并且也不同于约翰年轻时知道的英国的一些工作场所。

　　我的三文鱼之行可被描述为从澳新的"边缘"向世界"中心"的移动。但是当你在哈当厄沿着连接三文鱼网箱的狭窄的金属走道行走时，并不太会感觉到自己是处在"养殖三文鱼世界的中心"。除了海鸥的声音和饲料颗粒被压碎的有节奏的响声之外，这个地方安静而又如此偏远，所以旅行手册将这里推销成人迹罕至之地。这里也是美丽的。从表面上看它与其他养殖三文鱼的地方也很相似——智利、苏格兰和塔斯马尼亚。然而人们讲述的故事是不同的，他们的自传反映了特定的与三文鱼的缠绕关系，通常是位于特定时间和特定地点。在某种程度

上（就像我的故事一样），这使得他们变得很独特（参见
Haraway，1988）。

让我们转向哈当厄和伯姆卢岛。

丽贝卡的片段

我们在阳光中抵达，一条狭窄的砾石路将我们带到了水边。
丽贝卡建议约翰和我在这里与她碰面，这里靠近码头和她用作
三文鱼养殖办公室的两层小楼。正值 7 月，一路驶来都是动人
美景：郁郁葱葱的草地、牛羊、不时出现的风景如画的海湾和小
村庄。我们沿着蜿蜒的道路向上穿越陡峭的山坡，向下驶过海
岸。一会儿突然向左，一会儿又立即向右，好像道路还不能下
定决心到底要通向哪里。约翰误记了一个关于上帝的笑话，说
是上帝在创造了挪威的海岸线后实在太累了，于是他决定简单
几笔画完世界上其他地方的海岸线。[28]我们停车后，一位穿着亮
红色外套、高高的中年女性来和我们打招呼。她微笑着欢迎我
们，接着示意我们稍等片刻，因为她要指导一下另一位更年轻
的女孩。后者是一个临时暑期工，她等着我们下来，接着驾驶
一辆旧卡车带我们开到陡峭而狭窄的砾石路上去。避免挂四档
明显是很重要的，但是除此之外短时间坐一下这辆旧车看起来
也没有什么，虽然道路和车辆情况使得驾驶难度很高。

我们现在位于这个地区西部的一个岛屿上。除了贸易，长
久以来鱼类已经成为这里的生计支柱。这里的鲱鱼被腌制或者

装罐用于出口已经有几个世纪之久。这里也是三文鱼开始返回到更东面的江河的地方。直到 20 世纪 70 年代新的管理规定限制沿岸三文鱼捕捞之前，三文鱼也是这里重要的出口商品。另外这里还有数量丰富的许多种类的鱼，所以这里尽管农田有限，人们仍然可以维持生计。同时这里的石油产业也带来了全新的工作机会，它与农业和渔业竞争，很快成为了一种新的收入来源。我们所在的地方是社会人类学家约翰·巴恩斯（John Barnes）1952 年从事田野工作的地方，他发明了"网络"（network）的概念来分析一种强调平等性的社会里的社会阶级（Barnes, 1954）。还有一些事情是我想到的，我的联想与另一些书和另一些故事有关，但是所有这些都未能进入我们与丽贝卡的谈话中。现在，我们让她成为我们唯一的向导。

丽贝卡是这里和附近另外两处地方的业务经理。她是这个地区少数的女性经理之一，同时也是最有经验的经理之一。虽然她并不拥有这块地方，但是她是这里近 20 年来主要的负责人。而且她在三文鱼产业中工作了更长的时间。刚刚她很热情地带我们转了一圈，解释说反正她也要检查一下喂食的情况。所以这是一个好时间。

三文鱼近在咫尺，五个网箱排成一排，垂直于沙滩。一个斜坡将它们与陆地连接起来，步行到第一个网箱只要走四五十米，所以不必穿橡胶靴。有一根管子将围塘中的自动喂食机与岸上的饲料容器连接起来。我们看着它转啊转，每一次转动就有一批饲料颗粒被均匀地洒在了水面上，但是丽贝卡的注意力在鱼身上。她想知道它们的胃口，通过它们待在水下然后上来吃食的活跃程度，她可以进行判断。当我们一边散步一边交谈的时候，她反复强调说，在这一行中要记得最重要的事就是要一直关注鱼。你不想喂得太多（鱼食不应该超过鱼），但是你也不应该喂得太少。为了达到这个目标，你就得非常仔细地观察它们。顺便说一句，她也真的很喜欢做这件事。她说唯一的问题是，目前要打电子报告给公司总部的要求把她束缚在办公室。她倒并不是介意文件工作，而是担心她的注意力有时候会被从鱼的身上移走。

天蓝色的水面清澈、透明，在正午的阳光下闪耀着。我们的视线游移，突然注意到了网箱外的动静。在我们的脚下，走道的旁边，一群鳕鱼聚集起来。丽贝卡看上去没有注意到它们，但是确认说它们经常会出现。接着，在更远一点的地方，另外一种银色的影子在网箱外迅速移动。现在是一群马鲛鱼，如果我们尝试用小捞网捕捞的话能够很轻易地抓到一条。由于网的隔离，三文鱼待在它自己的地方，但是在这个水下世界它们明显并不孤独。

丽贝卡解说道我们经过的前面四个网箱，每个都是 24 米×24 米，每个容纳了大概 5 万条三文鱼。第五个网箱更大，35 米×35 米，容纳了 8 万条。从她开始从事这一行，网箱的尺寸逐渐增大。"我以前说，"她告诉我们，"我将永远不会有超过 24 米×24 米的网箱，但是看看现在，那就是我所拥有的！"

当此地刚开始运作时，海岸的水更浅，而网箱更靠近海岸。那时网箱要小很多也没有那么深。丽贝卡回忆道，在 20 世纪 60 年代早期，之前的养殖场主就开始在峡湾的六方形围塘中实验养殖海鳟。围塘是木制的，每一边是 6 米长，一个围塘容纳 4000 条鱼。1956 年，这个人还建立了一个卸鱼码头设施，之后又开了一个杂货店，丽贝卡一开始就是在杂货店中为他工作的。她解释道："一开始，他们用卸鱼码头的鱼屑来做饲料。用一个巨大的研磨机自己制作饲料，把虾混进去使颜色看起来很对。那很容易，因为卸鱼码头可以从当地渔民那里买到新鲜的虾，这里也有一个剥虾皮的机器，所以就可以得到充足的虾皮。"海虱在那时也是一个问题，丽贝卡回忆道他们当时是怎样使用洋葱和大蒜作为自然疗方的："他们将洋葱切成小块装在一个袋子里，并悬挂在围塘中。他们认为这种味道会把海虱吓走。后来，他们也用大蒜，我记得他们经常从当地的商店中订购很多的洋葱粉，和饲料混合起来。"[29]

"有用吗?"我问。

"可能没有，但是谁知道。他们也只是在实验，他们也并不知道。"[30]

直到 1987 年，丽贝卡的孩子上学后，她在养殖场的事业才开始。她受到第一位养殖场主的培训，后来他去世了。过了一些年之后，丽贝卡才负责运营业务，一开始是与另一位女性一起，后来是独立负责。起先，她们只有一处地方，但是在接下来的几年（1990 年和 2002 年），另外两处地方也建立起来。现在她负责所有的三个地方，有一些人为她工作。

后来，喝咖啡的时候，我们了解了她的工作以及制作三文鱼（烧烤）和鳕鱼的方法。那些鱼是她的丈夫每天捕捞回来的。她用小口鳕鱼制作鱼饼，用鲱鱼或者马鲛鱼制作鱼干。我们又转向谈论养殖并了解到数字、疾病、正在被实验的许多方法、无休止的报告以及她所认为成功的最重要的钥匙："这里真正重要的事是你不要给鱼儿压力。有时报告的程序要求我们更多地去打扰鱼儿。如果你能够避免去打扰它，那就很好。使得它们有足够的空间也是重要的。另外，密切注意和确保安宁也是关键。[31] 如果能注意到这些方面，它们就会很健康。"

挪威的位置

我选择了一个阳光的片段来结束本章：丽贝卡的片段。或者说是她选择与我们在这个明亮的夏日所分享的片段。在我们遇到她之后，事情进展顺利，但是看起来对她来说在相当长的一段时间里事情进展都是顺利的。其他人说她是一位知道自己在做什么的女性，并且对她非常敬佩。通过在我们的生命展开的多元地景中的参与，我们成为了我们自己。

我选择丽贝卡的片段因为它使我们瞥见了三文鱼养殖早期的日子，并且让我们思考在这个地区三文鱼与像丽贝卡这样的人类是如何互相塑造对方的。20世纪70年代，就像这个例子中所表明的，挪威西岸的三文鱼养殖从当地企业主的小规模实验中逐渐发展出来。它提供了通过鱼类谋生的另一种方式，但又与过去并不完全断裂。结果是，这为力争收支平衡的小农场主提供了另一种受欢迎的收入来源，并成为带薪工作非常稀少的挪威沿海地区的一种可靠的生计方式。最后但同样重要的是，虽然三文鱼产业吸引的更多的是男性，但是它也为丽贝卡这样的年轻女性提供了机会。20世纪70年代，像丽贝卡这样的许多女性，并不满足于待在家里做母亲，而是也需要一份带薪工作。[32]

我已经表明这个新兴的产业是如何同时被政府严格管理和有力支持的。在地区产业发展过程中，政府是一个积极的角色。政府不断扩展而且资金充足。官僚机构治理高效，且民众对政府有很高的信任度[33]，这就是三文鱼养殖展开的机构背景。在三文鱼养殖场，可以通过很多的方式体验到挪威政府和地方当局的在场，比如详尽的法规、税收、例行的审计、非常多不同种类的经常性的强制报告（见第三章），以及食品安全部门例行的现场走访（见第二章）。[34]

很多学者指出经济社会的平等性和平等的性别机会是斯堪的纳维亚国家的关键特征，以至于像"几乎完美的人们：关于北欧奇迹的真相"这种讽刺性标题也带来了安慰。即使平等性从来没有真正达到[35]，它在挪威仍然是一种强烈的理想和重要的民族性。这有很多不同的表达，包括人类学家玛丽安·古尔斯塔德（Marianne Gullestad，1992）描述的"作为同一性的平等性"（equality as sameness），或者说是平等主义价值最好地体现在了相似的或者"相同的"人们的身上的观点。古尔斯塔德的洞见建立在她自己广泛的田野工作上以及约翰·巴恩斯的作品上。后者半个世纪前在霍达兰的布雷姆斯（Bremnes）从事田野工作。虽然古尔斯塔德的主张是有争议的（见Lien，Lidén，and Vike，2001），但是它抓住了在三文鱼养殖业中体现得非常充分的日常生活的精神。因此，记住这一点非常有用，三文鱼及相关人士之间的互动常常是发生在一个责任被高度下放的工作环境中。在这里业务经理很可能与工人一样做实际的、操作性的工作，自主性以及评估环境和快速决定的能力常常被认为是一个"好员工"的价值所在。这跟注重强有力的劳动联合和工作参与的北欧传统产生了共鸣。

* * *

当我们遇到丽贝卡时，她表现出的状态是能干、冷静和满足的。她已经见过许多代的养殖三文鱼离开了她的围塘（形象地说是离开了她的手），产业从她的指导者的早期实验发展到当前高度管理和高度获利的出口产业。如果我们看数字的话，这个飞跃是巨大的，但是从她特定的视角来看，变化也并非那样巨大。在海岸和第一个网箱之间的金属走道被加长了一些；围塘变大了，可以容纳更多的鱼；需要做更多的文书工作；喂养也有一些不同。但是其他很多基本的操作都是一样的。这可能是她做得这么好的原因。

她不让访客打断日常节奏，而是让三文鱼喂养的安排来决定她自己的安排，并且当她知道它们需要关注的时候给予它们关注。大大小小的挑战和灾难来来去去，但是我们在一个安静的时刻逮着了她。这时候机器正在做它们应该做的事情，三文鱼也在做它们擅长做的工作：吃饲料颗粒和增肥。

我们在这里看到的是一个跨越物种界限而相互关联的例子。三文鱼在她的照顾中被驯化，就像它们也"驯化"了她。这个组合包括：一个当地暑期工、一辆旧卡车、一个喂食的储料器、一个女人、一些网箱、围养起来的三文鱼和很多不请自来的物种——或者看到了食用三文鱼的机会（海虱）或者看到了食用多余饲料的机会（马鲛鱼、鳕鱼）。结果常常是未定的，但是就现在和可见的未来来说，结果是结合得很好的。丽贝卡的片段使我们瞥见了了解三文鱼的特定的人类的方法。其他的片段则展演了不同的三文鱼、不同的人们和关于三文鱼养殖的不同故事。本书是一场旅行，跨越一些不同片段，经历在哈当厄地区的岛屿和水湾中不同的"成为"过程，并偶尔点缀一些世界其他地区的片段。让我们接下来去到三文鱼的场所。

第二章

成为饥饿的：
关于三文鱼场所的介绍

这看上去像是一座漂浮在海面上的普通房屋：带坡度的屋顶、灰色的墙、一个入口还有楼上屋脊下的小窗户。直到你注意到延伸至右边水面的鱼网和篱笆所构成的相连的低层结构之前，你还以为这是用来应对挪威当前房地产业繁荣的办法：一个坐落在峡湾之中的船屋。对于休假来说这是一个引人入胜的地点，阳光在不平静的水面上闪耀，能模糊地看到远处的冰川。这的确是一个美丽的仲夏的清晨，但我们并不在假期之中，这也不是一座普通的房屋而是一处称为维德罗（Vidaroy）的三文鱼的养殖场，是 60 多万条三文鱼的"家"以及我们接下来几周的工作场地（这也是约翰·劳和我接下来四年断断续续地联合做田野的地方，但是在第一个夏天，我独自拜访了这里）。

船上有我们四个人：弗莱德，当地的业务经理以及另外两个雇员——阿农德，刚读完高中的年轻人，以及近 60 岁的卡尔，他和家人从波兰搬到挪威，为的是在这里工作和退休。卡尔以前来过这个地区很多次，被这里的美景和宁静的生活方式所吸引。五年前，他搬来了这里。这里的水产养殖业有很多工作的机会，他现在过着体面的生活。阿农德的年龄可以做我的儿子了，但是我即将成为他的学徒。他只有 19 岁，但是已经是第五年在这里做暑期工了，他看上去知道所有要成为正式员工应该知道的事情。他现在已经开始了他们长达四周的暑假。最后是我：一位来自奥斯陆的教授，对于塔斯马尼亚的三文鱼养殖比较熟悉，但是对于这种手工操作却几乎没有经验。

公司允许我们进入它所有的地点。我们对公司网站上的地图以及岸上办公室墙上的纸质地图上做了一些研究。用红色的大头针标出地图上每处海上的生产点，蓝色的大头针标出每一个孵化场。为数甚多的大头针分散在了这个沿海地区的峡湾和岛屿上的不同郡市之中，渔业一直是这个地区经济的支柱。我们已经拜访了其中的一些地方，但是决定在维德罗待上一段时间。部分是因为我们可以从一个能免费住宿的村庄乘船方便地到达这里，但是也因为与这个地区常见的圆形围塘只能够乘船一个个地到达不同，这里是由10个通过金属走道和平台连接起来的网箱（和一个围塘）构成的。走道和平台能够使我们能轻松地到达三文鱼所在的地方，也为注定是闲散的，或者在部分时间里仅仅是碍事的教授们提供了一个休息的场所。

三文鱼的数量超过60万条，在网箱之中围养着。我们人类的数量是四个。我们一起构成了我们认为可能是临时的三文鱼场所的最小功能单位。就像我很快了解到的，对于这个场所来说还有很多是肉眼没有看到的，其中的生物是既没有被计算进去也没有被命名的。边界是流动的，这既是非常字面意义上的，同时又是一种比喻的意义，边界是不稳定的，并且不断在变化。三文鱼这周和下周将要被宰杀，每一条重近五千克。它们每天消耗3000千克的饲料颗粒。每隔一周左右，运送饲料的船只将饲料颗粒运来，每个装满饲料的 200 千克的塑料袋将储藏室从地板到天花板全部填满。没有饲料，就没有三文鱼。

三文鱼场所的生命线其实远远地超出了眼前的美景，也超出了哈当厄地区的范围。饲料颗粒部分是由更小的鱼类制成的，它们中有一些来自遥远的南太平洋。全球海洋资源贸易的基础设施、主要来源于社区和最近的岛屿的另一种人类劳动，以及电网的基础设施、法律规范、重型机器和工具都以复杂的方式被折叠进了三文鱼场所。我们将在第四章和第五章再回到饲料的问题。现在，我们只要注意到海上的三文鱼房屋与人类的家看起来很相似就够了。但是这仅仅是从远处看。

我们的船快速前进，与海浪撞击发出强烈的、有节奏的砰砰声。弗雷德将发动机减速到更低一档，船与海浪的撞击声变得没那么强烈。接着他操纵船沿着平台边停靠，系紧缆绳将船固定在它的位置上。我注意到右面延伸到远处的扁平建筑实际上是非常庞大的，它由鱼网和篱笆的复杂结构构成，在水面上足足有三米多高。我听到一种轻拍水面的不熟悉的声音，后来才意识到这就是早晨的三文鱼的声音。

我们通过一个小梯子从船上爬上了狭窄的走道，先经过一个浅浅的消毒池，将靴子浸在里面片刻，接着转弯经过一道门，进入里面的办公室。从这时起，事情发生得非常快，沉默的三人组合快速而自信地执行不同任务。阿农德出去了而卡尔消失在地下室，很快我们听到了引擎的轰鸣声：发电机启动了。弗莱德打开两台电脑，登录，出现一个窗口，上面的图片让我很快意识到是饲料储藏室。它们以紫色的长方形的形式出现在电脑屏幕上，每一间都被标上了数字。现在每一间饲料储藏室都有足够的饲料剩余以启动喂食系统吗？他认为是的，在键盘上进行了几次操作，同时密切关注着第二台电脑屏幕上所出现的数字。弗莱德告诉我有四条不同的喂食管道，岔开分别通往1到11号的网箱和围塘。阿农德进来了，打开窗户，在一张纸上写下一些数字。"今天更热了，"他说，"3米深的地方是19度，比周日高了2度。都可以游泳了！"最近一个星期这个地区都是不寻常的热和干燥的天气。三文鱼更喜欢凉爽的水温。

很快我们听到一种粉碎的声音，像是远处的某个地方开了一个低压的钻头。弗莱德朝着外面的建筑点头：这是饲料颗粒沿着一束黑色的塑料和金属喂食管道喷射出去的声音。管道勾挂在平台的上部结构上，延伸到远处分叉，从而抵达各个网箱。喂食开始了。当煮咖啡的香味弥漫到整个房间的时候，卡尔上来了。他检查了下面的饲料储藏室，报告说在第二间只有非常少的剩余饲料，很快就要空了。弗莱德又检查了一遍屏幕，他们共同认为数字一定是错的。根据电脑，饲料储藏室应该是半空的才对！昨天谁忘记输入数字了吗？他们看起来有点担心，但是并没有持续很久。弗莱德咕哝着这是一个麻烦，但是没关系，晚一点他可以再校准系统。[1]他把椅子拉开，我们围坐在一张粗糙的大松木桌旁，阿农德已经放好了四杯茶，并开始为自己和弗莱德倒咖啡。早晨的阳光照亮了房间，我斜视着并将窗帘拉上一点点。时间是七点半，第一次休息开始了。

卡尔伸着懒腰，叹息着、抱怨着天气炎热。"这可不是我搬来挪威想遇到的事。"他一边去拿茶杯一边大声说。另外两位朝

图 1 从船上看到的维德罗（约翰·劳拍摄）

他微笑，摇摇头，表示完全不能同意。一个本地的夏日节这周
末要开始了，有音乐会和为期两天的划船比赛（乘当地的木船
绕着岛屿划行），到时也会有很多的游客前来。弗莱德和阿农德
要在网上购买节日的入场券。谈话轻松地进行着。我了解到很
快要进行宰杀：几处围塘已经做好了准备。他们正在等待上面的
进一步指示来决定究竟是哪些围塘以及什么时候开始。还有疾
病的事。弗莱德担心 11 号围塘，在这个季节胰腺病正在处于上
升趋势，它会影响到鱼儿的胃口和状态。弗莱德认为 11 号围塘
已经被感染了，并给当地兽医打了电话。他希望她今天下午能
到这里，有没有人可以去接她一下呢？阿农德自告奋勇。卡尔

谈到周末的钓鱼之行。他得到一条全新的鳕鱼，是来自他兄弟的礼物。他在峡湾中钓到鳕鱼，但是鱼钩也把他的手指弄破了，非常疼！其他人说鱼钩肯定也把鱼弄得非常疼。

阿农德说昨天在离我们不远的河流里，他抓到了一条非常大的三文鱼。看上去没有人想知道他抓到的是哪一种三文鱼，但是我想到了媒体上现在关于野生三文鱼和逃逸的养殖三文鱼的辩论，于是我还是问了他："它是野生的还是逃逸的三文鱼呢？"阿农德说其实真的很难辨认。鱼鳍锋利而尖锐，说明它不是在围塘之中被养大^{2}的，但是他又能认出靠近鱼腹的一个接种的小标识，这表明鱼是在银化期逃逸的，并游到了附近的河流里。所以他认为这是养殖产业里繁育的一条三文鱼，但是在早年就逃逸出来了。

差不多半小时之后，卡尔收拾了他的杯子，走到厨房，把它放在厨房柜台下面的洗碗机里。我们其他人都照做。该是出发的时候了。经过简短的讨论，弗莱德和卡尔认为教授可能在处理daufisk 时是最有用的，这个词是挪威方言"死鱼"的意思，在英语中我们常用的词是"morts"。阿农德可以教我怎么做吗？

清晨的死鱼

我们穿上橡胶靴和轻质尼龙外套往外走，太阳已经高挂在了天空。阿农德取来了一个独轮手推车和水桶，递给我一把随身小折刀和一双蓝色的橡皮手套。接着我们朝平台的尽头走去。

他从办公室带来了一个笔记板，上面夹着一张纸，以及用一根绳子系着的一支铅笔。他解释道他已去到地下室将空气压缩机打开了。现在我们沿着延伸出建筑之外的长长的、方形的平台的金属走道中间行走，经过了方形的三文鱼网箱，一边 5 个，每个 25 米 × 25 米。我们朝走道的尽头走，来到了 11 号围塘，这是一个圆形的塑料结构，比其他的围塘要大一点。阿农德说，从远处开始更好，一边工作一边逐渐退回来。我很快明白了：独轮车将装满死鱼，最后要将它们倾倒在靠近办公室的一个大的水泥容器里。平台有 125 米长。你需要推一个装满死鱼的独轮车，距离越短越好。

搬运死鱼是未经训练的农场工人的首要职责之一，我们也不例外。这是因为照顾这个"鱼的城市"的农场工人同时也是丧葬者——死鱼必须从活鱼那里移开，所以死亡对于大部分在三文鱼养殖企业中工作的人来说是很常见的。每天清晨发现一些死鱼也不会引起特别的关注。这只是早晨巡视的一部分内容而已。一般而言，我们每天在容纳 5 万条鱼的网箱中搬运 1—10 条死鱼。当数字比较小时，搬运它们只是一件有关卫生的事情，并且确认一切运转良好。这是一个照顾的实践和一种表达关注的方式（也见第六章）。但是应该怎么做呢？

一个大塑料管的一端悬挂在围塘的一边，而剩余的部分浸在了水里。阿农德把它拿起来，勾挂在一个叫作"气举"的方形塑料容器上，用绳子系紧，转动手柄。过了几秒钟，一条水柱喷涌出来，我们被溅到所以哈哈大笑。接着鱼也开始喷射出来，大的三文鱼，主要是死的或濒死的，还有一些根本不是三文鱼的小鱼。它们五颜六色，大概有我的手掌大小，但我不太熟悉它们是什么鱼。"濑鱼。"阿农德解释道。它们被放置在围塘中是用来吃海虱的，后者现在是个大问题。容器很快装满了。阿农德拉起外套的袖子，在死三文鱼中抓濑鱼，濑鱼看起来还是鲜活的。他请我帮忙，一起用手找濑鱼，并且将它们扔回到围塘中，将死的濑鱼跟死去的三文鱼留在一起。接着我们清空了容器，一条条抓住三文鱼的尾巴，把它们扔到独轮车上。独轮车也很快装满。我们是不是应该数一下？"我已经数过了，"阿农德说，他告诉我数字：58。

他让我填写数字。用防水纸做的表格上有列和行，一些数字已经写好在左边的栏里面。我注意到它们是从左到右写的日期，有人已经填写了 30/6：今天是 6 月的最后一天。在下面还有另外的一套数字，我意识到是早晨的水温。我拿起铅笔在底下一行的今天的栏里填写了"58"，标注了"11"，表明是围塘的序号。很快独轮车也要装满了，阿农德小心地将车沿着金属走道推回来，推上斜坡到水泥容器处。死鱼将在这里被融化在蚁酸中。接着他又回来装更多的鱼。

他说，即使是在这个容纳了 18 万条鱼的网箱，58 条死鱼也是非常多的。超出了平常的数量，这也是它们可能正在遭受胰腺病的另外一个表现。

巡视的剩余部分完成得很快，数字也低多了：我被告知，在容纳差不多 5 万条健康三文鱼的网箱中，5、6，或者 0 都是常见的数字。但是濑鱼又是怎么回事呢？

　　在我田野工作的第一年，2009 年，我们甚至都没有考虑它们。针对海虱问题引入濑鱼作为一种措施的系统实验是刚刚才开始的。在前几个星期，5000 条濑鱼被运送到维德罗。[3]一直存在于这些峡湾中的一种小寄生虫海虱，近年来在三文鱼养殖场中激增。随着三文鱼产量的飞速发展和峡湾中生产点密度的相应增加，有充足的三文鱼让海虱得以泛滥。海虱不仅对于养殖三文鱼来说是个问题，对于那些在河流中孵化出来，在银化变态时经过三文鱼养殖场去到北大西洋的三文鱼来说也更是个问题。在 21 世纪第一个十年的最后几年，海洋生物学家就挪威峡湾高密度的海虱发出警告，特别是在有许多三文鱼养殖场的地区，比如哈当厄。峡湾中为数甚多的海虱是个坏消息。因为年幼的三文鱼在去往海里的路上容易染上寄生虫，[4]海虱使它们去往海里的旅程变得更为艰难和危险，因此对本地的三文鱼种群造成了威胁。结果是，人们开始尝试更加频繁和密集的治疗方案。海虱通常用不同的药物治疗或反寄生虫疗法来处理，但是每一种治疗都需要很大的劳动力投入，一些化学药品也会对工人们的健康和安全或是对环境造成风险。因此，濑鱼，一种本地的"食海虱者"，看上去值得一试。

　　在 2009 和 2010 年的夏天，我们见到了许多胆子大的青少年坐着他们家里的船出去抓不同种类的巴兰濑鱼。他们将渔获带往峡湾中的三文鱼养殖场，一桶桶出售来赚取小额利润。[5]却没有人知道这种做法是否奏效或者濑鱼是否会被放在三文鱼养殖的网箱里。一些年之后，在 2012 年，人们才达成共识，即濑鱼可以作为一种使海虱数量下降的廉价而可持续的方法。它们被作为三文鱼场所的自主发明之一，统计死鱼的表格中也加进了新的一栏来统计死去的濑鱼的数量。

但是在这个 2009 年仲夏的清晨，我们仅仅是毫不迟疑地将它们扔回围塘或者是独轮车，却没有去想为什么健康活着的濑鱼会从死鱼管道中出来。阿农德解释道它们可能是喜欢在底部的圆筒处游动聚集，而这个地方的设计是为了便于死鱼落到中间来。空气压力作用于塑料管道将死去的三文鱼吸出来，而体量小得多的濑鱼也随之被吸出来。这种为了搬运死鱼设计的机制明显是早于濑鱼作为围塘中的三文鱼伙伴出现的时间的。

在平台上，卡尔正忙于切割一堆黑色塑料袋，就是用来扔垃圾的那种。他将它们割成长条，大概 10 厘米宽，一束 30 根系在一起。这是为濑鱼准备的，他解释道，这是它们的"掩护"。它们喜欢躲藏在水草里，这就是水草的替代品，一种让它们感觉更舒适的方法，少暴露在具有一些攻击性的三文鱼面前。

当我们完成了每日的死鱼巡视，我对阿农德对于捕鱼、三文鱼和他生活的这个地区的热爱有了更多的了解。关于峡湾中三文鱼捕捞的禁令已经实行一些年了。[6]尽管如此，阿农德还是和他的叔叔一起到峡湾中网捕三文鱼。他的叔叔在一个环境研究所工作，他们所谓的"为了研究目的的捕捞"，就是将三文鱼捕上来作为样本分析很多的事情，比如海虱流行的情况、逃逸鱼的比例或者它们的遗传起源。但是阿农德关于三文鱼的知识

图 2　濑鱼的掩护（约翰·劳拍摄）

看起来与他捕鱼的热情最为相关。他告诉我他从记事起就开始
捕鱼了，对于周围河流附近好的捕鱼点知道得一清二楚。在夏
天，他经常出去捕鱼，有时候和朋友一起。他的父亲曾在为银
化生产点供应水源的河流中捕鱼，但是那是很早以前的事情了，
三文鱼养殖还没有出现。现在这条河流中不再有三文鱼了，只
有鳟鱼。阿农德认为这是因为这里是靠近海洋的岛屿，河流很
短，三文鱼产卵地非常靠近河口，逃逸的鱼可以很容易到达那
里，因此这里的野生三文鱼比起更东面或内陆的河流中的野生
三文鱼来说就更容易受影响，后者去到产卵地的旅程更长也更
艰苦。

从阿农德记事起这里就有了三文鱼养殖场，它们也成为了他生活的一部分。他目睹了产业的扩张，担忧它们对河流中的野生三文鱼种群带来的威胁。但是他也认为能够看到变化以及三文鱼养殖业现在给许多当地人提供了工作机会也是一件不错的事情。

回到办公室，阿农德教我如何将死鱼的数字输入到电脑中。数据被发送到总部办公室，这是一座位于岸上的大型的、两层的建筑，里面有十几位公司职员进行日常办公。这里是进行重大决策的地方——关于宰杀、销售、喂养、灭虱，关于谁什么时候去哪里工作，以及机器需要从一地运往另一地等。作为权力中心和决策中心，[7] 这里也是董事长和董事们的办公室的所在地，他们每周一上午集合业务经理们开会，来协调接下来一周的任务。关于公布公司经济盈余、利润或所谓"营业利润"的决策在这里被做出，未来的战略和投资计划也在这里被讨论。这里也是接待访客和决定与讨论战略决策的地方，市政官员们有时也来这里访问（具体细节，见第三章）。

但是在这六月最后一天的温暖的上午，我还不知道那么多。远处的海岸朦胧，我迄今学到的东西是数字很重要，死鱼也很重要，数字一旦被输入位于峡湾中央这件办公室的电脑屏幕上的电子表格中，就会被发送到其他地方，而我们快要到午餐时间。到 11:30，桌上被重新布置，有新鲜面包、奶酪、烟熏马鲛鱼、烟熏三文鱼、腌制鲱鱼、火腿和意大利腊肠。典型的挪威式冷餐，以自助餐的形式每日供应。午餐的费用从员工月薪中扣除小小的一部分，大部分是来自公司的慷慨补贴。

三文鱼的场所

所以，可以暂时地被认作养殖三文鱼家园或者三文鱼的场所的这个活动地点是什么呢？我们如何描述这种生物社会构成体，它是如何结合在一起的？在接下来的章节中，我将通过强调不同的实践来回到这些及其他相关的问题上来。现在，让我们开始思考与物质结构相关的一些基本方面，比如它是由什么构成的，从哪里开始。

这个地点的最重要的特征之一是它的最低可见度。既非停泊处，也不是围塘或三文鱼，而是它们的媒介物：三文鱼一生都在水中度过。我们常说它们是"在水里"或"在水面之下"，这当然是一种人类视角，反映了我们所参照的媒介物是空气。[8]对三文鱼来说，这个世界是三维的。它们网箱的尺寸不是我们所说的 25×25 平方米，而是 25×25×33 立方米，垂直运动和水平运动同样重要：在这个世界中，充足的饲料颗粒在上面出现，再逐渐下沉。这个世界被鱼网束缚着，但是也不完全是这样。稳定的水流可以穿越鱼网流动。很有可能水流以气味的形式给三文鱼提供信号，但是对人类来说很难知道。我们知道的是当水温下降的时候，它们往更深处游动，通过调整它们的位置来适应气候和季节的变化。它们几乎不曾看到我们人类的身体。当它们离我们足够近时——对于绝大多数三文鱼来说，一生只发生 1—2 次——它们几乎是离开水里，在小捞网中扑腾着，被一只手紧紧地抓住，通常是大口喘气，非常地不舒服，或者有时已经麻木了。

站在平台上，朝下看围塘，我有时看到三文鱼在进食饲料颗粒时身体敏捷的运动，以及当它们要跃出水面时的酝酿状态。有时候我们将一台摄相机放到网箱的水底，于是能在电脑监控器上看到它们：三文鱼游过时的黑白的、低分辨率的实时影像，好像我们就在它们旁边。但是即使是这样，我们还是得说三文鱼养殖场的大多数鱼几乎都是处于人类视线之外的。摄相机很少被使用，当它们被使用时，一般都是要解决问题的——或者管子堵住了或者设备需要修理——而不是用来观看鱼的游动。即使我们的确花了很多的时间观看鱼的进食（见"作为界面的水面"一节），我们看到来到水面上的鱼也仅仅是实际在水底下的鱼的微小的一部分。我们看到 20 条、30 条或者 50 条，而每个围塘的鱼的数量是至少 5 万条。

所以这是关于三文鱼驯化要注意的第一件事。我们把它叫作不同的媒介物。我们与三文鱼几乎总是分离的，被水面分开。构成了海里的地点的这个物质安排可被视为适应这种基本分离的一个界面。对于需要水来呼吸的鱼和需要空气进行氧代谢的人类来说，三文鱼场所是一种装置设备，既促进又调节了跨越不同空间的接触。

许多事情与我们在不同媒介物中的运作方式相关：我们需要空气压力将死鱼从水底吸出来，因为我们不能抵达那里去抓它们。我们需要相机看到正在发生的事情。我们需要平台、栏杆和实心钢格做成的走道来保证我们安全地处于水面之上，同时又与水面足够近以至于可以倚在栏杆上用一个小捞网捕鱼。我们做这些都是为了弥补作为如下这种生物的缺陷：有肺而不是有腮，在二维平面上能够最为有效地运动（在各处左右移动），在鱼的三维水世界却是笨拙的参与者。所以我们围绕着它们的世界构筑我们的世界。在一个有着充足的水深和海流的地方，我们为自己创造了建筑形式：拥有停泊处、平台和水底圆柱形浮力装置的，漂浮在峡湾中间的房屋。它与构成人类社区的大多数其他事物相分离，只能乘船到达。我们做这些是为了让三文鱼待在它需要待的地方，即在它们鱼网之内的水世界里。同时即使它们大部分是在人类视线之外的，人类也可以接近它们。

于是整个三文鱼场所可被看作一种复杂的物质界面，一种用于内外协调，穿越不同的界限进行定义、定位和（或）调节的纹理和功能。[9]一种界限是水的界面，体现了重力法则沿着水平面分开的两种媒介物。它不需要任何帮助，实际上它早于地球上的万物而存在，包括受它影响而进化发展的物种。场所于是就位于"边缘"，在水面上，在那里它允许进一步的分离、调节和变化的实践发生。

另外一种界面是淹没在水里的鱼网，它温和地定义着每个围塘或网箱的边界，暂时勾勒出三文鱼运动的界限——常常也是濑鱼运动的界限。就像我们已经看到的，它是多孔的和高度选择性的，允许水流和像海虱这样的海洋寄生虫的自由流动，偶而也有年幼的青鳕通过，但是阻止了更大的鱼类和马鲛鱼、鳕鱼和青鳕鱼群的游动。[10]然而鱼网纤维也发挥了其他的功能。它们提供了水藻得以生长的地方，吸引了这种完全不同的物种并与之建立了关系。一般被称为"生物污损"（biofouling）的过程，就是指水藻的逐渐生长缓慢地降低了鱼网的可渗透性。因此，鱼网的可渗透性不是既定的，而是随着藻类的依附和开始生长逐渐消失的。一种处理这个问题的办法是将鱼网拿去晒干。在维德罗，每个网箱配置于实际需要两倍长的鱼网。在一定的时间，用圆柱形装置将一半的鱼网卷起来，使其脱离水面晒干。多余的鱼网被卷进去，需要时再卷出水面。这种过程，挪威语里叫作"翻卷"（tromling），属于日常维护工作的一部分。

　　这样，看上去是一种被动的分离工具的鱼网被卷入了一个

图 3　三文鱼跳动的网箱（上面是构台）（约翰·劳拍摄）

更大的机会主义生活的网络。或者就像罗安清说的，它是"那种设计的一部分，有意或无意地在向未来招手，制作了现在和即将到来的世界"（Tsing，2013；Haraway，1988）。虽然罗安清是对活着的事物进行关键的描述，但我在这里引用她的话来推进对那种建立在活着的有机体和如岩石、网纤维之类被动的事物之间的界限的理解。我想要强调虽然区分可能是珍贵的和有启发性的，但是在实践中却并不一直奏效。依附在鱼网上的水藻提醒我们场所是一种由死去和活着的、人类与非人类的物质材料构成的异质性组合，所以区分并不一定是清晰的、甚至不是确切的。鱼网所做的工作沿着生物污损（水藻生长）和人类劳动（翻卷）的时间消长展开。每一种异质性实践都依赖于和涉及鱼网纤维或者是太阳和风，为的是到达截然相反的未来：或者是与水藻共生的鱼网，但是相对不可渗透并与三文鱼生长不协调；或者是鱼网相对"死亡"，但是具有可渗透性并有助于三文鱼的生长和健康。这就是鱼网如何成为更大的组合的一部分，并且，就像场所自身一样，处于一种持续的"成为"状态之中。

　　基于陆地驯化的研究文献，我们可能会认为鱼网是一种空间限制工具，就像农田中的围栏和牲口棚中的畜栏一样。这种类比不是完全错误的，却是不完整的，它不能看到鱼网的全貌，也选择性地忽略了"限制"的定义所不能解释的很多方面。鱼网的确使三文鱼待在它们的位置上（虽然逃逸的情况也会发生；见第六章），但是如果将这个视为"驯化"的关键性和定义性的特征则在一定程度上失去了重点。就像本章和接下来几章将要说明的，仅仅将三文鱼限制在围塘中并不能保证任何事情，而且完全不足以保障三文鱼的繁荣和生长。

我在这里所指的作为三文鱼场所的异质性组合与养殖三文鱼是什么和它们将成为什么紧密相连。三文鱼场所邀请和允许特定的人类存在、运动、感知以及了解三文鱼的模式。如果驯化是一种共同成为的过程，不通过许多不同的功能和界面（它们将场所构成一种材料的组合）我们就无法想象它。在这一节，我介绍了一些上述的功能和界面：水面、鱼网和作为流动媒介物的水。在下一节，我将特别聚焦于人类-三文鱼关系，探索他们之间互相的了解和回应的实践。[11]

部分的密切关系和身体化沟通：
穿越水面的关系性

驯化常常涉及某种形式的接近。它可以与约束和控制相关，但是也可以涉及相互性和提供身体化沟通的可能性（Despret，2013）。

在我们的房子里，养了一条狗，她的名字叫莱卡。像大多数金毛猎犬一样，她迷恋食物因此也很容易被训练。无疑她很了解我。她也知道我常在家里穿拖鞋。我们一起发明了一个仪式。每次一回家我们就重复这个仪式。当她在前门问候我的时候，我问："我的拖鞋在哪里？"她就转圈，搜寻整个房子。过一会儿，她叼着一只拖鞋回到厨房，接着我让她去找另一只。

她兴奋地咆哮着跑开，又再次回来，将第二只鞋放在地板上。我马上奖励她一块硬面包。她每次都很高兴并表现出很大的热情，即使有时觉得有点烦，我也表现出很大的热情，因为想着不能让她失望。可能她也是同样的感觉。或者可能她只是非常饿了。

三文鱼也是饥饿的。使用饲料颗粒，我们可以吸引它们的注意力。以下是我从一年后所做的田野笔记中摘录出来的。地点还是同一个，工作人员或多或少也是一样的，但是鱼已经不同了：所有去年的三文鱼已经被宰杀了，养殖场空置了六个月，最近才到达了一批处于银化期的鱼，目标是 2011 年的宰杀。在 2010 年 6 月的这次访问时，它们只有不到 300 克，最近才从岸上的银化生产点的淡水贮水池中运过来，我把那里叫作弗罗斯德，它们在那儿度过了生命中的头个一年半。同时，约翰和我已经可以说是死鱼巡视的专家，我们也开始参与到许多其他活动中，比如海虱清点、海虱治理以及三文鱼喂养。这天下午，我们在做业务经理弗雷德里克称之为"2%喂养"的工作。这意味着我们确实只拿出所分配的饲料颗粒的 2%，并手工喂鱼，将它随机地抛洒在每一个网箱的边缘。为什么呢？刚刚到达的幼鱼胃口通常比较差。这次喂养是为了照顾那些待在边缘的鱼，它们不是太虚弱了就是经验不足，因而不能参与到自动喂食机投喂饲料区域里的食物争夺中去。

我们喂得很慢。速度是关键。一开始每个网箱喂一桶饲料，接着再来第二轮。沿着方形网箱的一边移动，接着是另一边，我开始一次投喂半勺到网箱中。但是弗雷德里克拿过勺子给我示范怎么做：勺子中装少得多的饲料，并摇摆胳膊，他将饲料撒得更开，这样就有更多的鱼可能吃到。

喂养由机器完成，但是也同时由手工完成，特别是在像年幼的银化期鱼刚刚到达的这样的不稳定时期。并且这也是身体化的：像弗雷德里克所示范的那样，一定程度的优雅是有帮助的。我在我的田野笔记上写道：

我喜欢这样。当我走得足够慢时，我能看到鱼。现在几乎不能看到，但是在饲料颗粒刚下沉的几秒之内，我还能看到它们移动的影子。它们在6号网箱特别活跃，但是在其他地方也能看得到。在6号网箱时我有个感觉，当我逐渐将饲料撒成月牙形，微小的颗粒在水面上散开，发出"嗖嗖"声，鱼儿们便紧紧跟随着我。从网箱的一角到另一角，我设计着不同的形状播撒饲料。将饲料一勺接一勺地撒给脚下的鱼群感觉真的挺好，我知道它们会争夺食物，并跟随它、搜寻它。

通读自己的田野笔记，我注意到了一个转变。之前我是厌烦的，而现在看上去我正在醒来。我回忆起那些在平台上度过的闲散的夏日午后，没什么事情做，室外宜人。我认为这是那些日子中的一天。通过手工喂鱼，一种情感的维度出现了。我允许其出现并且进一步在实践中随后又在写作中探索它。我写6号网箱，那里的鱼不仅生长得很好而且吃得很好。它们看上去也特别地警觉和敏感，至少对我来说是这样。同一天更多的田野笔记如下：

> 我又一次被 6 号网箱迷住了。比在其他网箱那里能看到更多三文鱼，并且它们对我的喂食反应敏捷，今天和昨天都是如此。我在网箱的边缘注意到那些鱼。一旦我把手放在栏杆上，它们就消失了。就像你刚要打的时候，一群蚊子就飞散了，过了几秒钟又飞回来。我用一些饲料颗粒来引诱它们，但是饲料落到水面时也把它们吓跑了。或者是我的胳膊，我突然的动作？——我不知道，但是它们游走了。直到几秒钟之后，它们又回来，继续前面他们靠近水面的运动方式。
>
> 我缓慢地喂食，从一个网箱到另一个。我尝试不同的方式来喂，但是引发最直接回应的不是喂食本身，而是我的动作。我把它们吓跑了，这是我们最明显的互动。但是第二个最明显的反应看上去还是和喂食有关。如果它们就在附近，我缓慢地喂食可以多少引发一些朦胧的运动——要看我做怎样的动作。

虽然三文鱼可以被驯化，但是它们几乎不能被驯养。如果驯养是"建立在特定的人和特定的动物之间的一种关系"（Russel，2002），那么这里没有这种关系的存在。虽然是有某种互动，但不是与特定的鱼而是与网箱，与 6 号网箱之间的互动。它表现为一种特定的模式，一种回应我的存在的方式。如果相互性存在，那也不是一对一的，与某些个体的，而是与作为一个集体的鱼之间的相互性，比如一个鱼群。

在 6 号网箱，它们的吸引力是巨大的。阴影的运动变成了银色身体，一条挤在另一条头上，好像在争抢些什么。当我观看的时候它们也继续这样做，但是我必须几乎完全安静地站着才行。它们害怕看到组成我的光和影的图像。但是"害怕"可能也是个误会，他们的动作可能仅仅是个反应。但是它们真的很爱饲料颗粒，这也是处于特定位置上的我的一个延伸。我从未体验过这么一系列的互动。我通过同时而自发地观看和回应它们的行动与它们相连的方式是全新的。我忍不住写道这有点像舞蹈，但是我担心说是"舞蹈"又有扭曲之嫌。

三文鱼养殖场有很多不同的情感性关系的记录。亨利·布勒（Buller，2013）在一篇文章中宽泛地评价工业化养殖时，提到有两种。一种是人类个体与动物个体之间的关系，在这里我们发现了"一种充满生机的、繁盛的主体间性的潜力，在养殖场不同物质功能的共享生命和身体化经验中衍生出来"。第二种情感性关系在不同的规模上运作，是在集体之间发生的。当我们惊叹个体之间的情感关系时，我们可能掩饰了"在集体情感关系中，因其群体性，这些集体变成了隐喻性的，因此也是可宰杀的"。布勒回想起他去拜访一家苏格兰三文鱼养殖场时说道："这些鱼'群'——对我们观察者来说是本质上毫无区分的群体。出生在容纳了百万条鱼苗的贮水池，再被分级装进相似尺寸的网箱进行银化变态和成长成熟，这些鱼被作为一个整体来喂养、成长和对待，是高产的养殖业的一种复数的修辞。"他继续询问在何时这些个体化的鱼能够"打破他们的集体身份，最终成为独特的个体，成为我们情感性关系的客体或主体"，很快他得出结论，是要到宰杀的时候以及鱼被作为个体来处理或干预的简短时刻。像许多其他关注动物知觉和情感的学者一样，布勒在这里表达了对于集体的一种关注。我们通常盲目迷恋独特的个体，把个体动物当作是知觉主体和人类情感的客体。然而对于集体的关注是通常被忽略的另一面。

对于三文鱼养殖场的简短访问可能是不行的。三文鱼巨大的数字使你头晕，而鱼通常是脱离视线的，这又会使你很容易认为"鱼的城市"是一处冰冷的、毫无情感的工业化机器，没有空间来进行情感照顾，当然也不存在穿越物种界限的"繁盛的主体间性"。就像我努力想要表明的，其实情况并不是这样。但是要知道这些不同，需要民族志的存在：存在并不仅仅是抽象概念的存在，在科学观察者的这种伪装下的存在，或者是德斯帕内特（Despret，2013）说的"脱嵌的身体"的存在，[12]而是回应和探索的身体——那就是，"感觉/注视/思考的身体，彼此松开和重做，虽然不是对称地但是互惠地作为部分视角而彼此协调。"这种存在需要花费时间，在我们的例子中对日常巡查的参与增加了我们的存在，比如喂食。[13]通过我日复一日地从一个网箱到另一个的运动，我得到一种感觉：网箱是不一样的。接着我发现个体的鱼其实没有必要，像布勒建议的那样，打破集体的身份而成为我们情感性关系的客体或主体。相反的是：

我有一刻认为可能这是我们最为接近的时候了。但是接着我意识到其实不是这样，因为我曾经握住它们，感觉过它们，宰杀过它们，闻过它们，身体离得很近，以一种更亲密的方式互动过很多次。所以区别在哪里，是什么引发了这种互动的感觉？是因为它们这次是很多条吗？它们显然超过一条——我以前的亲密互动是与个体之间发生的：很多个体，是的。就像在接种的时候，通常是一个序列，一个接着一个的。我今天所接触的不能说是很多个体，它们更像是一群，以特定的方式组合的一种新的模糊实体，通过某种特定的模式集体"对我说话"：在饲料颗粒周围挤得水泄不通，或者迅速地消失……这种群体引发了一种排成序列的个体所不能引发的互动体验。

在布勒对于独特个体和群体关系的区分之外，我们还可以增加另一种：在三维空间中按照自己的方式移动的群体和数字序列中的群体。在接种的这天，几千条三文鱼经过了我们的手。当我们握住每一条鱼的时，几乎不能说这是个体的鱼打破集体身份的时刻。

在接种的台子上，它们扭动着滑溜的身体，但是它们已经昏迷了，或者说失去了神志。他们被抓获了。这有点像是在跟昏迷中的人对话。是的，可能是有些身体反应，但它们丧失了能力，几乎不能决定下一个动作是什么。今天的鱼，毫不夸张地说，是不同的。所以当它们决定不马上躲开，或者在恐惧地游开一阵后又让我看到它们整个群体，它们"选择"了回来。它们可以将我排除在外，但是并没有这样做。虽然不知道我是谁，但是它们仍然让我有一刻能瞥见它们的群体，拥有共享的一刻。对我来说，这就像是一种奖赏，而我非常感激和高兴。这种兴奋的感觉让我模糊地回忆起以前爬上山坡，突然与一头驯鹿面对面的经历，片刻静默之后她安静地跑开。我想说明并告诉约翰，我认为这就是我说"以前从来没有如此接近"的意思。

　　一些年之后重读这些田野笔记，我突然发现我高兴的程度看上去依赖于鱼的能动性。如果是这样，可能这与动物研究中引发了动物个体化倾向的东西相似。当然，个体动物可以用眼睛注视你，而一群动物却不能。然而就像上述田野笔记摘录中表明的，对于群体来说，还是有其他方式参与到身体化交流中去。对于上述互动来说，"同情"这个词看起来太强烈了，"共享的主体间性"的概念也负担太重。我建议我们不如把他们视作德斯帕内特称为"部分的亲密性"（partial affinity）的例子，一种身体化却不完整的创造性的协调模式。

　　说三文鱼养殖场是人类与鱼类的情感性关系产生的基地会是一种夸张。作为对三文鱼场所介绍的一部分，我在这里想说的，仅仅是这种可能性，即我倾向于将其称为部分的亲密性的这种可能性。大部分工人几乎没有时间也不太有兴趣来做我在闲散的下午所做的这种实验。但是大部分工人花比我多得多的时间和三文鱼在一起。在接下来的章节中，特别是第六章，我将讨论在一个三文鱼养殖场组合的多样化的功能实践中，三文鱼与周围人类之间情感性关系发生的其他方式。

但是首先，让我们从我的工友那里获得一些线索：他们是如何与三文鱼打交道的？

作为界面的水面：变得饥饿

弗雷德里克也注视三文鱼，但是以不同的方式。过了一会儿，约翰和我注意到了一种特别的看的方式，一种注视的方式，所有工人日常工作都采取的方式（也见 Law and Lien，2013）。这种实践甚至有个名称，当地方言叫作"检查进食"，一般一天要进行 3—4 次。2009 年我们再次回来的时候，三文鱼宰杀已经准备就绪：

我看到卡尔在上面。他爬到了平台的狭窄构台上面，在那里可以更好地看到所有的网箱。他带了一个桶上去，用勺子将饲料颗粒撒到水面上，接着他观察鱼儿的反应。他后来告诉我，6 号网箱的反应是非常好的。它们的胃口仍然不错，我们可以继续喂。

第二天当阿农德带着桶出去检查喂食的时候，我跟在他身后。他在寻找什么呢？他是怎么做的？

　　阿农德拿起一个桶，将它装满储藏室的一个袋子里的饲料颗粒。桶很沉，他又带上了一把大的塑料勺子。我们从 1 号网箱开始。自动喂食系统也已经开启，将饲料颗粒在水面上撒成一个小圈。阿农德在水面的另一处撒了几勺饲料颗粒，然后我们都密切关注着。水面上有某种活动，一种酝酿的状态，像是热水快要沸腾。有时，水面被空气中一种银色的、敏捷的运动所打破，仅仅片刻可见。如果集中注意力，我可以瞥见三文鱼紧实的身体或者当它打破水面后下降的尾巴。阳光普照，水面上倒映着天空，我们有一种感觉，更多的银色的影子就在水面之下游动。

　　阿农德讲话不多。我们移至 2 号网箱，然后是 3 号、4 号，再接着下去，他的评论很少。"今天不错。"当我们完成 3 号网箱的工作时他这么说。接着，当我们移到另一个不同的网箱时，他可能会说："这里不太好。"但是他在寻找什么呢？

　　当我询问的时候，他解释道他的评论是关于三文鱼过来吃食的速度。几乎总有一些饥饿的三文鱼在靠近水面的地方，他要观察它们的数量以及它们看上去有多饿。

　　最后他总结道 3 号和 7 号网箱真的不错，他补充道 7 号网箱几乎总是很好的。8 号网箱通常好于 3 号（但不是今天），但是没有 7 号那么好。但是靠近末端的 11 号围塘，一点也不好。弗雷德里克是对的，那里出了一些问题。

　　过了几天，我学会注意到一些差异。但是我不确定，我从没有为这种特定任务负过唯一责任。在水面上撒饲料的人并不是一个被动的观察者，而是积极地参与到三文鱼养殖场的一种关键性实践中去了。这种实践要求实际工作经历和好几个星期的培训。观察牵涉到"有技巧的眼光"，一种多感觉和默契的知晓方式，在这里知与行不可分离，都嵌入到了与世界的实践关系的背景之中。[14] 跟随着阿农德，我回忆起在塔斯马尼亚的一些相似的时刻，在那里一天喂 2—3 次，也要进行相似的观察来决定究竟要喂多少和何时停止（见 Lien，2007）。在挪威，喂食几乎一整天都断断续续地在进行，人们更担心喂得太少而不是喂得太多。然而，喂食行为的参与观察也一样重要并且作为每一个网箱或者围塘中的三文鱼状态的主要指标之一。于是重要的不是看到它们是否吃食而是找出差异性：它们有什么不同？它们是比昨天更好还是更差？这些网箱彼此是否不同？如果是的话，为什么这样？

很多事情会互相干扰。比如，太阳高挂或者水温比平常更高，围塘中的三文鱼会游得更深，所以看上去它们好像还不饿。一个解决方案是放下去一个摄像头，观察它们在比如 10 米深地方的进食情况。但是这种做法耗费时间，所以除非他们是真的担心，维德罗的工人一般不这么麻烦。实际上，他们会利用自己关于昨天和前天的记忆，再考虑一下天气因素以及其他可能起干扰作用的活动[15]。"检查进食"在一个充满信息的环境中生产空间和时间定位的知识。因此，这需要受过训练的眼睛和许多现场经验，来将一种酝酿着的水面的视觉图像转变为一种"形成差异的差异"的标示。

我从未见过任何人将这些写下来。这只是工人们白天工作的一部分内容。他们在日常工作中所看到的东西增加了午餐时分的讨论内容，在与兽医讨论时被提到，成为了构成特定时刻三文鱼知识的诸多日常实践的一种。作为一种日常实践，"检查进食"成为了峡湾中动态的、持续的"建构地点"的一枚螺钉，一种关于特定时刻特定三文鱼是什么的共构性实践，以及未来决策的参考点。通过这种方式，它也预示了三文鱼将成为什么。

更多的田野笔记，来自于大约一周之后：

上午晚些时候，克里斯托夫刚刚到达。克里斯托夫是包括维德罗在内的四个生产点的业务总经理，这周他每天来探望我们，确保事情进展顺利。这周有很多事情不太令人放心，三文鱼准备好被宰杀，而弗雷德里克正在度暑假。[16]克里斯托夫很快开始检查进食情况，我和他一起。过了一会儿约翰也加入了我们。我们走下了平台走道。他在 4 号网箱的水面上撒饲料颗粒，接着他指出水面"沸腾"了。当喂食时发生这个现象，就是鱼儿拥有好胃口的表现，你可以有段时间不需要再检查了。胃口是变化的，如果上午鱼儿胃口不好，就不是一个好现象，因为这是它们应该最饿的时候。我们检查了 5 号和 7 号网箱的鱼儿的胃口——都很好——接着转向 9 号和 10 号网箱。在 10 号网箱，当他撒饲料颗粒，水面上的运动明显更少一些。

为什么这样？克里斯托夫自言自语：是不是因为它们现在已经长得很大了，所以空间更小、氧气也更少，随着现在气温上升，它们变得更加敏感？[17] 如果是这样，它们应该被少喂一点。不要喂得过量是很重要的，他说，特别是在生命周期的这个阶段。（克里斯托夫转向约翰，用英语解释道，喂得太多是非常不经济的，饲料在三文鱼养殖总成本中占相当大一部分。）胃口不佳的另一个原因可能是他们昨天喂得太多了。他说关于喂食你不能相信那些从电脑里出来的数字。很可能贮藏室底部的分离设备出问题了，所以它实际上比电脑上出现的数字要分配了更多或更少的饲料。因此，注意喂食是很关键的。

我们移至 9 号网箱，这里的喂食反应比在 10 号网箱更明显些，我询问判断这个是不是很难。他说是的，需要经验，但是也有许多判断的方法。主要的是，他坚持说，这个是重要的，"可能是这项工作最重要的部分"。

在饲料颗粒撒在水面上的时候，11 号网箱的反应很小。我问他是否认为是由于胰腺病的原因呢，但是他不那么认为。"从去年夏天起它们就得了胰腺病了，但是你在很多鱼身上看不到有这种症状，所以可能是自然变化，最有可能是今天高密度和高温组合产生的效果。"

当我看着克里斯托夫检查进食时，我认为所有这些对于动物饲养业来说都不是新的或者独一无二的。如果动物对于人来说是重要的，如果增进它们的健康和福利是我们的责任，那么三文鱼养殖者问他们自己的问题肯定或多或少与那些饲养动物的人们问他们自己的问题类似："你们今天怎么样？你们还健康吗？我这样对待你是不是正确呢？"接着，当一些事情出错时，

"我是不是可以改变一些做法来使事情变得更好？"

　　问题可能是旧的，但是提出关于三文鱼的问题的方式是新的。我可以触摸我的狗，我可以感觉到她的肋骨或者感觉到在她的肋骨和我的指尖之间的脂肪，从而决定是否要让她减肥。如果我的马跛行，我可以提起他的马蹄检查看看是否有伤。我可以走进一个羊群，寻找那些生病了或状态不太好的羊。到三文鱼这里，情况则不太一样。除了触摸和计数（十位甚至成百上千）之外，上述这些实践几乎都不能付诸实行。我们所做的，是通过一套实践使一网箱一网箱的三文鱼变得可见，通过它们的进食行为来了解它们。通过上述的实践，养殖三文鱼的确被建构为饥饿的。我可以使用饲料颗粒邀请它们游近我们，靠近水面。就像是它们的胃口取代了我们的感官触觉，我们对它们个体的仔细检查现在被一勺饲料颗粒来调节。我们所接触到的，是随机的、极少数碰巧在水面附近吃食的鱼。我们看到三文鱼活动的一张快照，但是这只是对于整体的一瞥。整体就其定义而言通常是看不到的、流动的和从来不能被充分了解的。

　　在第四章，我们将通过统计数据对喂食、胃口和成长获得更多的了解。现在，重要的仅仅是表明饲料颗粒是在人类和三文鱼之间不可缺少的联系。如果水面标志着在我们所喜欢的媒介——水和空气之间的界限，那么"检查进食"可能可以看成一种超越或者克服这种界限的实践。但是我认为更好的一种描述方式是说通过这种检查进食的实践，水面实实在在地被卷入了人类和三文鱼关系中，转变成了能够产生特定种类信息的界面。于是水面不再是有关分离的事物，而是调节和连接的事物，并且成为三文鱼场所的积极构成部分。

作为实验室的三文鱼场所：
成为科学数据

了解三文鱼是一项集体实践。它涉及人以及调节物，由一系列广泛实践构成，包括我们已经见到的那些：撒饲料、观察注视、摘录数字、输入、提交、反思、讲故事、计算、校准计算机和写报告。其中，一些版本的三文鱼会被编辑好发送到其他地方。另一些版本或多过少是固定的，在工作人员之间流通。有时也会有一些访客被召唤来，因为他们对于了解三文鱼的集体实践的贡献被视为是特别重要的，或者因为他们的知识、实践和网络能够发挥养殖场工人所不能发挥的作用。当地兽医就是一个例子。区域办公室位于主要生产点的附近，里面有水产养殖专家，当遇到麻烦时当地兽医有时会被请来做咨询，比如在下面描述的例子里。在其他时间，他们不需要通知就来做例行检查。[18]

弗雷德里克希望兽医玛丽当天下午来，但是她第二天上午才到。玛丽快30岁了，和弗雷德里克年龄相仿，他们看上去相处得很好。她以前来过这里，因为她经常拜访这个区域许多养殖生产点。她第一次来维德罗主要是待在室内看数据。弗雷德里克打印出这个星期的喂食报告和死鱼报告，她仔细地研究。

图4 从构台上看到的景象（约翰·劳拍摄）

接着她要更多的资料：她想要上个月海虱的统计数据和几份月报。当她看这些资料时，弗雷德里克告诉她11号围塘的情况，他认为是胰腺病以及那个围塘中海虱的数量太多。他们讨论到喂食，玛丽问他们现在喂多少，具体说是"喂养比例"（所喂饲料的吨数/三文鱼群的吨数）。弗雷德里克回答说上周是0.65，但是这周低一些，接近0.5。她问他们最近是否测量过均重。弗雷德里克回答说在11号围塘是4.6千克。死鱼的情况呢？弗雷德里克回答说在11号围塘，他们平均一天有50条死鱼，但是在其他围塘就少很多。他们讨论了一会儿，认为在一个容纳了18万条鱼的围塘里，这个数字并不算是很高。那么11号围塘里弗雷德里克所担心的症状是什么呢？他解释道他看到那些三文鱼静静地浮游在围塘的边上，并不像它们本应该表现得那样灵活，而且吃得更少。他用的表达是"de sturer"（它们闷闷不乐，或是无精打采）。[19]

"它们的身体位置确切来说是怎样的？——顺着水流还是逆着水流？"她问。弗雷德里克不太确定，但是他认为它们绝大部分是逆着水流的。玛丽回答这可能表明是胰腺病（PD），与传染性胰腺坏死（IPN-sturing）[20]不同。如果是胰腺病，它们会安静地逆着水流浮游，身体水平并且非常接近围塘的水面。如果是传染性胰腺坏死，在水里它们的身体几乎是垂直摆动的。她解释道，一旦你看到便很容易辨认这种区别。弗雷德里克补充说，水面上还有泡沫，可能是饲料的残留物——也许他喂得太多了。但是他也在想这可能是感染胰腺病的三文鱼大口吞咽它们的饲料引起的，是一种消化问题的迹象。大家想到了不同的解释，但是并无结论。

过了一会儿，他们出去看鱼。接下来的一个小时，他们一边东一勺、西一勺地撒饲料颗粒"检查进食"，一边继续谈话。他们看了每一个网箱，玛丽评论道7号网箱的鱼的胃口很不错。在11号网箱，他们停下来观察了很长时间。问题很多但是答案却不那么多。一些鱼明显比另外一些瘦得多，感染胰腺病的迹象很明显，但是症状不算很严重。

兽医下一个任务是要做鱼的尸体解剖。靠近办公室的一间独立的房间里有个临时的小实验室。她需要一些样本，最好是来自11号围塘的。在外面，我们开始了死鱼的例行巡查，但是在 11 号围塘只收集到一条死三文鱼。是不是哪里堵住了呢？弗雷德里克出去看，接着是卡尔，好像是空气压缩机运转不太正常。少量的水被吸出来，没有鱼。阿农德打开了另外两个网箱的压缩机，搜集了另外几条死鱼给玛丽解剖，接着我也进入了实验室：

　　玛丽戴着手套，用一把锋利的小刀把来自 11 号围塘的鱼切开，鱼的肠子露出来了。接着提起她说是肝脏的东西，轻轻地把它割下来。她把肠子移开，这样靠近脊柱的动脉就露出来了。接着她用刀子锋利的地方切开动脉，并大声说道在靠近心脏的地方有"纤维蛋白"，正是这个导致了它的死亡。另一条鱼被放置在解剖桌上。玛丽把它切开。我问她看到了什么，她给我看这条鱼的肝脏的颜色更淡，并且腹腔有出血的迹象，这些都是生病的表现。接着，又有几条死鱼被解剖，主要来自于其他的网箱。

　　"所以你现在有证据表明这里有胰腺病了？"我问。

　　"不，"她说，"在上一次，这里的胰腺病已经被诊断出来了。今天我所看到的只是可以与胰腺病相兼容的病症，但不是证据。要得到证据，我们需要送一些样本到实验室去。但是既然这里的胰腺病以前已经被诊断出来了，也就没有这个必要了。"

　　弗雷德里克和玛丽的交谈持续到她准备离开的时候，玛丽想起来胰腺病的疫苗（一些年前他们曾经给鱼打过疫苗）并不像人们所希望的那样有效，但是这可以解释为什么 11 号网箱中只有那么少的鱼生病：疫苗使得病毒传播得更慢了。但是接着她也补充道胰腺病的疫苗会削弱其他疫苗的效果。

当阿农德带玛丽回到岸上去的时候，卡尔和我在准备午餐。下午，我清理了剩余网箱中的死鱼（5—10 条），卡尔在清理一对用软木做的浮标，弗雷德里克在饲料贮藏室驾驶一台叉车，将一袋袋饲料倒入今早他已重新校准过的 4 号饲料流水线。卡尔指着一群马鲛鱼，它们在网箱的外部环游。它们可能是在吃饲料的粉尘？谁知道呢？

后来，在我加入弗雷德里克一起看电脑，卡尔从 11 号网箱打电话来：

堵塞疏通了——现在死鱼突然大量地涌出来，他需要帮助！我带着一辆独轮车冲过去，很快就接过了清点死鱼的任务，并且把它们运回了平台。蓝色容器很快装满了，我们不得不过一会儿就将空气压缩机关掉，以跟上节奏。推着独轮车往返几次后，我的手臂越来越酸痛了，最后我在防水纸的表格中填上了数字：11 号网箱是 92。这比我们今天上午所讨论的平均 50 条的数量要多得多。看起来不妙。

搬运死鱼是一件有关卫生和照顾的事情。清点它们、记录下数字、以电子形式提交数字也有助于维持一个及时更新的三文鱼库存目录（第三章和第五章有更多这方面的讨论）。这样，我们日常的死鱼巡查使我们不仅仅成为任务的承担者，而且也成为库存记录的维持者。但是不仅如此，数字也是事物状态的一种表示。和检查进食的实践一起，关注死鱼数字的实践共同构成了某一时刻三文鱼的含义。这种实践定义了在特定网箱中的三文鱼处于好状态或者不太好的状态。就像有关 11 号围塘的例子所显示的，评估常常是主观的，没有绝对的数字门槛。但是与其他观察一起，死鱼数字可以被用来支持关于特定地点状态的暂时性假设。这样我们作为任务承担者的角色使得我们作为照顾者的角色成立，这两者在日常实践中同时进行、不加区分，成为我们例行工作的一部分。

当约翰和我在平台上逐渐扩展我们的田野工作实践时，我们发觉自己常常卷入一些科学取样的实验任务。我开始将三文鱼养殖场不仅仅看成一种食物生产的场所。当我们取样、测量、报告时，我们的关注点从某一特定的网箱或围塘的情况转移到更广泛地获取正确数字。我们发觉自己正在表演一种临时的实验实践，将三文鱼建构为实验中的科学数据。这种数据常常超越维德罗的界限到很远的地方，甚至有时延伸到公司之外。清点海虱就是其中一个例子。让我们看看来自 2009 年的这些田野笔记：

这是七月的清晨，卡尔和我下来做两周一次的海虱清点。我拿来了一个小捞网、一份哈当厄鱼类健康网络的表格（这个也打印在防水纸上）[21]、上面放着一个桶的独轮车（但是我确定这不是我用来装死鱼的那个）、一瓶木栎汁、两双手套、一条绳子、一桶饲料颗粒和一把勺子。弗雷德里克告诉我们今天的任务是 9 号网箱。开始的时间到了。卡尔将绳子系到桶上面，把桶放下去到网箱里直至它装满了水。接着他把它拉上来，放置在独轮车上。他加入了一瓶盖的木楝汁作为麻醉剂，这个麻醉剂对人体也会有作用，所以我们都戴上了手套。他在网箱的边缘撒了一些饲料颗粒，接着拉起了网，弯腰去抓就在水面之下、现在聚集在我们附近的影子。几秒钟的时间，他抓住了三条，紧握住将它们提起，把它们放进木楝汁浴的黑桶中，它们在那里摇摆扭动，溅起一些水花。"它们今天比较饿，"他说，表明今天它们比较容易被抓住。不是那么饿的鱼几乎不太可能被抓住。过了一会儿，鱼儿们平静下来，我们轮流抓住尾巴把它们拎起来，让它们头朝下浸在水里（这样它们就更平静了），开始清点。一开始很难认出海虱，但是我开始意识到雌性的就是长着白色长尾巴的，雄性的就是圆形的，更小一点，身体上没有条纹。我们没有看到未达到性成熟的海虱。我们两人都将数字大声地说出来——"一条雌性，两条雄性"——接着手里没有抓鱼的那个人就将数字填入表格中。我们重复着这个程序，直至我们完成了 20 条鱼的海虱清点，这正是所要求的样本数量。根据印在表格上的指导意见，我们应该从最差的网箱中取样并且在那里找出最大的鱼。最后我们想要清点桶里还剩多少条海虱。卡尔将水慢慢地倒入独轮车里，这样我们就能看到海虱，他也留心到桶里的一些。即使我能够认出一到两条，我发现要注意到所有的几乎是不可能的事。所以我认为我们最后填写的最终数字肯定是非常不准确的。

清点海虱让我们对三文鱼有了更多了解，但是这不是唯一的原因，甚至不是我们这样做的主要原因。这些信息会去到其他地方。我们是区域体系中的参与者，我们的行动用来回应此时对于激增的海虱数量的持续关注。所以我们两周一次的样本分析的结果将与来自其他地方相似的结果一起，用来对整个区域进行数字评估。

海虱随着水流从一地迁移到另一地。在路上，他们会遇到正要去到海里的银化期的三文鱼，或者是从海里回来去往河流上游产卵的三文鱼。这就是现在被认为是三文鱼养殖能伤害到野生三文鱼种群的最重要的一种方式。因此，需要呼吁当地三文鱼养殖者之间的协同合作。

在 2009 年，海虱每两周清点一次。但是到了下一年，在包括哈当厄在内的一些区域，新的体制被实施了。海虱清点现在每周进行一次，清点结果直接报送到哈当厄的地方政府。地方政府与产业界合作，并且通过哈当厄鱼类健康网络发起了一个叫作"无虱"的项目。除了更为频繁的海虱清点之外，这些措施还包括一种分区[22]的体系，以及更严格的强制性海虱治理的制度，大多数治理需要的门槛都比一年之前要低。[23]

海虱很难认出，而且五千克重的三文鱼也很难握得住。我们对于数据调查贡献的精确性可能并不太好，但是我们的确是清点了我们看到的东西。因此，当我们提交我们的数字，我们就致力于不仅仅将维德罗建构为一个三文鱼场所而且将整个峡湾建构为与海虱的分水岭。与其他地方的其他养殖场工人一道，我们致力于记录下对来年更严格的制度的需要。我们致力于将哈当厄地区表现为一种危险的分水岭，将养殖三文鱼表现为一种需要被控制的带菌物。在维德罗的每一个网箱，"检查进食"是共同建构养殖三文鱼状态的实践。同时，"清点海虱"使养殖三文鱼仅仅成为统计的样本，并使用它们来建构整个峡湾有关海虱存在的情况。这也成为未来决策的一个参考点，但是这些决策不是由公司所做而是由当地政府所做，集合在以"鱼类健康网络"为名的案例中。

维德罗的形象常常表现为在峡湾当中、聚集在平台附近的一所房子和一组网箱，这是三文鱼生长的地方，其本身就是三文鱼场所。海虱的例子提醒我们场所的界限是高度渗透的。整个分水岭被折叠进每一个"移动的雌性海虱"之中（这个词语的发音无论在挪威语和英语中都听起来比较糟糕）。就像海虱随着水流运动到达盐度下降的河嘴，其不知有边界，三文鱼的场所也没有定义的内和外，只有在地点的界限之外制造差异的变动的附属物、存在物和缺席物。

数字还是比较令人欣慰的。即使卡尔和我有点不精确，但是想到我们提交的这些数字会有助于某种形式的控制还是挺吸引人的。通过这种控制，这个区域最重要的挑战会被适当考虑和有效处理。一定程度上就是这样，政策也是足够真诚的。但是重要的是区别一种控制的真诚意愿和作为一种结果的控制。2010 年 1 月，我有机会与这个地区的一位资深兽医讨论新实施的海虱治理的措施。她解释了这个新制度以及"分区"如何需要极大的资源以及需要所涉及的三文鱼养殖者的实际适应。我问她认为这种新制度是否会奏效，她回答道：

这个很难讲。它也可能意味着特定时间特定地区（海虱的）更大的数量。可能另外一个会更为有效的措施是让鱼在海里待更短一些时间（比如，让它们在岸上的贮水池里待更长一些时间），以至于当银化期三文鱼经过时只有一半的鱼在海里。另外一个已经被实施的重要措施是避免在海里改变鱼的位置，在宰杀之前根据尺寸大小将它们隔开。

一些管理规定是以缺乏常识著称的。比如治理的门槛应该进行更细的区分。在夏天，当银化期三文鱼不在附近游动时，门槛可以变得更高。因为这时濑鱼可以工作得很好。为了濑鱼能够做它们的工作，它们需要有工作的对象！当门槛收紧而药物治疗被采用时，其实是没有好处的，因为药物治疗会产生抗药性——这完全是能算出来的。

四年以后，数字显示她的担忧不是没有根据的。2014 年，挪威食品安全局表示针对海虱的药物治疗并不奏效，海虱的抗药性正在上升。挪威针对海虱的药物用量从 2009 年的 5.515 千克上升到了 2013 年的 8.403 千克。

"一个脆弱的奇迹"

仅仅在四十年前，世界上还不存在工业化的三文鱼养殖——无论在挪威还是其他地方。其他的饲养动物与人类一起进化了千年，而三文鱼的确是"养殖场的新秀"。因此我们想要了解许多事情，这并不奇怪。我们想了解的并不仅仅是三文鱼。我们想了解的还有喂食管道、标准化、温度、鱼网、发动机、海虱、空气压缩机、堵塞、传染性疾病和其他许多事。约翰·劳把这整个的组合叫作"一个脆弱的奇迹"（a fragile miracle），它是一个任何事情都可能出错的地方，在那里事情可能以如此之多的不同方式出错，而将它们结合到一起的工作都是一些像检查、修理、思考、担心、供应、清点和报告那样实际而寻常的任务，或者像上面那个例子一样，实施一种分区的制度或者去请兽医。

就像动物的驯养不可逆转地改变了人类的细菌和病毒环境以及我们人类的免疫系统一样，三文鱼的驯养也产生了微生物方面的副作用。比如我们已经看到的海虱泛滥。但是新的或者以前未知的病毒和细菌疾病也出现了，并且作为研究的对象被识别、分类和驯化，有时因为有效疫苗的出现又几乎被根除。在一个封闭的地点集中喂养几千条三文鱼会导致难以预料的微生物环境的变化。

在三文鱼养殖的早期，细菌性疾病非常猖獗，而抗生素是唯一的疗方，所以它们被大量地使用。今天，传染性疾病的传播和防治知识更加普及，疫苗也有了很大的发展，因此，特别是在挪威，同时也在加拿大和苏格兰，抗生素的使用率大大地降低了。[24]

疾病的爆发和寄生虫袭击仅仅是三文鱼组合变得脆弱的两种方式。将其结合到一起需要持续不断的实践，这包括了解、照顾、修补以及动员远超于三文鱼养殖场范围的网络。三文鱼养殖是一种不确定的实践，人类在其中是积极的参与者但是却很难掌控全局。

在本章中，我介绍了在维德罗需要人类关注的一些实践。通过这些实践，我试图展示人类从不独自行动——这些实践都是异质性的。鱼网、桶、小刀、饲料、防水纸、木栎汁以及三文鱼自身都是积极的行动主体（虽然并不一直被充分信任），将这个不稳定的组合结合到一起。然而，这仅仅是业务经理需要注意的所有的事情中很小一部分。在这章的结尾处，让我们最后看一下贴在维德罗办公室墙壁上第 27 周的待办事项列表（下面是我的翻译）：

- 将周报送给亨利克、汉斯、赫尔吉和克里斯托夫
- 打电话给乔恩谈谈颜色样本的事（所有的围塘?）
- 另做一次海虱清点
- 将遥控装置送到 Maritime Elektro A/S 公司
- 计算额外的时间（假期里）
- 到码头取柴油
- 检查新柴油机的油箱
- 当 1 号和 2 号饲料贮藏室空着时，对其进行校准
- "翻卷"所有偶数网箱
- 订购饲料
- 清点和大概看一下发电机滤波器
- 检查濑鱼的掩护物

- 清洗和消毒灯泡
- 6号网箱不要喂食，等待赫尔吉的进一步通知
- 拿饲料样本

所有的这些任务是附加在执行每日例行工作、发送每日报告、小修理和请兽医之外的。写在表格上的事情是需要被记住的，虽然有些是常规的、重复性的任务（翻卷、饲料样本、每周报告、订购饲料、取柴油），但是仍然被写下来以便这些任务能够被分配并且不被遗忘。有些任务是关于当前环境的调整，比如检查和更新濑鱼的掩护物以及清理渔网（翻卷）。还有许多任务是关于其他事物的维护和修理，比如灯泡、柴油机油箱和遥控。但是最为消耗弗雷德里克时间的活动甚至没有被列在这里，比如他与兽医一起度过的早晨以及他花在电脑前的时间——根据特定的格式和接收者，以电子形式分类和提交各种各样的信息。最后是关于不确定性。这里很快要有宰杀，但是我们不知道确切是在何时。我们需要做颜色取样，但是我们在哪里做取决于远在总部办公室的经理怎么说。

六月的最后一天，下午3:30，自动喂食系统刚刚关闭。四条喂食管道一条接一条地逐渐关闭，平台上变得很安静，我们能听到的只是海鸥飞起的声音和舷外马达不情愿的引擎声。阿农德刚刚启动了船。

"18850!"弗雷德里克喊道。

"什么？"

"这是我们今天喂食的数字。非常好，我认为。"

　　这个一般用千克计量的数字已经被以电子形式发送并到达了我们正要前往的岸上办公室。这个数字连同许多其他有关三文鱼的数字将要从峡湾中心的平台被发送至总部办公室。后者有很多的方法"将企业结合在一起"。这将是下一章的主题。

成为生物群：
食欲、数字和管理控制

　　三文鱼场所是一个脆弱的组合，而鱼类是活的生物体。即使是在限制之中，它们的肉体活力也会抵制人类的控制意图。但是它们仍然可以被管理。一个使得三文鱼组合能够被管理的方法是借助数字。这就是本章的内容。

　　三文鱼的场所可以被认为是一种位置、一种地点。在第三章，我们探索了三文鱼组合被想象为一种驯养的地点的方式。我描述了在维德罗展开的三文鱼的场所，它是位于峡湾中心的鱼类的成长地点。但是三文鱼的生命并不是从那里开始，也不是在那里终结。在这一章以及第四章，我们将探索三文鱼生命周期里的不同时刻。我们将向前追溯并向后探索三文鱼不同的成长阶段，看看它们在三文鱼组合中如何记录和建构了特定的时间性。我们将探索把三文鱼转化为商品和利润的过程，这个过程将哈当厄地区的生计方式与世界其他地区的人们对于三文鱼的食欲联系起来。

　　三文鱼场所也是一种时间上的组合。整个运作可被描述为多样化的、重复的清理与喂食的实践，以及挪威劳动法规定的工作和休息之间的重复转换。这里也体现了三文鱼生命周期的时间性，表现为对于空间上分布的多个地点的松散协调，每一个地点都用来支持三文鱼在特定生命阶段的需要。因此，孵化场不同于银化生产点，后者又不同于像维德罗这样的三文鱼生长的地点。这些一定程度上是各自分离的经济单元，同时又是社会单元的不同工作地点，每一处都有它自己的社会氛围和常任员工。

因为处于不同生命阶段的三文鱼（受精卵、刚孵化的小鱼、鱼苗、幼鲑、银化期鱼和最后海水里的三文鱼）有着不同的需要，所以，不同阶段三文鱼的成长和发展围绕着同时也被记录为在不同地点之间的移动。每次移动时，都有一个填好的表格详细记录了特定阶段的三文鱼到目前为止的生活历史，来确保可追溯性和解决未来可能存在的异议和投诉。

接下来是公司自身的时间性：它的年度预算、利润、圣诞派对、内部通讯、周会和增长数字。如果我们将眼界放宽一点，我们可能注意到挪威监管当局的周期，会通过其对于有关税收、利润、生物群、逃逸者和海虱数字的年、月、周报告的要求表现出来。有时这些多元的时间性是紧密地排列的，但多数情况不是这样。在产业中进行的大部分工作是关于建立一致性的，在特定的时刻集合不同的时间周期，这样做的结果是特定的地点、公司、地区或者挪威的产业作为一个整体变得清晰可见。在第二章，上述实践被描述为记录：在一张防水纸上写下数字或者在岸上的计算机里输入数字。在这一章，我将追踪一些数字的旅程并且展示它们作为将一个公司建构为一种整体的媒介是如何变得重要的。这些实践随后奠定了进一步资本主义扩张的基础，而这将是第五章的主题。

一种全球体量的商品

斯拉克是一家追求利润的企业。它所有的三文鱼几乎都用于出口。每周五上午，销售主管要在总部办公室花几个小时打电话，商议下一周三文鱼的运送量。在另一端是办公室位于挪威卑尔根和其他城镇的出口商，他们与日本、中国、韩国、南美各国、法国、德国和世界上其他国家的进口商保持着线上联系。商议的内容都与价格有关。一船斯拉克三文鱼他们愿意付多少钱？这周的交易出口商能挣多少钱？对于斯拉克公司来说，利润是每单位重量的销售价格与每单位重量的生产成本之差所带来的边际利润。假设喂养成本没有超过每单位重量的收入的话，在生产周期中额外增加到鱼身上的每一克都能增加利润。大三文鱼更加有利可图，并不仅意味着他们总共能卖出更多的鱼肉（体现在更高的收入总额中），也因为用于整个三文鱼生命周期的生产成本可以除以一个更大的分母。[1]斯拉克是一家典型的中型企业，在我们做田野的时候，饲料占据了整个生产成本的 50%，员工工资占据了 16—17%。对挪威三文鱼养殖的分析表明，2006 年的平均利润率在 30% 左右。[2]自那以后，主要由于海虱的影响，生产成本上升了。但是由于全球的三文鱼价格也提高了，大部分挪威生产商的利润率还是很高的。这也与 2009 年智利养殖业的崩溃有关，[3]后者在若干年内缩小了全球市场上三文鱼的总供应量。

在过去几十年，食品生产者增加利润率的一个重要策略就是"增加价值"，或者在某些方面对产品进行升级，以使消费者愿意为所购买的同样单位的食品重量付更多的钱。这在所谓饱和的市场上是特别重要的（见 Lien，1997）。挪威的三文鱼生产商却很少寻找上述机会。相反，他们倾向于将利润看作生产成本和全球价格之间的一种关系，而全球价格是非常多变的，并且远非单个公司可以控制。这个可以用分布系统和作为一种全球体量的商品被交易的方式来进行部分解释。不像其他种类出口全球的商品——比如红酒和奶酪，它们是根据一种品质区分的复杂体系来定价的[4]——养殖的大西洋三文鱼的定价方式是非常直接的，是根据挪威鱼类产业标准所定义的分级标准来定价的。[5]根据这种标准，养殖的大西洋三文鱼被分成三级：优质、普通和生产级。[6]另外，根据尺寸大小的不同也会有一定的价格区别，这能反映出不同市场的尺寸偏好的一些变化。在东欧，三文鱼一般是烘烤制作，那里的人们偏爱小一些的三文鱼。在三文鱼被像牛排一样被售卖的地方，人们对更大的三文鱼的偏好是更常见的。

伴随这种简单的区分体系出现的是一种相似的、简单的全球三文鱼价格的调控方式。在实际销售的基础上，所谓的现货价格被公开记录下来，它提供了销售主管、出口商和另一端的进口商之间谈判的底线。价格的上下浮动表示生产商潜在的受益和风险，他们的投资贯穿了三文鱼的生命周期，因此必然是长期的。[7]

对于生产商来说，目标就是要生产出尽可能多的"优质"三文鱼，其尺寸大小能够带来体面的价格，也就是主要在4—5

千克或更多。很多批次的三文鱼都是优质级和普通级的组合，每一种级别的比例反映了整个生命周期生产的方方面面，包括宰杀过程本身。一般而言，健康的三文鱼通常被定为优质级。但是因为质量只能在宰杀之后被确定，所以，在实践中质量变成了一种调整最后付费的方式。这也意味着除了确保养活一批健康的三文鱼之外，公司通过质量提升来提高利润的空间是很有限的。价值实际上成为了变动的价格与重量之间的一种关系。当一车车三文鱼从哈当厄运出的时候，公司所关心的事情不是它的营养价值、生产模式，或者它与众不同的口味、鱼肉的颜色（虽然后者有时也有点重要）。更重要的是有多少三文鱼，以及在高度变动和很大程度上不可预料的现货价格中选择何时将它们卖出。

因此，从经济角度来看，在首次喂养的鱼苗和三年后被运送去宰杀的三文鱼之间主要的不同，其实就是五公斤的三文鱼肉。同时进行的与之相符的工作是提高可被宰杀的健康三文鱼生物群的总量。这不仅意味着要确保稳定的增长，也意味着预防危机和避免昂贵的人工劳作。这是艰苦的工作，危险、被严密监控并且围绕着数字进行。一次在与一位来自北面一处养殖场的业务经理的随意交谈中我了解到了这一点。他喝着啤酒，回忆了周一上午的会议。所有的业务经理聚集到一起辩护和讨论着在每周报告中所体现的他们上一周的数字：

气氛非常紧张。每个人都必须为他们的数字辩护，不管这些数字是好或坏的。老板在那儿，财务主管也在。但是我认为我们（业务经理）当中没有人是幸灾乐祸的，因为我们都知道下一次可能轮到我们。我还记得很多年前我参加的第一次的周一上午会议。我刚刚来到公司，亨利克让每个人都知道了我的表格充满了错误。接着他将我每周报告的那张纸揉成了一个球，扔进了废纸篓，只是为了说明这个报告是多么毫无价值。

关于数字的情况是怎样的呢？它们是怎样被制作而成的？它们为什么那么重要？在本章中，我们会看到使作为一个经济体的三文鱼组合变得清晰、可见和可管理的不同实践。重要的是记住正是作为一个经济体的部分，像维德罗这样的地方才在时间中得以存续。那里的工人不是在喂养他们自己的鱼而是在保证一份月薪。他们的月薪每两年重新协商一次，无论三文鱼价格怎样变动都照常给付，但是他们长期的工作稳定依赖于斯拉克作为一家经济企业的可持续性，当然也依赖于每位员工是否愿意承担责任，去做企业所需要的事情来保障三文鱼的健康成长。

员工们担负日常运作的大量职责，他们相对独立地计划自己的每日工作，不用看旁边人的情况行事。经理来的话，通常就是来帮忙，来考虑一个问题或者进行交谈。这种管理的模式——以平等的社会互动、民主理念和强调非正式性为特征——常常被认为是挪威商业和管理的一个典型特征（例如见Byrkjeflot，2001 和 Brogger，2010）。[8]但是一定程度上，这种平等的精神并不排除一种表达清晰的等级制度的存在：就像周一上午废纸篓的事件表明的那样，无论如何，关于谁掌握权力这一点是毫无疑问的。[9]人们知道秩序来自于何方，即使有人有时发出不同声音，但是生产政策仍然是通过责任系统得以实施的。这意味着管理并不是通过给予具体的命令或者专制的执行来实现。事实上，它是通过数字或者我们叫作内部审计的程序来实现的。让我们看一下在实践中这是怎样发生的。

将贮水池结合起来

托雷度过了一个忙碌的周末。虽然他性格粗犷而安静，也常常喜欢讽刺和搞笑，但是这天早晨他已经很累了。即使他并不在银化生产点上值班——有其他人周末值班——他也只能钻进汽车过来帮忙。这不是第一次，当然也不会是最后一次，他常常在贮水池之间度过一个个周六或周日。[10]

我们现在处于一个我叫作弗罗斯德的银化生产点。像维德罗一样，这是我们经常回访的地点之一。弗罗斯德经过不同的企业主之手已经运行了三十年，是许多水产养殖实验进行的地点。[11]托雷回忆起在 20 世纪 70 年代早期，当他还是个小伙子的时候，他一开始在这里做一些木匠活。现在作为业务经理，他要负责分布在 16 个贮水池中的 80 万条银化期三文鱼——这些贮水池有一些在室外，另一些被覆盖上了一个黑色的塑料顶使其看上去像是一间逆转的温室：温暖湿润但是完全与外面盛夏的阳光隔开。[12] 他也要管理其他人：拉尔斯和克莉丝汀是固定员工，午餐时间基本上都和他在一起。但是这周还会有两位女性过来做兼职工作，她们隔日过来，轮流来帮忙给鱼打疫苗，这项工作至少同时要有三个人——这样也为约翰和我提供了可以帮忙的机会（具体见 Law and Lien，2013，2014）。这天上午我进到了托雷的小办公室，从这间办公室可以远眺外面蓝绿色的水泥贮水池。我很想看看他的文件和上面记录的数字。但是首先我得了解这个周末这里发生了什么。

拉尔斯在值班，他在半夜被警铃吵醒了（银化生产点的警铃是与值班的人手里拿着的手机相连的）。他穿上衣服，马上开往了生产点。仪器显示贮水池中的水位已经变得非常低。但是为什么呢？过了一会儿，他们才发现问题出在上游的大坝，那里有一根水管用于供应贮水池的用水。水管的底端装了一个金属网罩，是一种过滤器，用来阻止树枝树叶等杂质进入供水系统。现在过滤器被秋天的树叶堵住了。

第二天，约翰给我看拉尔斯前一天给他看的东西。这是一个木制的斜坡，从斜坡之下直径 30 厘米的水管一路通向银化生产点的水循环系统。更精确地说，其实有两根水管：在下面的一根是在使用中的，上面的一根是备用的。

约翰一直是非常让人安心的。他总是能注意到这些事物。

托雷解释道："当河里有大量的水时，水和树叶持续地流过大坝的边缘。但是当水位下降时，就像现在雨水很少的时候，树叶便积在大坝里堵住了网罩，于是就没有足够的水流进我们的水循环系统里了。"当约翰和我了解到了孵化场和银化生产点的情况后，我开始认为像维德罗这样的生产点其实是相对简单的组合，因为在那里很少有东西会发生严重的错误。这里的复杂性涉及确保一种稳定的水供应和需要持续地监控贮水池中的水介质（氧气含量下降一点点就可以在几分钟内杀死鱼群）。与这里的复杂性相比，维德罗等地方运营起来是相当简单的了。[13]

　　托雷告诉我有时早晨五点钟就得起床，到办公室赶文件工作。在他的办公桌上，有一个大的环形活页夹，上面不同的部分表示不同类型的测量。每天，数字被输入到不同的表格中，接着被小心地放进这个文件夹里。我翻看了一下，发现了早至 1986 年的水温和降水的记录。于是我意识到，与在维德罗的日常测量相比，他们所进行的是更为综合性的测量，在空间上也包括了更大的范围。他们所收集的其中一项内容是关于水的：

　　在饲料贮藏室的架子上有一些水瓶，上面有一些记录，比如"7—21"或"6—20"。克莉丝汀解释道他们每天在桥底的河流处收集这些数据，并将它们留在架子上两周左右"以防万一"。"万一"可能是没有明显原因的灾难性事件，在这种情况下水瓶的收集可能成为部分的取证。克莉丝汀讲述了二月份的一次风波，鱼群突然开始出现奇怪的行为，在贮水池的边上跳出，看起来非常疯狂，这种现象他们以前从来没有见过。几个月之后才得出结论说是供水中含有太多铝的缘故，也部分缘于不寻常的寒冷天气。寒冷天气导致了硅泵的损坏——硅融到水里一定程度上又削弱了铝的作用。[14]

刚开始我吃惊于这里与监控实践和不同种类的记录设备有关的巨大工作量。最为重要的两个变量是水位和氧气量。两者都与警铃系统相联系。氧合器（或者曝气器）开始起作用的低位是含氧量85%，65%的时候警铃会发出响声。[15]但是日常监控实践并不限于贮水池也不限于工作场所，而是远远地延伸至树林里。更多的田野笔记如下：

克莉丝汀告诉我有一天他们逆流而上走到森林里，去到五个不同的地点收集水的pH值。"那是一场很愉快的散步，"克莉丝汀说，"你下次也应该去到那里。"上游的农场使用化肥，暴雨后流到河里的水改变了河水的酸度。松针也对pH值有影响。所有的这些都不在他们的控制之中，但是需要被记录下来。这样的散步他们大概每月一次。

每天早晨他们也记录天气，包括风、雨或者雪，还有气温和水温。

回到办公室，我在托雷的计算机屏幕上研究记录了前一天被覆盖的贮水池氧气含量变化的曲线。我注意到曲线上有一处突然下降到将近70%，之后又重新上升。托雷解释道这是他们昨晚关灯的时刻。光线的突然消失使得鱼群拼命游向贮水池的底部，它们的运动增加了总体的氧气消耗量。上述氧气曲线的下降是外部因素作用的结果，当鱼感到"有压力"的时候，这种现象也可能会发生，但是它们之后会很快地平静下来。他解释靠近贮水池的一个灯泡被涂成黑色，这个灯一直开着用来提供一些光线。如果它不在那儿，反应还会更强烈些。

当我们交谈时，我脑子里将经常测量的所有事物合成了一个列表。这个列表并不存在于任何地方的表格中，只存在于我的田野笔记中。对于托雷和他的同事来说，它其实就是等待被填写的不同形式的表格或者是很难记录下来的重复性的日常实践。其他的测量是由感应器自动完成的，感应器与电脑相连，将数字转化为曲线，就像对于氧气的测量。以下是我记录的所测量的事物的列表：

- O_2——持续测量。（当氧气含量降得太多警铃便会响起。另外，当氧气含量降到 85% 时，又自动会提高。[16] 类似地，当氧气含量升得太多时，还有一个监测仪会将数字降下来。这不是手工操作的，所以我们看不到，但我猜它是与通用计算机相连的。）

- CO_2——每周测量。

- 贮水池中的水流——鱼到达以后今天第一次测量。但是很可能接下来每周测量。测量水流的设备是去年夏天新买的。

- 银化生产点的 pH 值——在靠近水管的河流以及水循环系统和贮水池中每周进行测量。

- 在河流上流集水处的 pH 值——每月测量或者当时间允许时测量（有五个地点）。

- 每个自动喂食器所喂的饲料量——每天测量。
- 死鱼——每天清点和搬运。
- 环境——每天测量（除了 pH 值是每周测量）。
  - 水温——早晚
  - 气温——早晚
  - 靠近水管的河流 pH 值——每周，见上
  - 天气——每天[17]
  - 风力——每天
  - 雨/雪（毫米）——每天

在维德罗这样的地点，三文鱼养殖场的鱼网是可渗透的，允许水流和微生物之间的持续交换。而弗罗斯德这里的贮水池首先呈现出来是密封的。但是直接的环境——风、雨、铝和酸度——与水介质相互作用，因此也以最亲密的方式与鱼相互作用。与其封闭环境的外表相反，银化生产点延伸出其生产点本身，到达河流、森林、过去的旧农场和农田，以及用来监测 pH 值的地方（也监测氧气供应）。因为它在这么多方向上延伸出去，所以贮水池中的三文鱼被认为是不稳定的、需要持续的管理。我需要重新思考一下对于贮水池的理解。以下是同一星期稍晚些时候的田野笔记：

所以贮水池是什么？这是一个圆柱形的建筑结构，过去只有 2—3 米宽，但是现在直径达到了 10 米，有时甚至更多。深度各不相同：大的在 3 米左右，室外盖着黑色塑料的小一点的贮

水池大概在 2 米或者 2 米不到。

贮水池看上去容纳了鱼，看上去允许某种控制环境的存在并代表着某种形式的禁闭（就像河边入口的把手上刻有木制三文鱼，标识牌礼貌地要求访客不能随便入内，要经过桥对面的斯拉克公司办公室允许才可以）。但是贮水池需要来自河流的 1000—1500 升的水将其注满，禁闭的印象只是我们自己误导的预设的一种结果——因为贮水池只是一种使得水-鱼组合垂直、稳定、适得其所的设备，所以它能够被处理、喂养和监测。监测是严密的，但是贮水池排除周围环境的能力并不那么强。外面被网所覆盖的贮水池用来隔离鸟也隔离水貂（克莉斯汀说它们以河为生），但是雨水还是可以进来。太阳、风和温度还是能够直接影响贮水池的环境，减慢喂食，降低或增加三文鱼的胃口或者生长。在某种程度上，这些贮水池就好比进出口暂时关闭的、精心制造的池塘，能够允许人类监控三文鱼银化期的生长过程，以便于在正确的时间将它们捞出来放到别处。

将贮水池想象为一直容纳着环境特征的动态实体使我们更容易看到对数字的需要以及为什么持续监控是很关键的。在峡湾中人们对于天气和水流基本无能为力，他们可以检查水的温度记录，但是并不能造成什么不同。在弗罗斯德，低温可以使水管里的水结冰，错误的 pH 值会对鱼造成负面影响，铝含量太高会使鱼变得疯狂，秋天的落叶会堵住水管使得贮水池中的水位下降，氧气含量太高或者太低都可能会杀死鱼。因为这些都发生在一个贮水池之内，任何对于规则的偏离都可能会被放大到极致，灾难的风险离得非常近甚至就在眼前。从某种意义上来说是因为鱼并不只是在海中，就像克莉丝汀对三文鱼的日常照顾工作还延伸到了河流上游和森林里。如果这就是"风险社会"，那么工人们随时待命并且对鱼类生长环境中最细微的变化都有所回应的话，这种风险就能被减轻。这使得银化生产点与像维德罗这样的养殖场有很大的不同。在后者那里，问题之中的"社会"仅仅是整个哈当厄的生态系统，更多的担忧属于环保主义者和海洋生物学家而非弗雷德里克和卡尔。弗罗斯德的风险管理主要是包含在公司的组织结构中，维德罗的风险管理则超越了这些界限。在维德罗并不存在简单的"报警"功能，而是有一些实践性的、缓和性的、类似于审计的措施（比如治理海虱、报告逃逸的鱼）。这些措施针对三文鱼养殖对周边水域的潜在负面影响提供了一些保护。没有人直接"随时待命"，也没有简单的解决办法，不同的管理层级中所分布的风险管理实践表现出委派性和较少预见性的特点。

然而，都是属于作为一个经济实体的斯拉克公司的一部分，银化生产点与养殖场也并非完全不同。需要填写的表格或多或少是一样的，需要清点的数字也相似。让我们回到弗罗斯德这个银化生产点。

将鱼和数字一起生产出来

银化生产点上日常工作中测量的事物并不等于报告的事物。

在弗罗斯德与总部办公室之间有一条河，两处的房屋距离仅五十米远，但是我们需要走到主路上并穿过一座桥才能到达那里。虽然只是一个短途步行，通常人们不需要过去。每件事情都是以电子形式报告。宽带将总部办公室与远近不一的所有生产点联系起来，有时距离看上去比在地图上呈现的还要更遥远。

"对过"（Hi sio）是银化生产点的工人们指称总部时常用的当地方言表达，意味着"另一边"[18]，这个词语所指的是方位和组织上的他者。"对过"是制定战略决策的地方，"对过"要求各种类型的数字，"对过"也会时不时地给予指导。无疑"对过"可以被描述为一个"计算中心"[19]，但是它所表达的意思也远超于此：这里清楚地说到的是"它"而不是"我们"。界限工作持续进行，建构着"内部"与"外部"。一天早晨，当约翰短暂访问了"对过"再回到银化生产点时，有人开玩笑地说欢迎他从"约旦河西岸"回来。小型交谈和讲故事建构了这种和其他许多种界限，例如性别和年龄。当地八卦、年龄和性别的刻板印象、组织秩序就这样融入了日常谈话中，维持着一种工作伦理和凝聚力的感觉，以及某种道德经济。围绕着它们，一定的规范和期望被清晰地表达了出来。[20]

但是除了这些，在像弗罗斯德这样的操作单位和总部办公室之间的联系也是十分密切而坚固的。这种联系最不出意外地具体表现为数字的例行传送。这些工作是由像托雷这样的人们完成的，为了完成这些必要的文件工作，他们常常需要加班至黎明。即使每月只提交一次报告，汇报也要花费他大量的时间和精力。在维德罗报告是每周提交的。但是这些报告之间参数是相似的，记录的程序也多少是一样的。所以一份报告由什么组成呢？托雷随口列了一些项目："死鱼，疾病情况（如果存在的话），我们喂了多少饲料，还有 FCR，即饲料转化率。除此之外还有关于鱼类运输情况的文件，包括运进来的鱼和运出去的鱼。"[21]

将后面的项目暂时搁置，让我们仔细看一下 FCR。它的计算是用"饲料的数量除以生物群的增加量"，是对饲料转化为三文鱼肉效率的一种测量。假设可以获得一定时间段内的鱼类生物群的数字的话，就可以计算出在所喂饲料数量的基础上一定时间段的 FCR。在实践中这意味着，为了计算 FCR，人们不仅仅需要知道在一定时间段中在一定单位中投放了多少饲料（这是相对简单的），而且还需要知道鱼的体重增加量。[22]因为 FCR 为鱼和饲料之间的动态关系提供了一种特定的测量，所以建构了一种特殊的时间性，即生物成长的时间性。但是因为它也是成长相对于喂食关系的一种表达，与生产成本紧密联系，所以在实践中它也可以作为成本有效性的一种测量。这样，FCR 在两种事物之间进行调节，一种是三文鱼作为活生生的、成长的实体的生物学现实；另一种是斯拉克公司作为一个或多或少牟利的企业的经济学现实。比如，2011 年，当我询问财务主管斯拉克公司当时的情况时，他灵活地转向谈论生产和价格领域的事情："生产三文鱼的成本在过去几十年一直在下降，但是最近几年却上升了，而且急剧上升！这是因为生物学上，养殖三文鱼变得更加困难。另外，饲料的成本也在上升，无论是绝对地来说（饲料变得越来越贵是因为鱼油和鱼食越来越稀缺），还是相对地来说：我们的 FCR 已经从 10 年前的 1.1 上升到了今天的 1.3。"

这里参考的是所谓的"经济学的 FCR"，它将死鱼和疾病事件影响（提高）的生产成本考虑进去了。[23] 尽管这样，公司还是干得不错，并且大量投资建设了新的生产点。原因是三文鱼的价格的上升比成本的上升快得多：从 2003 年每千克 18 克朗的平均价格上升到 2010 年每千克 37 克朗。因为这个原因，财务主管解释道，他们其实是干得不错的。

FCR 可以帮助我们理解像三文鱼这样的实体如何同时以"多重现实"（multiple realities）的面貌出现：一种是在水里的现实，另一种是周一上午在董事会会议室里的现实。在峡湾中，FCR（特别是生物学的 FCR）可能成为人们的关注点之一，在关于每个网箱或围塘的日常决策中，FCR 可以提供信息。在这里，它可能发挥着类似于"检查进食"的功能，后者在第三章已经描述过了。但是最为重要的是，FCR（两种类型）是对每个生产点相对表现的量化测量。可以用于总部和其他机构的评估，也能引导投资和股东的决策方向。

当我们考虑这两种三文鱼的形态时——一种活生生的、在水下生长的实体，另一种在电子屏幕上聚集的数字——并非好像一种形态比另一种更真实，或者好像后者是前者的抽象。它们都是真实的，也都是物质化的。它们都是在驯养过程中出现的动态实体，这个过程围绕着广泛不同的、异质化的实践。引用安娜·莫尔的作品（Mol, 2002），我们可以将这些实体称为"三文鱼的多重现实"（salmon multiple）。它们并非完全不同的世界，而是特定形式的创造世界过程中所产生的精心制作的结果。危险的是这两者的关系以及它们如何进行合作使得三文鱼成为一种生物现实。我认为这就是 FCR 为什么变得特别重要的原因。FCR 在不同维度的地点之间进行调节，也在三文鱼肉和以电子形式提交的数字之间进行调节，它扮演了一种斯达和格里塞默（Star and Griesemer，1989）所说的"边界对象"（boundary object）的角色。在后来的一份出版物中，鲍克和斯达（Bowker and Star，1999）认为边界对象指的是："足够柔软能适应当地的需要和限制，却又足够坚硬能够在不同地点之间维持一种共同的认同。"这样，边界对象有助于"发展和维持纵横交错的社区之间的整合性"。

FCR 在生物学和经济学之间进行调节，但是它作为边界对象的特性也促进了其他调节功能。因为一个较低的 FCR 意味着一种更为有效的成本管理，FCR 的使用使各个生产点得以在一种规范的标准下被进行比较，一些生产点的表现优于另一些（也就是，在他们所从事的事情上做得更好，潜在地也更有利可图）。不像其他更简单的监测（比如温度或者鱼的数量），FCR 既能够建构同时也可以被用来巩固某种规范化的秩序。

FCR 可用于某一贮水池或围塘、某个生产点或某个公司，它也可以用于比较不同物种的生长效率（比如三文鱼与虹鳟，或鸡与猪），也可以作为整个地区或者甚至是一个国家的平均数字进行计算。在别的地方，我描述了 FCR 怎样允许了在不同地点之间的比较，因此，将水产养殖作为一门技术进行推广是必不可少的。通过这种比较，塔斯马尼亚的三文鱼生产比起挪威的生产被视为"低效率的"，后者常常在塔斯马尼亚的商业会议中扮演着他们应该追求的标准的角色（具体请见 Lien，2007）。因为生物群在任何 FCR 的计算中都是核心，所以它对于评估三文鱼养殖业是否获利或者计算可用于宰杀的三文鱼数量也是很关键的（见本章后面的"从生物群到食物：物流和出口）。这样，对于与三文鱼养殖业相关的计算来说生物群都是十分重要的。

生物群也调节了其他的关系。直至 2005 年，挪威三文鱼生产都是在所谓的饲料配额制度的管理之下，这意味着政府当局对于每个公司的三文鱼养殖场可喂的饲料量设置了上限，或者采取许可证的方式。[24] 在 2005 年，这个制度被一套新的规章制度所取代，新的制度采用"最大养殖许可生物量"（MAB；挪威语中是 MTB）作为管理手段来控制三文鱼产业的增长。这些规章制度要求每个地点和公司在每月底提交报告，重视他们每单位（网箱或围塘）的三文鱼生物量。生物群指的是活鱼，以千克来计算，[25] 人们通过一个叫作阿尔廷[26]的平台对生物群的情况进行电子形式汇报。因此，一旦业务经理提交了每个地点的每月例行报告（在进行了内部质量控制之后），这些数字就进入了一个统计数据库，它们被郡里累计和分解，并且在渔业董事会的网站上公布。这样一来，我们每日对于死鱼的清点就最终成为了国家统计数据的一部分，告诉人们在挪威的不同地方每个月有多少三文鱼正在被养殖，这些反过来又成为了国家和地区级别上政策评估和制度管理的工具。

成为生物群：称重和清点的实践

在业务经理递交给总部的报告中，生物群和 FCR 是关键的部分。每个贮水池（银化生产点每月做一次）和每个网箱或围塘（养殖场每周做一次）都要进行测算。但这是怎样完成的呢？

"我们让你的鱼开口说话！"这是一家业内领先的自动喂食系统供应商阿克瓦贸易（后来合并成立了阿克瓦集团）的广告词。2005 年，他们以一款先锋软件"鱼言"（Fishtalk）获得了一项创意奖。[27] 在斯拉克公司，"鱼言"在报告中（特别是在与 FCR 有关的部分）成为一个关键工具，因为它能够在与喂食有关的输入数据（有时被自动喂食机监控）和生物量统计的基础上进行自动计算。当托雷向总部报告时，使用的就是"鱼言"。让我们以他九月份的报告作例子。在一个矩阵中，字体被弄得非常小，便于在一张纸上能够写得下，我数了一下有 15 行，每一行代表一个贮水池（再加上总计的一行），以及不少于 23 列的不同数字，这些数字全都代表着与鱼类和喂食有关的不同测量结果。让我们看一下这些列的内容。

表 1 是每月报告的简化版，显示了托雷所汇报的第 11、13 和 14 号贮水池九月份的数字。要理解这些数字和它们所建立的现实，可以想象一下一份显示"库存"增加和消耗的财务报告。标注着"收入"的栏表示月初的生物群，标注着"支出"的栏表示月底的生物群。生物群的量使用鱼的数字乘以每一个贮水

池的均重计算得到，因此这也将三文鱼建立为一个整体，并使用特定的贮水池或网箱的数字和地点加以识别。我在这里把这种"实体"叫作"批次"，是生产周期中最小的经济和生物单位。这也就是三文鱼个体如何被追溯、知晓和识别的。

表1　每月报告摘要，弗洛斯德银化生产点，2009 年 9 月

		收	入	
贮水池 ♯	鱼数量	均重 (g)	生物群 (kg)	死亡数量
0011	63813	48. 0	3055	1016
0013	54752	61. 9	3387	376
0014	55969	59. 3	3316	292

		支	出		
鱼数量	均重 (g)	生物群 (kg)	每日成长率（%）	所喂饲料 (kg)	经济学的 FCR
62797	58. 9	3698	0. 99	763	1. 19
54376	73. 1	3977	0. 80	676	1. 15
55677	67. 0	3731	0. 59	626	1. 51

来源：经斯拉克（化名）公司允许复印

　　两栏数字的差别是两种生物学过程的结果：成长和死亡。我们从第三章知道"死鱼"在清理的时候被清点，数字日复一日地被详细汇报和累加。本月在 13 号贮水池发现的 376 条死鱼（见表1）需要从月初数字中减去，因此在月底贮水池中剩余的鱼的数字就稍少一些。但即使是这样，整个生物群还是增加的，从 3387 千克到 3977 千克。这是因为每一条鱼都长得更大一

些了。但是如何知道这一切呢？要记录整个贮水池或围塘中所有三文鱼的重量实际上是不可能的。它们的总重量只有在宰杀的时候才能知道，那时一条条地称重在技术上才有可能（在经济上也可行并合乎伦理）。在那之前，三文鱼生物群的计算都是基于采样的估计值。

采样的程序在三文鱼的生命周期的不同阶段是有差异的。采样从第一次喂食时开始，那时刚孵化的鱼苗（刚消耗完它们的卵黄囊）从它们的浅塑料盒中被移到了贮水池里。这个时刻不仅仅标志着三文鱼从食用卵黄囊到被人类喂养的转变，也是第一次在数字上将它们建立为一个整体、一个批次。在这之前，它们只是层层叠叠的橘黄色鱼卵，重量被知晓但从未被清点过。现在，每一条幼鱼都第一次成为更大的整体单位的一部分。因此从这时开始，它们作为经济学上和生物学上清晰可辨的实体，被公司的各种计算装置进行清点。在第五章，我将更为详尽地描述这个程序。现在，我们仅仅需要说明三文鱼生命周期的每个阶段都是与"将三文鱼建立为生物群"的特定挑战相联系的。

正如我们将看到的，清点幼鱼需要大量的估计工作，所以生产出来的数字有时是不准确的。在银化生产点，情况则有所不同。它们这时不再是鱼苗（现在被叫作幼鱼），均重大约是50克，可以很容易地被放在手掌上。这意味着它们已经长得足够大，人们能够使用自动分拣机来清点它们的数量。[28]这样，批次可以被重新校准，而像表1的第一栏数字就可以被提供出来。一旦你知道了鱼的数量，接下来几个月你所需要知道的就是死鱼的数量，当前的鱼的数量就可以被相应地调整。另一方面，均重则需要经常被采样。要知道 13 号贮水池的鱼比 11 号贮水池的鱼大，或者它们过去几个月里是否长得更大了，你需要采一个 100 条鱼的样本并一条条进行称重，或者用更方便的数字——比如一次 20 条，使用一个装满水的桶。一条鱼在 10—50 克之间，因此这个任务不是那么困难的。但是即使分拣机是有用的，却并不总是可靠的，就像我的田野笔记中所表现的那样：

"下辈子我要生产钉子！"

这是 2011 年七月初，我在港口附近遇到了托雷。这个夏天我大部分时间都在峡湾，好几个月都没有看到他。他的嘴角通常挂着一抹笑容，但是这天他在惊喜于遇到我之后很快就开始叹息。我问他发生了什么，他说他那里刚刚运来了一批新鲜的幼鱼，并且使用了自动分拣机处理它们。这种机器本应该将不同尺寸的鱼类分拣到不同的管子里，通到不同的贮水池中。但是分拣也会出现一些问题。

鱼类个体以不同速度生长，因此运送来的一批鱼里面通常会包含不同大小的鱼。但是一个贮水池内部的鱼类多样性是应该被避免的。人们认为大鱼会占主导地位并因此吃得更多、变得更大，而小的鱼会变得更小、也更容易生病。所以，在同一个贮水池里鱼类尺寸比较规整的话，可能有助于对整批鱼进行更多合适的集体处理方式。

托雷抱怨最近这批送来的鱼的问题是小鱼太多了。托雷估计有一半（而非期望的三分之一）是属于"小的"种类，这意味着它们直接不在名单之上。六条鱼中只有一条是属于"大的"。结果，为了使每个贮水池有相同数量的鱼，他不得不重新设置分拣机，将整个小鱼群再过一遍，把它们重新分配至小鱼、中鱼、大鱼的三个贮水池。当然这时的小中大版本都比平时要更小。这意味着在他原本计划的九月份 35000 条银化期鱼的运送量上，他将有 30000 条的短缺。而且接种时间也将延后：这些鱼要至少长到 10 克才可以接种。它们很多都还没有长到。我问道：

"你不能从供应商那里再订另一批鱼吗?"

"这不行哦。这些鱼已经进入冬季管理[29]了，因此新的一批将无法与剩余的鱼同步。"

虽然聪明的管理将鱼类按照标准化的、统一的批次生产，但是鱼类也经常会抵制这种做法。有些鱼偏离了规则，以不同的速度生长。托雷可能也是想到这些，所以他才会开玩笑地宣称他下辈子要生产钉子而非鱼。

在峡湾这里，用于 FCR 计算的实践又是有所不同的。从它们作为银化期三文鱼被运送进来，到大约 18 个月之后被送去宰杀，它们的重量将提高 100 倍（从大约 50 克到 5 千克）。这个生长阶段和时期的主要任务就是增重。在三文鱼生长的时候，它们所消耗的饲料急速增长，因此饲料在每月的生产总成本中所占比例也大于之前的任何阶段。这意味着这时关注 FCR 变得史无前例地重要。但这也是很棘手的。一条 3—4 千克的三文鱼可

以用网捞起来然后称重，但是结果不会很准确：它是活的，并且
离开水之后明显不舒服，这些都会影响精密电子秤的计算结果。
为了避免上述操作，人们使用"生物群测量仪"，这是一种可以
被放到围塘里面的木架。过了一会儿，鱼儿开始或多或少随机
地游过它。当它们游过时，电子感应器能够自动记录他们的体
积和计算它们的重量（也就是，它们的生物群）。这个测量仪可
以设置特定的进入的数字——比如，100 条（如进入的前 100
条）——这样就能给出它们的均重。但是当然也不是很准确的。

在 2014 年 4 月的一封电子邮件中，一位业务经理解释了这
些困难（我的翻译）："像往常一样，还是会有错误。大鱼通常
会比小鱼游得更深，他们会沿着网的边缘游动。所以如果你将
木架放置得比较深，你就会得到另一种均重的值。如果你将木
架放得比较浅，又不一样了。"[30]"在一天结束的时候，"他继续
解释道，"生物群的估算仍然在进行，这时你要综合考虑每个围
塘中鱼的数量，所喂的饲料量以及生物群测量仪显示出来的均
重。"生物群的绝对值只有在宰杀之后才会揭晓，此时业务经理
才有机会知道估计值的误差。"尽管我们通常估算得已经比较准
确了，"他说，"大多数业务经理还是会倾向于在每一个围塘里
估算出一个比实际稍微高一点的生物群的数字。所以，在宰杀
时刻，他们所计算的 FCR 可能会成为人们失望的原因。"[31]他的
评论显示了生物群的估算其实基于不断的修正，这与检查进食
时所做的事情是比较接近的。因此，估算生物群并非是生产完
美而精确的数据——近似值不可避免——而是使三文鱼以数字
形式变得可见，并可以以多种方式进行操控。

"真实的颜色"：样本和调整

在田野工作的早期阶段，银化生产点包括养殖场同时也是知识生产的场所这一点给我留下了深刻印象。我惊讶于每一个场地所生产的海量数据，开始想这些工人们是不是伪装的实验室工作人员，迫切地将时间投入到数据和三文鱼肉，或数字和银化期三文鱼的共同生产中。和约翰·劳一起，我将三文鱼养殖场的意象视为一种计算中心（见 Latour，1987），每一个地点都在提供数据，它们共同构成了一种对于当代海水养殖来说至关重要的动态知识分布体系。这并不完全是错误的，但是它忽略了从新鲜鱼肉到数字转译过程中的一些矛盾，忽略了鱼肉和数字常常仅仅是部分相连的以及它们有时会抵制那些精确的校准。

以下的田野笔记的主体是在约翰和我共同分享了一顿新鲜的三文鱼晚餐之后被放在一起的。我们在 2009 年的六月回到维德罗，这时更早一批的三文鱼已预定好被宰杀。三文鱼的数字也被列在田野笔记中了。这些三文鱼是无论如何都要被宰杀的，并在平台上被分成不同的部分以供不同的菜式需要。当我们在写作时我们也在继续消费我们的田野材料，也就是说，整夜都在回味。

几天之前，费雷德里克解释了颜色采样。如果三文鱼肉不够红，他们可能会更换一种不同的饲料。弗雷德里克在计算机上向我展示他如何使用用户名"Nils"（前任业务经理）登录到"博尔玛"（当前的饲料供应商）的网站，滚动显示出不同饲料种类的列表。刚刚他们在喂的一种饲料的后缀是"ss20"，这个后缀可以是"ss10"或者"ss40"，表示更多或者更少的颜色。他解释道，"他们"将决定要预定的下一种饲料是什么，同时向岸边的方向点了一下头，这是总部所在的位置。"他们"也将决定宰杀的确切时间。根据当前计划，所有维德罗的鱼都将在十月前被宰杀，但是确切的时间表是随时调整的，视市场价格、围塘情况和斯拉克屠宰场的可用容量而定。

　　今天是进行颜色采样的一天。我问我是否能帮上忙。卡尔说当他把鱼从4号网箱中捞起来的时候我可以帮忙记录一下数字。[32]在平台上所有的设备都已经准备好了：桌子、鱼网、电子秤、小的木制斜坡、切割板、有两栏记录重量和长度以及五行记录每个网箱的鱼的号码的表格、用于记录诸如"网箱4、鱼♯2"这样信息的小纸片、锋利的小刀、一桶水、空桶、尺子、一些塑料袋和一只铅笔。我后来知道这些袋子会被直接拿去冷冻，之后被送到别处的实验室，在那里鱼肉中色素的量将进行化学测定。基于这些结果，总部将会决定是否继续像以前一样喂养，或者提高或减少饲料中色素的量。

　　表格的最上面一行，在网箱号码旁边，表示的是鱼的重量（克数）。我注意到别人已经填写上了"4560"的数字。卡尔解释说这是基于目前的生物群估算的4号网箱鱼的均重。他在水面上撒了一些饲料，迅速地捧起了一条鱼，用放在栏杆旁的小捞网把这条扭动的鱼捞出了水面，放置在平台上，以很快的速度将它打昏。几次抽搐之后，在切割板上的鱼一会儿就死了，这样我们可以将它放在电子秤上。

我们都盯着电子秤看，数字跳出来是"5400"。卡尔说："5千克。"接着把鱼放在木制斜坡上。他很快地拿出小刀，将鱼切成三块。只有中段被用于颜色采样。要在4号网箱1号鱼的栏目里面填写"5000"，我有些犹豫。我问："你确定吗?"卡尔点点头。没有任何更多的解释，他将鱼的头和尾扔到空桶中，将三块鱼的中段在桶里的水中冲洗，接着将它们递给我。我将写着"网箱4鱼1"的小纸条贴在每一块鱼肉上，再将它们分别放在塑料袋中，在塑料袋上打了一个结封上口。与此同时，卡尔已经弯腰在栏杆上去抓另一条鱼了。下一条鱼要小得多，电子秤显示是"4800"，我看到了数字同时卡尔也大声地报出来。我在标注2号鱼的表格里面填上了"4800"。以此类推，我们一直做到了5号鱼。之后我们换到了下一个网箱。

我询问这些鱼是否可以吃，卡尔说他们都是品质非常好的三文鱼肉。他在一条剩余的鱼尾上切了一些鱼肉片下来，让我放进袋子里带回家作晚餐。有时候小捞网里面有好几条鱼，有时候却没有。卡尔需要每次只抓一条鱼，而它们常常是很难抓的。过了一会儿我问:

"第一条鱼电子秤显示的是5400，为什么我们要填5000呢?"

卡尔听后有点犹豫，而他的解释让我理解了他也知道他的做法并非严格按照指导手册来的:"哦，你看，它需要比较接近均重。我抓到的第一条鱼是非常大的。可以允许偏离几百克，但是不能很多。"

　　这里的"它"指的是填写在表格中的每一条鱼的重量数字。"均重"指的是填写在每一栏顶端的估算值，是对一个网箱整体而言的。卡尔解释道他们通常会使用木栎汁（一种麻醉剂）来麻醉鱼进行称重，在给定的尺寸范围内选择与均重最为接近的几条鱼。这样他们就不必宰杀这些鱼。在测量之后这些鱼都还可以回到网箱中去。如果他们多抓了些鱼也不要紧。因为木栎汁有 28 天的滞留期，而我们并不确定这个网箱的鱼是否要宰杀，所以我们现在还不能使用。他没有说更多的内容，但是我了解到的信息如下：为了称重，鱼最好是死的。因为如果它是活的，它会动得很厉害并且滑溜溜的很难称重。在你真正用小捞网抓住它并将它举出水面之前，你也很难判断一条鱼的尺寸。所以还有什么其他选择呢？如果卡尔写下超过了均重的10%（可接受的偏离范围）的精确重量，这个样本将不能用来代表网箱，数字也要完全被舍弃。或者说，这块鱼肉的数据对于判断 4 号网箱鱼的真实颜色是无用的，而这样我们的样本也比所要求的规模小了（我假定实验室里的科学家将遵循实验计划做事。实验计划基于颜色的差异性与尺寸的差异性相联系的知识，规定了偏离不能超越平均尺寸的10%）。知道这种情况可能会发生（填写的数据反正是无用的），卡尔本来可以选择将这条鱼扔掉，去抓另一条来达到五条鱼的样本规模。但是如果他将这样一条已经宰杀好的、漂亮和健康的 5.4 千克三文鱼鱼肉扔掉，这就代表着一种经济损失，而且也表示这条鱼是无故被宰杀的。木栎汁本可以让我们麻醉而非宰杀这条鱼来称重，但是接着，大规模的宰杀就将不得不延后至少四个多星期，而且用于7月宰杀的鱼的批次也会变得更少。面对这种困境，卡尔变通了规则以使损失降到最低。他违反了随机采样和测定颜色的标准化偏离的原则，毕竟这些几乎不会对任何人造成影响。通过这种选择，卡尔没能使自己成为一个精确的实验助理但是却成为了一个非常合情合理的养殖场工人。生产数字是很重要的，但是更重要的毕竟还是为宰杀生产三文鱼。

与科学实践不同，这些生产出来的数字主要不是用来证实或证伪假设或者用事实来支持关于"现实"的种种命题。问题不是他们不能制作这些命题——很明显他们可以——养殖场工人们也经常使用数字来表明不同种类的因果联系。但是数字在这里也发挥着其他的功能，它们更多地被运用到持续进行的三文鱼养殖的政治和实践中去，而非用来对生物学现实进行概括总结。最重要的，我们生产的这些数字不仅在公司的不同组织层面之间进行调节，而且承担着对外调节的功能——与政府管理者、出口商和公众之间的。通常收集数据的整个目的是为了将其他事情做好。一份每周报告或者银化期三文鱼运送表格扮演着行动者网络理论称作"强制性通过点"（obligatory passage points）的角色（Latour，1987），帮助（银化期三文鱼或预算）完成从一个阶段到下一个或者从一个地点到另一个的转变，于是也同时完成了场所组合不同时间性的建立和并置。

当我们完成了颜色采样后，遇到了业务总经理克里斯托夫，我们向他咨询了最近的宰杀计划。他说1号网箱将可能要"挨

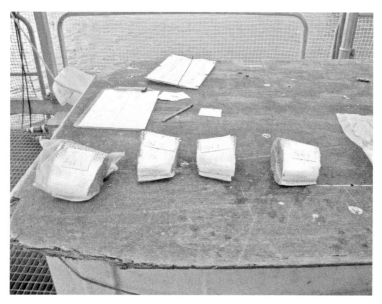

图 5　用于颜色分析的三文鱼样本（约翰·劳拍摄）

饿"了。换句话说，他们将停止喂食来确保鱼的内脏干净（这是他们在宰杀前两周通常会做的事）。但是这个计划还没有确定，他附上一句："我们还要看看'主管'怎么说。"

半个小时之后，他跟总部通电话。关于宰杀的计划最后确定了：1 号网箱喂完今天，明天将开始停止喂食。2 号网箱将后天开始停止喂食。但是其间发生了什么？这些是怎样被决定的？

到目前为止，本章已经探索了生物群数字在多个生产点与总部之间，在公司和政府管理部门之间进行调节的不同方式。但是生物群数字同时也提供了一种在既定时刻可用于宰杀的三文鱼数量的动态估计。这样，生物群在一定程度上也可被视为一种库存，或者潜在的生物资本。它是那种现在还不能被投资的资本：当鱼还在海里的时候，任何事情都有可能发生。但是假设事情进展顺利，生物群数字就提供了一种三文鱼数量的指标，一种可通过宰杀被"激活"用于进一步投资的资本。这样，生物群数字在各种战略估测中就显得至关重要。这些估测包括宰杀的时间，也包括既考虑水面下可供宰杀的鱼的数量又考虑国际市场上的现货价格和挪威出口商的物流要求的各种决策。在结束本章之前，让我们回到总部，无论现实地来说还是比喻地来说，这里都是将这些数字联结到一起的地方。

来自"对过"的笔记：计算和销售

我在总部办公室度过了一个星期的时间。在我首次田野访问的两年后，我觉得是时候"从另一边"来看看三文鱼了——从"对过"。在约翰与团队成员每天早晨七点出发去往养殖场以及这周来拜访我的女儿艾勒赶上了七点半的校车之后，我仍然还有时间来喝上一杯茶。因为我的田野地点要在八点到九点之间才慢慢"苏醒"。

这些办公室与其他地点的对比是强烈的。从正门进入之后，我感觉自己仿佛踏进了一个酒店大堂。办公楼与外面的风雨隔绝，宽敞的接待区域采用现代艺术装饰，其周围环绕着许多个小小的办公室隔间，它们用玻璃门互相隔开，人可以安静地在电脑前工作。公共休息室里面有一张橡木的、厚重的午餐桌，有凉爽、雅致的厨房区，摆放着杏干、坚果、巧克力、咖啡和茶。整个建筑是宽敞、明亮、木制和斯堪的纳维亚风格的，显示出建造它的公司对于其未来的乐观。

这是我在办公室的第三天，我开始觉得似乎在浪费时间。人们都很忙或不在。访谈约好了又要重新约。周一早晨的低谈声现在被几乎完全的沉默取代，只是偶尔能听到前台小姐在楼上接电话的声音或者复印机忙着复印文件（有许多文件要复印）所发出的均匀、微妙的节奏声。这是我们这个时代工作方式的典型体现："办公室"是每个人忙着做事情的地方，但是你完全看不到，最多能听到一点点——在关闭的门后面打电话时抑制着的声音，或者在开着门的小隔间里手指敲击键盘的声音。

这里也有三文鱼吗？我浏览了一下约翰前天的田野笔记。我们的工作完全不同了。难怪我那些养殖场中的工友们好奇坐办公室的人们整天都做点什么。而他们在网箱和围塘中，整天从事着搬运、清空、喂养、测量、再喂养、使鱼存活、开车前往、参加、观察、保证手套合手和足够暖和，在水下伸展双手、捉鱼、握住、松手和放开的各种工作。[33] 我想在那里发生的一些事情也会在这里发生，但是怎样发生呢？在这里，办公室实践的物质性是什么？同时我想这样来提问题是最好的：在这么干燥和温暖舒适的地方，在我们身体如此舒服地被照顾，椅子如此柔软而倾斜，并且咖啡永远都是热的和新鲜制作的这个地方，三文鱼又将如何存在呢？

从小隔间门口看出去，我几乎什么都看不到。所以我决定紧跟数字。并且我决定用面对面的形式采访办公室员工。这并不完美，但是聊胜于无。很快我就发现即使数字在总部办公室有不同的所指，但是几乎所有的数字最终都能汇集到财务主管这里来。

哈康是在附近的一座岛屿上长大的。像董事长一样，他被大部分人认为是本地人，但是在这个区域"本地"常常是比较特殊的。他说话方式的细微差别揭示了他的成长岁月是在北部 50 多公里远的岛屿度过的。现在我们坐在他的办公室，我刚刚打开我的录音机。

玛丽安：所以让我们从周一早晨开始吧。那时有哪些事情等待处理呢？你那时会注意什么事情？

哈　康：嗯，我的资料、所有的文件和表格——它们都在这个书架上（拿出资料的声音）。你可能已经看过这些东西了，是吧？

玛丽安：是的，我确定我已经见过许多了。

哈　康：所以你看，这里有很多……但是周一会议最重要的事是推进生产，特别是海上的、在养殖场的生产。你看，这么多的表格。让我们看看主要的一份，我找不到了……在这儿！

在我们交谈的时候，哈康立即举起了一叠资料，这是上周的收入数字。它们被堆在一张大桌子的左边，和其他文件挤在一起。当我们交谈时，哈康描述他的工作更多地是与使用不同的方式整理数字有关而非整理文件。他要将数字以不同的方式分类，跨时空地进行比较，与外部的各种临界值进行比较（其中"最大养殖许可生物量"［MAB/MTB］是一个重要指标）。这些数字为总经理考虑问题提供了许多的信息，哈康认为这是一种竞争优势。

> 哈康：即使我们不是直接在养鱼，我们办公室的许多人也还是对养殖场那里的情况很了解的。与其他的公司相比，我敢说我们的管理非常聚焦于实际管理。你很少发现另一家三文鱼公司的老板们和经理们能这样亲自实践和投身于实际细节。我认为这是我们如此出色的原因。

让我说明一下：今天他们在提交生产数字。这只需要花上你一分钟，你将会注意到比如在某地的鱼类死亡率提高了。重要的是在这种情况发生的时候，我们需要表达意见，因为你可能只有几天的时间来改变情况，做需要做的事情。

虽然三文鱼在这里表现为大约五厘米厚的凌乱的一叠纸张，在我们采访的一开始被哈康随意地拿起来。但是这并不是它们存在形式的全部，甚至不是它们存在的主要形式。如果它们只是以文件表格形式存在，我认为哈康会更小心、更有秩序地将它们归档。而这些纸张只是从数据库里简单打印出来的实际工作表格，在其中特定数字之间的关系才是真正重要的。在我的采访中，我了解到即使大多数数字都经过哈康之手，但是对这些数据负责的另有其人。我认识了芬恩，并且预约了第二天的访谈。

芬恩每月要花一天来准备有关生物群的每月报告，通过阿尔廷平台交给地方当局。他每周一从早晨到下午都注视着不同生产点上与生产有关的数字。芬恩也负责对各个养殖场提交的所有表格进行内部质量控制，还分担一些屠宰场和银化生产点的工作。哈康说，芬恩的手指头上就有数字。所以我在第二天的访谈中问道："在公司的内部和外部所运行的是怎样的'文件工作'？我们怎样才能概览一下？"[34]

如果是哈康就会指着他桌子上的一叠文件了，但是芬恩迅速地开始根据时间顺序而非内容将他的文件进行分类。这种时间的、周期的节奏是重要的，赋予了他一周工作的结构。在我自己田野笔记的文件夹中，我将从不同地点得到的许多打印表格进行归档。但是他分类的方式有所不同，是采用一种穿越地点的方式进行分类的。为了详细说明报告事项的周期序列，他画了一个远超于公司本身的网络，在其中公司（或总部）是一个结点。网络中四个主要的类别如下：

1. 各个生产点交给总部的每周报告。这是通过"鱼言"录入的。对于养殖场来说，这些报告的数据包括喂食、死鱼、平均温度、海虱、海虱治理（如果有的话），有时还有盐度和水的透明度。它们由业务经理们在每周结束前录入，接着总部就能看到这些数据。在周一上午会议之前，芬恩会总结和检查一下这些数字，这样对于当前状态就有一个概览。（银化生产点每月会生产一份相似的报告。）

2. 公司交给政府管理部门的每月报告。在每个月的第七天，每家有营业执照的公司都要通过阿尔廷平台提交一份报告。[35]同样一份报告有两个不同的接收者：渔业专门委员会和食品安全局。对于养殖场来说，关键指标包括上月初和月末的鱼的数量、死鱼数量、均重和生物群；宰杀量（数字和生物群）；逃逸鱼数量（如果有的话）；海虱数量；海虱治理（如果有的话）。这将成为 MTB 调控实施的基础。[36]

3. 交给哈当厄鱼类健康网络（也见第二章"作为实验室的三文鱼场所：成为科学数据"）的每周报告。作为消除海虱的区域措施的一部分（同时也是用来保护迁徙的银化期野生三文鱼），每个三文鱼公司都被要求每周提交一次关于目前海虱状况的报告。报告以及治理措施按照各个公司在三文鱼迁移路线上的位置进行组织。维德罗和这个区域内其他 10—12 个生产商被要求共享信息。鱼类健康网络提供了一份标准化的表格用来在区域层次上协调治理行动。这些表格每周准备一次并被交到总部。芬恩将它们交给鱼类健康网络的秘书处。

4. 除了上述文件之外，每个生产点还会另外再给总部交一份每月报告，不仅仅对当前的数字进行详细说明，还要对包括人员、生产支出、挑战和其他事项等内容进行说明。这是一个报告数字上所不能反映出来的事情的机会，资料只供内部使用。

到目前为止，我们主要关注数字是如何流向总部，并进行分类和纠正的。总部是一个经济单位的公司的计算中心，同时也是一个必须存在的通过点，将每个生产点与外部网络和政府管理部门联结起来。但是这些数字在有关宰杀的决定中又是怎样被使用的？在克里斯托夫午后接到来自总部办公室的电话，让他使1号网箱进行"挨饿"程序之前，到底发生了什么？

宰杀是根据一份详细的日程来组织的，这份日程在实际宰杀发生的许多月之前就制定好了。这给了业务经理、屠宰场、活鱼舱船和总部足够时间来思考大概何时不同的生产点能为宰杀准备好三文鱼。但是宰杀计划仍然是不确定的。最后的决定是由常务董事们做出的，而他们不同的选择也处于持续评估之中。哈康解释道："关于何时宰杀的决定反映了综合性的考虑，包括预算在内。我们首先要努力尽可能精确地利用我们的MTB，我们还要尽量打入市场。并且我们还要尽量在利润最高时宰杀。除此之外，还有生物学上的考虑。比如，如果有一场海虱风暴即将来临，那么早些宰杀比晚些要更好。"

从生物群到食品：物流和出口

道路结着冰。这是12月的一个黑暗的周一早晨，天还没亮，拖车停在岸边，靠近一家新开的三文鱼屠宰加工场，这是这个小小的沿岸社区的工业支撑。在工厂内，一天的工作正在准备开始。在接下来的6—8小时，叉车来来回回地开动，将装满三文鱼的大量泡沫箱从加工厂送进拖车内控温的贮藏室，司机趁这个时间休息。昨天宰杀好的三文鱼今天将被加工好。预定明天宰杀的三文鱼现在已经到达了目的地，养在了靠近海岸的围塘里。明天早晨，它们将通过一个巨大的透明塑料管进入屠宰场。如果一切按照计划进行的话，到下午三点，拖车上将装满 20 公吨的新鲜三文鱼。司机将直接开往斯塔万格（Stavanger），赶上去丹麦的渡船，再从那儿驶往靠近阿姆斯特丹的史基浦机场，那里有许多架具有载货能力的客机和货机。去往史基浦的旅程需要花费 30 个小时。在史基浦机场，这些箱子将过夜，然后被转运至去往许多个亚洲目的地的航班：东京、台北、首尔、新加坡、曼谷或者迪拜。同时，其他的拖车也将到达机场，并从这里前往巴黎、布鲁塞尔或者柏林。在那些地方，来自维德罗的三文鱼将被分送到当地市场和拍卖商手里。周四之前，这些三文鱼就将出现在全世界各大城市餐厅的餐桌上或者在超市里任人挑选。[37]

这仅仅是对一个交通和物流网络的短暂一瞥。这个网络涉及 10—12 个挪威出口商、数量多得多的三文鱼生产商以及几乎数不清的购买者，包括进口商、餐馆和零售商。但是这种将三文鱼作为生物资本的操作是如何突然实现的呢？

就像在本章一开头简要交代过的，基本上来说，每件事情在每周五上午的几个小时内就被议定了。出口的时间以一周为一个周期。在周四晚上之前，斯拉克公司的销售主管就研究好了来自不同地点的生物群数字，对于可用于宰杀的三文鱼数量、尺寸以及宰杀的紧迫性等都有了很好的把握。他可能看上去整个上午都在忙着接电话，但是真正的活动中心是在他处，在出口商办公室所在的奥勒松、卑尔根或特罗姆瑟。在这里，不同语言的说话声填满了每位雇员占据一个小隔间的宽敞的办公室。他们在进口商（说日语、中文、西班牙语、法语、英语和其他语言）和生产商（主要说挪威语）之间来回转换，他们就价格、船运和尺寸进行谈判直至最后敲定一笔生意。也就是说，在实践中，某个合同达成了——它许诺按照某种商议的价格（"报价"），某种尺寸的三文鱼在某个时间被运送至某个港口或者机场。电话是重要的，但是视频通话也很有用。[38]

像斯拉克这样的中型企业仅向几家出口商运送三文鱼，[39]而出口商们通常都会与许多家生产商有业务往来，在他们的通讯录上还有更多进口商的联系方式。每一批货物，出口商都可以在外国客户所报的价格与生产商所接受的价格之间赚取差额利润（除去交通成本和其他费用）。基于某一进口商所提供的价格，出口公司可能会向斯拉克这样的公司提供一个招投标。视情况而定，一个招投标可能会持续一个小时或者仅仅十分钟。但是因为亚洲是一个重要的市场，大部分欧洲的业务必须在下午一点之前完成，以便于亚洲能够在周五晚上之前完成。这样的话，谈判实际上成为一种出口商和生产商互相依赖的拍卖关系：斯拉克需要出售，但是出口商也需要一家值得信赖的生产商来与他的客户达成业务，因为如果他们不能运送的话他们也没有办法接受订单。

这意味着当三文鱼准备踏上从养殖场到屠宰场的旅程时（详见第五章），它们的最终目的地已经确定了。它们将以一定的价格"出售"，而它们在海外的最后旅程也已计划好。在传真机或电子邮箱的某个地方，它们的报价已经确定——比如每千克36克朗。因此一条5千克的三文鱼就代表着180克朗新鲜的三文鱼肉，假设它们的皮肤毫无损伤并且后期被小心处理。（如若不然，它们可能从"优质"降为"普通"级，只能得到一个更低的价格。）时不时地，这种特定的货币价值将引发关于特定的生产点或者公司整体利润空间以及饲料效率和FCR的进一步计算。但是这种计算主要是在总部的围墙之内进行的。在维德罗，现在进入"挨饿"程序的三文鱼可能开始想它们的饲料在哪里的问题了。很快它们将从所在地被转移到活鱼舱船贮水池的内部了（见第五章）。它们仍然是活着的，但是为了计算的目的，它们已经处于变成一种商品的过程之中了。作为生物资本，它们的命运别无选择。

当三文鱼仍然还在海里或者加工场时，它们严格来说是斯拉克公司的财产。但是一旦它们被放到外面拖车上时，它们就属于出口商的财产了。出口商一直是所有者，直至这些三文鱼在机场或者其他的销售地交接掉。这样就斯拉克公司而言，故事就基本结束了。即使市场是一个很大的关注点，但也只是以从一个周五到下一个的浮动价格来体现。除此之外，斯拉克公司的主管们其实并不知道三文鱼最后都在哪里消费掉，谁吃了它以及它是怎样被消费的。他们也不会担心这些事情。只要全球现货市场价格是相对较高的（如果不是这样，他们也没有办法），他们所考虑的就是运送给市场充足的、高质量的三文鱼生物群。这要求年复一年的充分的知识、毅力和努力，以及对于商业和投资的敏锐感觉，还有就是对于弗罗斯德、维德罗、伊登维克（Idunvik）等地方的实际操作和管理能力。但是这并不要求你对于三文鱼消费者了解太多。

变化的布局

在本章，我们追溯了从养殖的、肥胖的三文鱼到生物群的过程，而且看到了"作为生物群的三文鱼"如何作为一种边界对象在不同的地点之间进行调节，并且沿着不同的轨迹促进了流动性。当肥胖的三文鱼被围养起来之后又被小心地拉到屠宰场，在加工之后马上在全球流通的时候，作为生物群的三文鱼可以立即在很多地点出现，不受交通物流和线性时间的限制（因此也不受肉体分解和腐坏的时间性的限制）。我表明了与其将一者看成真实的而另一者看成抽象的，还不如将两者都看成物质实体，都是精心制作的、塑造世界的特定形式。两者都是为了完成生物资本生产的特定任务，并且都使世界变得不同。然而，它们不是同一性的，它们的重合只是部分的。虽然它们有时表现为对于对方的完美反映（生物群直接表征着三文鱼），但是它们有时也是不连贯的，两者之间也有矛盾。

当根据一者来看待另一者时，两者的差异表现得最为明显。但是这并不经常发生。比如在总部对于销售主管来说，很可能对于生物群和运送时间的计算并不用考虑作为肉体存在的三文鱼。销售主管只需要假定他电脑上的数字反映了一定数量的可用于宰杀的三文鱼。他需要相信这些数字，除非一些意料之外的情况出现，他可以将这些数字认为是"真实的"。三文鱼就

"是"出现在屏幕上的数字。

在维德罗，情况则有一点不同。网箱的存在以及对鱼儿需求的随时关注使得三文鱼的肉体的、活生生的现实成为经常存在的"真实"。当弗雷德里克、卡尔和阿农德在他们的电脑上输入数字的时候，他们有时会痛苦地意识到与这些数字相联系的、不可避免的不确定性。维德罗的三文鱼经常作为数字和肉体进行并置，因此它们是多重性的。但是它们也需要有一定的连贯性。所以难怪一个新的业务经理有可能会搞砸，就像那个在周一上午例会中看到自己的数字被扔进垃圾桶的倒霉的业务经理一样。他的错误不是没有关心三文鱼，而是忘记适当关注这样的事实：一个业务经理不仅生产三文鱼。他也生产数字。而且应该永远保证两者都质量上乘。

因此，我们可以说作为生物群的三文鱼从一地移动到另一地。它们的移动是一个从"许多"到"一"的变化的旅程。我们可以将这形容为人们熟悉的商品化路线：生物群使计算得以发生，将三文鱼制作成现货市场上受人欢迎的商品。但这并不是故事的全部。朝向现货市场的路线仅仅是驯化的三文鱼"成为"的多种轨迹中的一种。就像我们在后面的几章里将要看到的，三文鱼也将成为其他的事物：可扩展的，有感觉的，甚至是外来的。我们到时将一一详细说明。但是首先，让我们转向工业扩张，这是下一章的主题。

第四章

成为可扩展的：
速度、饲料和时间序列

如果说驯化是一种关系，那我们怎样在三文鱼养殖场描述这种关系？它是由什么构成的？它所涉及的又是何种结构？斯特拉森（Strathern，2006）提醒我们，关系可以是许多不同的事物：联系、亲密性、起因、结果或者特定的故事讲述形式。驯化的叙事方式强调人类-动物关系是一种约束和控制关系。在前面的章节中，我已经以不同的方式讲述了这种关系，强调了难以捉摸性和不确定性是它的两个最关键的特性。我突出了生物群和数字计算，认为它们是管理三文鱼组合的重要工具。在本章中，我将从不同的角度来分析相似的关系丛。这里我的目标不仅是试图将三文鱼养殖理解为一个三文鱼如何被驯化的故事，而且也是一个工业增长的故事。

当挪威的先驱们将他们的注意力从孵化场转移到海水围塘，开始参与到大西洋三文鱼的整个生命周期的喂养时，这实际上是一个有意义的改变。意味着整个三文鱼组合中更紧密的关系，也可以被视为人类的驯化历史的又一次转折（见第二章）。但是这个转折本身很少透露出获利、规模和经济增长方面的情况。想象一下20世纪70年代的三文鱼养殖：小规模的运作，分布在海岸沿线，只能确保对本地社区的新鲜三文鱼供应。它本来可以永远都是那样。但是后来它呈现出完全不同的图景：快速扩张，"生物群输出"的指数化增长，巨大的投资和成功的出口。

挪威三文鱼养殖最近几十年所经历的是前所未有的增长，无论是就出口创汇而言还是就生物群而言。

本章探索这种工业扩张的结构和时间性。这是关于那些持续增长的实体和对于一种新标准的持续创造。这在孵化场和银化生产点表现得最为明显："如果你现在一年只生产 25 万条银化期鱼，那么为什么不翻个倍呢？""如果你以前认为 10 米宽就是一个大贮水池了，现在看看这个新贮水池，它有 16 米宽！""如果你以前认为你目前的系统足够高效的话，现在你该重新考虑了。"我感兴趣的是当三文鱼组合的基本要素或多或少保持不变的情况下所发生的这种增长。我感兴趣乘法倍数的增长是怎样实现的。

三文鱼养殖业是全球食品生产中扩张最快的领域之一，但是有一个重要的附加说明：不像其他扩张的食品工业，三文鱼养殖业的经济增长并不主要依赖于价值附加。"价值附加"指的是食品在象征和物质层面进行改变、体现出差异，[1] 使它们可以卖出更好的价格。然而在养殖三文鱼这里，获利情况几乎完全依赖于规模经济。并且，由于挪威三文鱼养殖业大体上成功地以更低的成本生产了更多的三文鱼，所以尽管全球市场上三文鱼价格持续走低，它几十年来还是令人惊奇地一直在获利（Asche，Roll，and Tveteras，2007）。[2]

关于挪威三文鱼养殖业的总数据告诉我们，在从 1971 到 2011 年的四十年里，养殖三文鱼的生产量提高了一万倍（从 1971 年的将近 100 吨到 2011 年的刚超过 100 万吨[3]；见图 6）。增长是稳定的：在这一时期的前四年，生产量以 10 倍的速度增长（从 1972 年的 146 吨到 1976 年的 1431 吨；Statistics Norway，2012）。在接下来的 14 年里，三文鱼的生产量又是以 10 倍速度增长，1990 年达到了 145990 吨。之后是短时期的危机和重组，然后生产量又继续提高。从 1992 年到 2003 年，生产量提高了近四倍，接着暂时稳定在 40 万吨多一点，到了 2003 年，又达到了 50 万吨的高峰。从那以后维持稳定增长，直到 2011 年达到超过 100 万吨的数字。[4] 2011 年之后，增长仍然在持续。这些数字使得仅有 500 万人口的挪威不仅成为养殖三文鱼生产的领导者，也成为了继中国之后世界第二大鱼类和鱼类产品的出口国（FAO，2008）。[5]

一年生产超过 100 万吨的三文鱼等于一天提供 1200 万份三

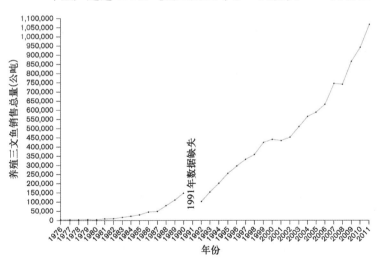

图 6 **挪威养殖三文鱼生产，1976—2011 年总量，从销售数据中生成** （Statistics Norway, Table 07326：Akvakultur：Salg av slaktet matfisk, etter fiskeslag, http：//www. ssb. no/tabell/07326/）

文鱼餐。也就是等于每天有 163 辆装满了新鲜三文鱼的卡车离开挪威，这个数字等于挪威肉类总生产量的四倍。[6]这是可扩展的吗？毫无疑问。这是在食品生产里的变革吗？的确如此。三文鱼养殖成为人类驯化其他种类的海洋生物如鲽鱼和鳕鱼的样板，但是没有一种像三文鱼这么获利的。但是变革的潜能只能在事后发现。20 世纪 60 年代末，当第一条挪威三文鱼被放在网圈中养殖，并用水泥搅拌机搅碎的鱼屑来手工喂养时，这场冒险事业几乎不能说是巧妙预见的结果。实际上，就像罗安清（Tsing，2012a）在种植园的例子中所主张的，三文鱼和它们的照料者"无意中走入了历史，仅仅在事后才成为希望进一步扩展的事物的样板"。

三文鱼养殖业从来不是为这种增长所设计的。正好相反，一开始的时候三文鱼养殖业被设想可以为挪威峡湾陡峭山坡上的奶农们增加第二个收入来源，当时奶农已经被挪威东部更为有效的农业生产排挤到边缘。因此，20 世纪 70 年代和 80 年代的挪威水产养殖政策为增长设置了上限，并且要求挪威的水产养殖企业必须是本地所有的。结果就是水产养殖的投资者转向了智利和塔斯马尼亚，而利润大体上留在了本地（也见第一章）。在 20 世纪 90 年代初期，这些管理规定有所松动，但是它们的影响仍然留在了产业结构上。今天挪威的三文鱼养殖公司的规模既有大型跨国公司，也有相对小型的家庭企业。这种历史的轨迹提醒我们"不可扩展性"也可被纳入任何公司的设计，而资本扩张并非是不可避免的事（见 Polanyi，2001），但这也是与政治有关的事。

　　所以我们怎样来描述三文鱼养殖业近期的扩张，而不将这个工业奇迹描述成一种太过于顺利的故事呢？这种故事可能是欢欣鼓舞的（比如 Osland，1990），或者也可能是批判性的（比如 Berge，2005），但是他们常常忽视了在人类意图范围之外的条件，并且较少注意到那些非预计的、不稳定的和未预期的结果。

　　我想以一种关注出现在人与物之间持续驯化过程中的特定形式和关系的方式，来讲述扩张的故事。就像我在维德罗每天的任务很快就变得例行化，成为一套只需很少注意力的重复性的身体动作，由一套有限的叙事情节创造的三文鱼养殖业的故事也会变得例行化（也见导论）。于是民族志的挑战就是慢慢移动，更近距离地观察，并且重复而小心地询问下面这些问题：驯化关系中存在的是什么？它们是由什么构成的？它们对于扩张的生物群这个谜题的贡献是什么？

　　"慢"（见 Stengers，2011）是关于方法的，也是关于位置的：它将自己与场域的时间性相协调，并且让后者来引导自己的注意力。在本章中，我将注意力转向"结构化的附着物"（textured attachments）上的时间性，让它们来设定速度。

结构化的附着物

　　三文鱼的场所是一种要素的组合，所有的要素潜在地变化和塑造着彼此。可扩展性可以被认为是一种扩张，或者系统升级扩展或适应增长的能力。我在这里关注的是将增长中的组合结合起来的关系，它所写下的附着和脱离的时间性，以及这如何与可扩展性关联起来。

为了讨论将这种脆弱而扩张的体制结合在一起的时空安排，我们需要注意到它们的附着物。"附着物"（attachment）这个词警示我们要注意到哪些是结合的哪些是被结合的；它所讲述的是一种没有精确界限和特定方向的接近的或密切的关系。这样，它帮助我们看到通过三文鱼养殖实践，特定的人类和非人类的配置结合在一起，产生了使组合能够持久和强大的转译或者变化。拉图尔（2005）主张在谈到建立强大的组合时，"有更多的附着物……就更好"，但是我还强调，分离也是一样重要的。关键是这两者如何一起发挥作用。

我也将关注上述附着物和它们时间安排的结构。增长和扩张是空间隐喻，可扩展性也经常被认为是空间扩张（见Law，1986）。但是这也常常与速度的变化有关。本章就是试图将可扩展性和增长视为有关速度、暂停和重复周期的事情，并且提出问题：当考虑时间性的时候，这能带来什么不同？

接下来，我将提供四个民族志片段，它们分别突出了当成长依赖于特定的附着物和脱离物时三文鱼生命周期的特定阶段。让我们先来看三文鱼生命的早期阶段，它从三文鱼孵化场昏暗、凉爽和安静的屋子里开始。

成长中的三文鱼 1：水、鱼卵和日度

约翰和我在狭窄而且结着冰的道路上行驶了很长的路，最

后到达了伊登维克。这是一处孵化场和银化生产点，我们有时会在这里待上几天，与照料三文鱼宝宝的工人们一起工作。起重机高过两层楼的仓库，巨大的新水泥贮水池上的一半覆盖了木制的走道，戴着安全帽的临时工在安装塑料管道，他们外套上的 Logo 我们认不出来。一年多来，这个地方给三文鱼和人们提供了空间。很快这里的银化期三文鱼的产量将翻倍并且也会开始为其他公司提供鱼苗。三文鱼价格不错，因此有大量的资金用于投资。去年，这里生产了一千万条鱼苗。在外面，建筑噪音一直在持续，使人谈话很困难。但是在里面鱼卵孵化的地方，却是安静的，几乎没有声音的。在这个凉爽、潮湿、昏暗的楼下大厅，我们听到的唯一声音是水持续地流过每一个孵化盘的声音，这些孵化盘托着准备孵化的鱼卵。

河流是大西洋三文鱼的繁殖场所。雌鱼在砾石河床上产下几千个鱼卵，其中的一些很快被争相靠近雌鱼的雄鱼授精成为受精卵。生物学教科书告诉我们秋天产下的鱼卵第二年春天会变成鱼苗。孵化的过程（将受精卵变为大眼鱼卵接着再变为刚孵化的小鱼）主要依靠的是水的温度，用"日度值"（温度乘以时间）来表达。根据三文鱼养殖手册，受精的三文鱼卵会在大约 475—500 日度值孵化（Stead and Laird，2002）；在挪威孵化场，这就等同于在 8 摄氏度下待上 60 天。一旦他们孵化了，在英语中就被称为"刚孵化的小鱼"（alevin）（在挪威语中是 yngel），大约 10—15 毫米长。刚孵化的小鱼吃的是它们的卵黄囊，在接下来的 250 日度里，卵黄囊就是它们内生的食物源，直到它们长到 25 毫米成为河流中的鱼苗，能够自己觅食为止（Verspoor，Stradmeyer，and Nielsen，2007）。在孵化场，刚孵化的鱼苗还待在它们人工草皮做的孵化盘上，后来它们才被转移到贮水池里去，这时在英语中它们才被称为"鱼苗"（fry）了（在挪威语中它们仍被称为 yngel）。转移的时候也是它们"第一次喂食"的时间（见"成长中的三文鱼 2"）。

三文鱼孵化场通过对鱼卵和冷水水流的小心排列来模拟河流的环境。从受精卵到鱼苗的转变过程要花上 800 日度。在孵化场，这就等于在 8 摄氏度下待上 100 天。因此，冷水不仅仅是三文鱼成长的"容器"，而且是成长本身的内在要素。

但是鱼卵并不孤单。我们每天都要检查温度，保证温度的稳定和凉爽。我们每天都要查看日历并且计算，预计它们可能孵化的时间。我们每天还要检查每一个装着鱼卵的孵化盘，找到白色的鱼卵并且轻轻地用透明塑料管和虹吸管将它吸出来。我们穿着白色的橡胶外衣、雨衣，戴着棉花边的橡皮手套，带着一个桶和虹吸管，整天观察鱼卵，将活的和死的鱼卵分开。大部分死的鱼卵是浅色的圆球，而活的是橘色的。但是有些鱼卵介于两者之间。我将这些捡起来给我的老师图恩看，她确认道："Misfostre"（挪威文），意思是"畸形胎儿"，即使是活的，它们还是要被取出来。[7]

使用虹吸管工作对我来说很新奇，而且我感到自己很笨拙。我闭上嘴含住塑料管，将它低的那头伸到孵化盘寻找浅灰色的残渣，即那些需要被清除的已死亡的物质。有时水会流进我的袖子。有时我吸得太用力了，看到完全健康的鱼卵也被吸进了透明管，于是我很快地向外呼气、从头再来。当我成功地吸出了死亡物质，我立即将我的拇指紧紧压在了塑料管口，将他们稳稳地压住直至我把塑料管对准桶子并松开。但是我的拇指总是压得不够紧，死鱼卵一次次地滑回到了孵化盘。过了一会儿我发现我的舌头能够比我的拇指更有效地封住塑料管，当我慢慢地用鼻子吸气和呼气时，我可以将鱼卵置于合适的位置随便多长的时间。但有时我吸得太猛时，我能感觉到我的舌头上有冷水或不明残渣溅过来。我尽量避免把它们吞下去。

这是一种沉默中的接近，难以用言语表达。嘴——紧闭，冷水在我的舌头上流过。呼吸——有节奏地吸气和呼气。手——操控着塑料管的末端使鱼卵处在精确的位置。眼睛——在昏暗的灯光中感到疲惫。我经常犯错误。我的四肢和感觉协调不佳，比起我那些同事们差得远。一个鱼卵滑回孵化盘溅起水花，打扰了在水底孵化的鱼卵们的宁静。几秒之内一群橘黄色的活物质浮了起来，过了一会儿水面才又平静下来。我们需要多小心才行？谁知道呢？就像业务经理奥拉夫后来所说的，我们需要在适当地清洁孵化盘和不过分打扰鱼卵之间找到一种平衡。我建议加亮一点灯光使工作变得更容易，但这个建议遭到了拒绝，理由是兽医不会同意的。"鱼卵喜欢黑暗。"奥拉夫说。

许多事情在这里进行着。有多种级别的排列，有结构化的附着物，但是也有脱离物，建立起了作为结果的差异性：孵化盘或者桶；生命或者死亡。当我们完成工作的时候，孵化盘看起来更加统一、同质化，上面都是完美的橘色珍珠。这种状况至少能维持一小段时间，而这些活的物质还会继续产生灰色的残渣。然而我的笨拙和我的技巧一样也是有影响的，孵化盘中的遗传变异可能仅仅是比今天早晨稍有不同了。但是我们用虹吸管究竟能制造出多少差异也是很难讲的。

对于年幼三文鱼生长计时十分重要的日度计算，也可被视为一种扩展的工具。原则上来讲，我们可以想象把每件事情做得更快，这样在每个单位时间就能生产更多的鱼苗。然而，三文鱼养殖者很快就发现这是不可行的。实验表明这里有一个设置了上限的理想范围。如果你加速太多，畸形的发生率就会更高。因此，孵化的速度一般在 8—10 度的温度范围内变化（也见 Stead and Laird，2002）。

注视着孵化着的鱼卵，我意识到其实控制并没有完全实现，而"人类的控制"主要是在我们的头脑里。鱼类是难以捉摸的，而我们的关系是部分的、稍纵即逝和随时变化的。在我们的孵化盘中，就像在河床上一样，活力是一种失败：那些朦胧腹地中还未完全实现的生命形式在无穷无尽地生产着。

从原则上来说，孵化场只是一处通过对受精卵、粗糙表面和冷水流的仔细排列来尽可能地模拟河流环境的异质性建筑。[8]可扩展性通过增加孵化盘或者贮水池的数量来获得（这需要更多的员工，更多的资本投资）。这整个过程可以通过水温细微的变化来加速或者减速（在一定的设定范围之内）。温度上的略微提高将加速大眼鱼卵的生长速度，以致人们可以期待它们不在周日而是提前在周二就孵化出来。但是对于鱼卵来说，却还没有任何日子可以计算，在它们周围只有稳定的水流和暗淡的灯光。在这些充满沉默期待的黑暗房间中，没有外或者内，在三文鱼和它的场所之间没有清晰的界限，只有一系列的时间附着物和分离物，共同构成了一条新的三文鱼生命周期的起点。

有关驯化的叙事可以被描述为一段将自然和文化分离开来的历史过程。然而，在孵化场里，在三文鱼和它周围环境之间没有清晰的界限，在关系之前没有"联系"（relata）（见Barad，2003），也没有与文化相分离的自然。这是在三文鱼生命早期阶段驯化的特征：通过十分谨慎小心地将手与虹吸管、虹吸管与嘴唇、嘴唇与水流、水流与鱼卵进行排列，特定的生命形式（非常年幼的三文鱼）和特定形式的生命（工业劳动实践）一起出现的地点和时刻。[9]

控制的意象，或者对于自然而言的人类主宰，并不完全是错误的。三文鱼孵化场的工人们了解关于三文鱼的一些知识（比如日度），而这些知识是有意义的。但是人类控制的意象很难解释我当作本章的中心谜题的这个问题：可扩展性是如何实现的？三文鱼成为可扩展所需要依赖的关系性的附着物和时间性是怎样的？

我在这里利用了STS关于工艺品是怎样组合到一起的悠久的研究传统，来理解项目是如何扩张以及变得可扩展的。约翰·劳对16世纪用于欧洲殖民扩张的葡萄牙海军战舰重要性的分析（1986）是一个经典的例子。比如他提出这些战舰对于攻击的抵抗，对于周围环境的相对独立性以及面对不同气候条件的设计是如何提高它们的移动性、持久性和展示武力的能力的。与一个强大的航海系统相联系着的这些特性对于葡萄牙的远距离控制系统而言是十分关键的。在分析中脱离物的特定形式和与战舰所处环境特点相联系的重新排列是关键点，而这种视角的新颖性在于——当军事成功更多地被看作人类战略和智慧的产物时，它将注意力放在这些看上去是被动的物体上面。[10]

这种视角也与罗安清最近的"将可扩展性（scalability，有时也译为"可规模化"）作为一种设计的特征"的视角相呼应（Tsing，2012a）。就像她所指出的，可扩展性并非自然的特征，而是异质性的、并且有时是随时变化的关系丛的结果。她也提醒我们可扩展性常常也是不完整的，非可扩展性通常也会发生作用，但是某种程度上又在日常的操作中被搁置了起来，或者在强调特定的发展轨迹的故事中被边缘化了。只有当所涉及的要素满足了"不会形成可能改变项目的变化性关系（当要素添加上去时）"（Tsing，2012a）的条件时，可扩展性才是可能的。保持分离是关键所在。因此，就像我所主张的，可扩展性与分离是相关的，也是关于分离物和附着物在时空周期中展开的动态编排艺术。

成长中的三文鱼 2：第一次喂食和批次的首次建立

那么周期从什么时候开始呢？年幼的三文鱼何时作为生物群管理中的一个数字开始出现？我认为这个时刻是当地所描述的"第一次喂食"的时刻。如果三文鱼的一生中最重要的事情是增重的话，那么第一次喂食显然是意义重大的，它标志着三文鱼从鱼卵到生物群的转变。但是它在其他方面也是重要的。让我们回到伊登维克——在另一个建筑和另一个时间：

昨天，约翰和我花了一整天的时间将人工草皮孵化盘里刚孵化的小小的、活泼的鱼苗倒进位于一个被叫作维沙伦或者"白厅"的建筑里的 50 个圆柱形贮水池[11]中。小鱼苗进行了一次大迁移，首先从孵化场建筑中的人工草皮孵化盘中被转移到绿方格池塘的临时贮存点，每一个贮水池的顶端都有这样一个底部带排水沟的池塘。接着在称重和清点之后，才转移到真正的贮水池中，每个批次大约 3 万条鱼苗。这次转移并非是没有风险的。将人工草皮从这些比我的指甲还要短和小的身体上移开是很困难的。而且要将它们从带排水沟的池塘再转移到贮水池中也是困难的。我们必须将水先倒掉。因为要尽量及时地将它们识别出来并用小捞网捞起它们，我的眼睛感到非常疲劳。但是如果不这样做它们就会跟随这旋转的水流流到排水沟里，并且去到地下室的滤网里，从视线中完全消失……[12]

现在我们看到成群的鱼苗像影子一样在绿色贮水池的底部游动——或者像蜜蜂，奥拉夫说。我们停留并观察了一会儿。他明显是完全着迷了，我们也是如此。我举起手，就看到有一个绿色的开口出现在了黑色的、稠密的鱼群中间：它们的运动看起来好像是协调好的，它们分散一会儿并且游开，过了几秒之后又会在底部再次聚集。

我们穿着橡胶鞋蹑手蹑脚地沿着贮水池旁边行走，轻声地说话，并且使用调光器来开关灯。[13]鱼苗聚集在每一个贮水池的底部，挤在一起寻求保护——人们是这么说的。很容易想象它们的恐惧。它们所处的新环境，这广阔的、流动的区域一定是让人害怕的。但是挤在一起意味着它们可能会缺氧。它们需要更勇敢并开始运动起来。

当小鱼苗长到每条 0.2 克左右的时候，它们就不再能够继续食用它们的卵黄囊了。从现在开始，他们需要食用商业化的鱼饲料——一开始是以细粉的形式食用。如果一切进展顺利的话，它们很快将开始增重。但是它们会吃吗？这个转变是人们焦虑地关注的时刻：

我用手指抓起像盐一样的粉状饲料，把它们洒在贮水池上面。

"小心，不要太多。"这是我的老师图恩，她比较关注我在做的事情。

几乎所有的鱼仍在水底，但是当我们开始喂食的时候，一些鱼开始游上来了，像在好奇地试探。一些鱼的速度相当快，抢夺着一批批的粉状饲料，而另一些则在水底懒洋洋地蠕动着。一开始，我会仔细观察确认一些饲料消失了之后，再去到下一个贮水池。需要花上几分钟，这些鱼才会感兴趣。但是这样的话我在几个贮水池之间就移动得太慢了，我因地制宜地决定了一个数字："每个贮水池三撮。"我在整个水面洒饲料三次，简单地留意到鱼苗构成的图案形状一个贮水池不同于另一个，之后我便高效地转向了下一个贮水池。

然而图恩做的与我不同：

图7 它们会吃吗？准备好第一次进食的鱼苗（约翰·劳拍摄）

我意识到她工作得更慢，她耐心地凝视着在她面前的贮水池。而且我注意到不像我，她是真正在注意观察的。当我尽可能安静地走近她的时候，她开始用一种轻轻的高音好像在吸引它们的注意。这让我想起女性有时对还不能掌握话语意思的初生婴儿说话所使用的声音：一种关心、关切和好奇的声音，回应性的并且随时准备好连接来自这些小小的个体的回应。这样的话，这些小小的个体可能会被邀请"上来"（Koma opp，挪威文）；它们可能会被邀请"吃食"（eta，挪威文）。这些细小的鱼类运动被表达出来并且富有意义，看起来是因为它们给予了她兴奋和惊喜。无论何时我感兴趣，她都会将这样的时刻分享给我。有时，在这个既陌生又熟悉的地带，我们会亲密地站在一起，比我们实际关系要显得更为亲密一点儿。

我才认识图恩没几天，只是在这儿第一次拜访伊登维克时才认识她，但是感觉好像已经认识很久了。因为我们差不多同一年龄，而且非常巧合的是她与我最好的朋友上的是同一所学校。我们已经在一起喝了好几次茶，吃了华夫饼，并且分享了我们不同的生活的好些片段。她的工作生涯围绕着孵化场展开，她见证了它的发展和几次易手。总结这天晚上的田野笔记，我写道：

这里不是产科病房，而且我们也不是最好的朋友。我注意到的仅仅是这些：在这种实践中，有一种人类-动物的"联结"正在进行，或者说是一种正在生成的关系，虽然短暂，但是在人类这边具有关心和情感的要素，并且谁知道在水底会发生什么呢。另外这种实践也是性别化的。

声音、身体、运动、爱以及极大的惊喜。就像维德罗的手工喂鱼的例子一样，我们看到照顾的实践是异质性的、身体化的并且有时也是言语化的。关心的建立？毫无疑问。情感？也有大量的情感投入。在这里我们又发现了一种我之前称之为"部分亲密性"的关系，一种身体化的、但是永远也不完整的、创造性的协调模式。[14]就像男性养殖场工人"检查进食"一样，图恩通过一系列的实践来回应鱼儿。在她的例子中包括了关心

的实践，有些是与鱼儿相关的有些是无关的。可能她的关心富
于成效的原因是她让她的想象充满感情地流动在鱼宝宝和小鱼
之间。

　　但是从公司的角度看，图恩与她白厅的同事为何如此细心
温柔的原因并不重要。重要的是她和她的同事们促进或者保障
了这种充满着不确定性的转变，即从食用卵黄囊的小鱼苗到可
以被我们喂食的小三文鱼的转变。这种不确定的转变标志着一
段新的旅程的开始，即增重。三文鱼的胃口很关键，这不仅因
为它可以作为一种中介物，通过像"检查进食"这样的实践来
建立表现好或者不那么好的三文鱼批次；而且也因为喂食、进
食和被喂是互相缠绕的人类与三文鱼的实践，在日常互动中以
及在经济意义上，这种实践使三文鱼场所存续于时间流之
中（见第二章）。朝向贮水池的转变也是三文鱼第一次被作为数
字记录下来。以下是我在第一次喂食的前一天所做的田野笔记：

　　我们不知道它们有多大，也不知道它们有多少条。我们只
知道再过两天，它们就要被转移到白厅中的共四排的 50 个贮水
池中（大约 170 厘米宽，130 厘米深）。每个贮水池大概会容纳
六千克的三文鱼生物群。接下来的不仅仅是将细小柔弱的鱼苗
从 A 移到 B 的复杂小心的程序，而且也牵涉到一系列的计算。
林恩放了一桶水在秤上进行校准，此时秤显示的数字是 0。接着
她用一个小捞网，捞起了任意数字的鱼苗，并且一条条慢慢地
数，同时将它们放进桶中。但她达到数字 100 的时候，她再次
将桶进行称重。不同的数字显示了出来：21。把它除以 100，于

是我们得到每条三文鱼的均重是0.21克。以上程序在三个不同的临时贮水池的三文鱼中进行重复，最后我们决定0.2是这个批次鱼苗比较合理的均重。

这是一次很小规模的采样，但这是朝向计算生物群的第一步。第一个近似值后面将会持续不断地被重新估算，以得出FCR。但是知道它们的重量是不够的。我们还需要知道我们在每个贮水池中大约放了多少条鱼。这需要更多的计算：

如果每个贮水池可以容纳大约六千克的鱼类生物群，并且如果每条鱼苗只有0.2克多一点，那么每个贮水池的鱼苗应该就是三万条不到一点（6000克除以0.21克大约等于30000）。为了准备这次物理上的移动，我们开始思考桶的问题。一个满桶可以装多少千克的鱼苗呢？我们前后摆弄了一下，认为一个满桶的鱼苗重量大概在三千克。也就意味这里面能装15000条鱼苗。这样，两个满桶的鱼苗就是一个贮水池的量了。我们将桶排成直线，将它们放在秤上。将秤调到0。接着用一个小捞网轻轻地捞出正在挣扎的鱼苗群，把水滴完并把它们放进桶中，直到秤显示到三千克。最后我们把桶里的鱼苗倒进贮水池，并一次次重复。一个贮水池两桶鱼苗。

每个人都知道这些值只是近似值。后面当三文鱼被分到更大的贮水池或者去到其他银化生产点，它们就会被自动分类了。在这之后很快也会有一次预防接种，这是一个再次清点的机会。

但是对现在而言，这估计就是我们所能做到以及我们需要的全部。我们需要的原因是要知道我们要喂多少。几天之后的田野笔记如下：

图恩又在做算术了。白厅的墙上贴了一张打印的表格，上面有不同尺寸三文鱼预期生长的数字（她说这些数字虽然有点儿旧但仍然是有效的），她就根据这个进行手工计算。根据这张表格，这个尺寸的鱼应该每天的标准生长速度[15]在3.1%。如果每个贮水池能容纳六千克的鱼，也就是说它们每天需要186克的饲料。我们现在是在假设它们的胃口是均等的，但是关于这个我们仍不能断定。

图恩说："一开始就马上给它们喂得很多这件事情是有诱惑性的。但是你不能这么做，你需要小心一些。喂得太多会堵塞系统，对它们没有任何好处。"

直到现在，在孵化场安静而凉爽的孵化盘里，鱼卵和鱼苗的生命发展表现为被温度所调节的（参见"日度"）三文鱼与其流动的环境之间的一种关系。从现在开始，它们的生命发展依赖于小心记录的饲料分配。我们知道每个贮水池六千克和三万条鱼苗的数字并不精确，但是这个估计值也足够充分了。一个定量的批次因此得以建立，并使未来的发展成为可能。它们进入并且第一次被公司的计算所"吸收"，它们在经济学并且在生物学意义上变成清晰可辨的实体，因此也被认为是流动的。这个转变是未来进一步发展的基础。

到目前为止，我们已经接触到成长中的、作为批次的三文鱼。每个批次的最终目的就是获利，以使进一步的投资和扩张成为可能（也见第三章）。但是这些扩张是如何完成的呢？它们的物质构成是什么？它们在实践中是如何运作的？让我们快进 500 日度，来看身长大约五厘米的年幼三文鱼，这时它们已经被转移到北部另外一处银化生产点的更大的贮水池中了。

成长中的三文鱼 3：银化和黑色屋顶

我们回到弗罗斯德，超过三十年历史的银化生产点，在当地被简单地称为"银化房子"（见第三章）。操作员图恩回忆起早期岁月，那时鱼饲料还是从当地渔民那里收购鱼屑，在水泥搅拌机里搅拌而成的。这个生产点靠近一条小河，河上有一处小水坝。春天的时候，环绕着室外贮水池和水道的流水发出稳定的"嘶嘶"声。这条河过去有三文鱼，三十多年前，像这样的河流还为当时的三文鱼水产养殖实验提供亲鱼。现在，河流中已经看不见三文鱼了，但是河流仍为容纳三文鱼的贮水池提供淡水，直到它们银化之后被转移到峡湾中的海水围塘中。

在河流中出生的三文鱼会在它们出生的河流中待上足够长的时间来增重，等它们达到一定的尺寸和成熟度之后它们才能适应在大海中的生活。在淡水阶段所生长到的长度不仅因纬度不同而不同，而且视鱼群的情况而定。在北大西洋的河流中，三文鱼一般要在淡水阶段花上 1—4 年的时间，才会发生与银化相联系的生理学和形态学的变化[16]（Verspoor, Stradmeyer, and Nielsen，2007；Stead and Laird，2002）。银化过程一般发生在春天，年幼的三文鱼这时差不多 10 厘米长。季节转换时的光照变化容易引发这个过程。[17]

　　然而养殖三文鱼的全球市场需求很少关注上述季节转换，依赖于长期雇用当地工人的水产养殖业也是如此。[18] 为了能够全年提供可用于宰杀的三文鱼，挪威水产养殖的生产体制要求实现银化期鱼的稳定流动。在实践中，这转化成了一年运送两次银化期鱼的模式，每次运送持续好几个星期：春季银化鱼和秋季银化鱼。那么怎样使三文鱼在初秋季节银化，而非春季呢？

　　部分的答案在于一个圆锥形的黑色屋顶的建立，看上去好像是在贮水池上面建立了一个房子。无论对于在贮水池中还是在邻近河流中的三文鱼来说，从冬天到夏天季节转换的光照长度的变化（光周期）是银化发生的关键促发点。黑色屋顶有效地阻碍了季节变化和三文鱼成熟周期之间的这种联系。当它隔绝了随着季节变化的光照，它就使银化过程脱离了与太阳和地球相联系的年度周期。与变化的日光光照刺激相分离，取而代之的是穹顶内的电灯光照，三文鱼的生长就会沿着不同的轨迹展开，这样它们就可以在秋天银化，而非来年的春天。这样，它们就可以比室外贮水池中的三文鱼提早将近半年被运送，而几乎整年都能有银化期鱼的批次被运送。随着过去几十年三文鱼产量的稳定增长，这已经成为商业银化鱼生产的标准实践。

　　就像兽医后来解释的，在实际操作中，他们将他们称为"一岁的鱼"与"零岁的鱼"分开。一岁的鱼，与自然周期比较接近，被叫作春季银化鱼。他们在冬天孵化，在春天或者夏天被运送至银化生产点，在接下来的秋天被接种。接着它们在冬天又长得更大，直至在第二年春天发生银化变态，五月就能够在海水里生存。这个生产过程可以在室外进行，春季白天更长可以引发银化过程。

图 8　银化生产点的黑色屋顶（约翰·劳拍摄）

零岁的鱼则经历了兽医所谓的"被操控的体制"。在初冬孵化之后，它们就进入了一个"人造夏天"，一天 24 小时的光照，共持续六个月。在七月份，它们被接种。接下来的六个星期里，每天给予一天 12 小时的光照和 12 小时的黑暗。在北欧，夏天晚上的光线还是很亮的，这时黑色屋顶就派得上用场了。接着在它们准备银化的时候，灯光再次白天晚上都开着，直至初秋这些银化鱼被运送到养殖场。因此，它们就被称为秋季银化鱼。不像春天运送来的银化鱼，秋季银化鱼在养殖场的冬天度过了前六个月，在夏天再快速生长，到第二个冬天的时候，它们已经做好了在下一个春天被宰杀的准备了。（春季银化鱼也花一年半时间在海水里生长，但是它们是度过了两个夏天和一个冬天。)[19]

　　这样通过电灯的使用，在冬天本来是被搁置的生理学过程又被引发了。黑色的屋顶安排了一种时间的分离，通过其他形式的附着或者排列得以发生。作为一种设计的特征，它使得可扩展性通过分离和再排列的同时运动得以成立：与北纬60度的季节变换相分离，三文鱼使自己与消费者需求排列整齐，或者说是通过屠宰场网络、货机、现货市场价格、出口安排和世界上正在涌现的寿司餐厅来表达的这种需求。结果是差不多同一种贮水池设备所能生产的银化期鱼的产量翻倍了。但是三文鱼产业的利润也与稳定的供应有关。用斯特德和莱尔德（Stead and Laird，2002）的话来说："通过使用不受季节约束的银化期鱼，能够将淡水生产扩展到全年，并可以带来每年更大的产量以及对于工厂设备和人力资源的更好的利用……因此，生产中的波峰和波谷都会被削弱。"

　　"被操控的体制"涉及对于年幼三文鱼的光环境的某种深思熟虑的干预。当它发挥作用的时候，可以被视为附着物和分离物的特定序列：通过黑色屋顶这样的分离物将贮水池从北欧明亮的夏季夜晚分离出来（或者我们也可以说，从地球环绕太阳的轨道中分离出来），全球市场的可预见的、稳定的需求确实被纳入了组合的设计之中。这种分离也允许在时间上进行再排列：从北欧季节的时间周期排列成一种生产的链条，其中市场需求被想象成是非周期的。

每个贮水池和每个银化鱼的新批次开始变得像罗安清戏谑地称之为"像素"（pixel）的东西：当图像、项目或者组合变大或变小之时，它仍保持一致的规格。就像每种图像的可扩展性依赖于每个像素的独立性一样，三文鱼养殖的可扩展性也建立在每个贮水池的相对独立性之上。贮水池与当地季节的分离确保或者生产了可扩展性的某种特定版本。但是虽然像素是利用空间来发挥作用的，这里的可扩展性却是与时间相关的，以致一批银化期鱼变得像是一种时间的像素。

尽管银化变态过程是由光线引发的，但是后面的生长是通过喂食来促进的，这就使我们注意到可扩展性实现的另一种方式。让我们快进一年，来到养殖场，在这里三文鱼的工作仅仅是增重。

成长中的三文鱼 4：秘鲁凤尾鱼和水分抽离

饲料与三文鱼。三文鱼与饲料。这是将三文鱼组合结合在一起的重要关系之一，同时我也主张正是这种关系使得水产养殖业扩展到远远超出人们所预想的范围。三文鱼被确立为"饥饿的"，它们进食、增重，而重量又转化为价格和利润。增重是对它们的工作描述，而饲料是整个产业的重要组成部分。但是这并不意味着公司或者照料者能够加速这个进程。

回顾一下第二章（"作为界面的水面"）中克里斯托夫爬上

斜坡观看三文鱼进食的场景。那时饲料分配机开启着，他将饲料颗粒洒在水面上来检查它们的胃口。有时它们能吃很多，有时它们几乎不吃。如果它们不进食，这是令人担心的情况，但是你可能也做不了什么。毕竟三文鱼不是鹅，你也不是在做鹅肝酱：你不能对它们强迫喂食。所以，对克里斯托夫和其他在养殖场工作的人们来说，喂食三文鱼是一个一直需要调整的过程，要紧密观察，回应他们所感觉到的东西，或者如果原来的方法不奏效的话进行一些新的尝试（Mol，Moser and Pols，2010）。就像约翰·劳和我在别处详细描述的（Law and Lien，2013，2014），这是关于不断地修补以及照料方面的事情。[20]但是这也是关于确保继续获得海洋资源方面的事。

　　三文鱼是肉食性的——它们吃其他的鱼类。但是一些人声称其他的鱼类正在变得越来越稀缺。这意味着从生态学角度来讲三文鱼养殖的发展是不可持续的。从经济学角度来讲，饲料正在变得昂贵。从地理政治学角度来讲，挪威需要为了三文鱼产业的继续繁荣确保能够继续获得海洋资源。整个组合是复杂的和脆弱的。这是一种平衡性的动作，在其中经济、环境和政治考量以及鱼的胃口和人类营养都在彼此竞争着。

　　三文鱼生来就是饥饿的。在短短一周之内，一条成年三文鱼就能够吃掉相当于它体重四分之一的饲料。水产养殖公司的股票价格与他们公司所报告的饲料转化率有关（见第三章）。喂食必须是高效的。饲料的供应必须是稳定和可预测的。这意味着饲料有时必须被运送很远的距离，也需要被储藏。一个拥有 50 万条成年三文鱼的生产点需要将近 50 吨的干燥饲料颗粒——这里指的是每周。这可是大量的饲料，那这是怎么做到的呢？

在被称为维德罗的漂浮建筑之上，最大的房间就是作为饲料储藏室的仓库。由于拥有高高的屋顶和靠近筒仓的方便位置，它是一个储藏饲料的理想场所。每三周或者四周，这里就装满了从饲料运输船上卸下来的一包包饲料。饲料运输船服务于三家主要饲料生产企业中的某一家（EWOS，Biomar，and Nutreco），每天都来往穿梭于挪威峡湾之中，在不同的三文鱼养殖场进进出出。整个仓库可以容纳 200 吨饲料，在每一次饲料运输船运送来饲料之后，就有人需要在叉车上工作一整天，将一包包饲料堆齐到天花板。

饲料颗粒是由什么制作而成的呢？大部分喂养三文鱼的人并不知道。他们所关注的是鱼儿吃了多少以及它们进食行为如何反映了它们的健康状况。很少有人对饲料里的内容感兴趣。但是另一方面，环保活动家以及一些消费者对此非常感兴趣。很有可能是出于对上述兴趣的一种回应，一家主要供应商斯科瑞亭（Skretting）制作了一段视频，并将它放到了自己的网页上。在视频中公司宣传了他们的可追溯体系，并且对鱼食和鱼油的来源做了一次非常详尽的分解。实际上，这个答案由于可获得性的变化也会有所不同。但是在斯科瑞亭这里，这些饲料是从挪威的斯塔万格市用船运送来的。大概一半的鱼食是用秘鲁凤尾鱼制作的，另一半则是用在北海捕获的不同的鱼和边角料制作而成的（见表 2）。

表 2 饲料颗粒中的鱼食来源（单位：千克）

	智 利	丹 麦	冰 岛	挪 威	秘 鲁
凤尾鱼	818449	—	—	—	6384451007
蓝鳕	—	29163	154419392	2747548	
野猪鱼	—	417316921			
毛鳞鱼	—	—	299007655	3417411240	
毛鳞鱼边角		—	50615876	7378896	
鲱鱼	—	—	138702990	11453077	—
鲱鱼切块	—	4265271	2275458	510069749	
金枪鱼	818449	—	—	—	
马鲛鱼	—	—	76817068	—	
挪威大头鱼	—	186973404		37509243	
沙鳗	—	119122513	—	49376551	—
西鲱	—	3613490		15092924	
其他	409225	—		1526496	
边角鱼肉	—	—	619704	273418615	—
总计	2046123	731320762	722458144	4325984337	6384451007

来源：Skretting，"Marine Resources"（eTrace table at 2 min.，30sec.），*Tracing the Truth*，YouTube video，uploaded January 13，2011，http：//youtu.be/J3ONqWXYe18.
注：饲料的成分经常会有所变化。

　　要用新鲜的秘鲁凤尾鱼和北大西洋玉筋鱼或者沙鳗来直接喂养这几百万条挪威三文鱼是不可想象的。如此之多的凤尾鱼，想象将它们一条条堆积起来——它们将变成一大堆乱七八糟的腐烂鱼肉。作为鱼类饲料的营养价值也将瓦解。由于在这糊状、潮湿和散发臭味的鱼肉中进行繁殖的无数细菌的作用，鱼肉也会加速腐坏。别忘了，细菌存活是需要一些水分的。通过将这些带水分的鱼肉转化为干燥的饲料颗粒，腐化的过程被搁置了。因此，对于三文鱼-饲料养殖组合至关重要的是另一种分离的过程：将水分从鱼物质中抽离。水分的抽离确保了腐化的细菌作用过程的搁置。

我认为正是这种分离使得三文鱼水产养殖变得可扩展。这些微小的饲料颗粒中所蕴藏的是一台巨大的"时间机器"，使得巨量的饲料在南太平洋和一处挪威养殖场之间的移动成为了可能。这些分离（将水分从凤尾鱼和玉筋鱼或者沙鳗的鱼肉中）使得这个场所中三文鱼生长所需要的关键成分变为可持续和可移动的（见约翰·劳1986年出版的书中所描述的葡萄牙战舰）。如果没有这种"冷冻时间"或者搁置腐烂的机制，三文鱼养殖的全球扩展几乎就是不可能的。顺便说一句，喂养鸡和猪所用的也是相似的饲料颗粒，也具有相似的可扩展的效应。

我们可以将饲料颗粒称为一种"不可改变的移动物"（immutable mobile）（Latour，1987）。在这里被完成的实际上是对"在自然中"发生的过程的第三种形式的模拟。但是不像在孵化和银化的案例中对河流中的三文鱼的模拟，饲料颗粒的模拟是更加一般性的。从干物质中分离出水分其实是与例如每年秋天发生在落叶树木上的情况类似的，这时水分回到根部而整个有机体开始处于停止状态。饲料公司所做的是模拟一种人们熟悉的水分季节性和周期性波动的生物学过程，并将其另作他用。这样的话，驯化所涉及的不仅仅是鱼本身而且是一种整体的饲料与鱼的循环。不像在池塘中喂养了上千年的，以植物为食物的鲤鱼，三文鱼是肉食性的——至少目前是如此。用一种更偏素食的食谱喂养三文鱼的实验还是比较成功的，但是植物型饲料仅仅部分取代了海洋鱼类饲料。因此，三文鱼养殖业从根本上来说还是要依靠于海洋饲料资源，因此也与全球海洋资源捕捞紧密相关。这样，北大西洋的饥饿的三文鱼（也包括那些南太平洋比如智利的）成为了一种复杂链条里的中介，一方面联系着亚洲和北美市场上烟熏三文鱼的消费，另一方面联系着南太平洋渔民的日常生活和生计。这个网络是扩展的，具有政治意义的，并且也稍稍超出了这篇民族志的研究范围。我在这里希望强调的是饲料颗粒在调节这些关系中的角色作用，特别是在使得三文鱼养殖变得可扩展方面所发挥的作用。

　　饲料颗粒对于水产养殖的扩张来说是关键因素，但是这还不够。对于维持这种组合来讲，贸易协定（比如在秘鲁和挪威之间的）也是需要的，以及营养成分也必须调配好。但是如果离开了饲料的基础特性所有这一切都不复存在。之前所描述的水分抽离技术对于当代三文鱼水产养殖业的可扩展性是十分关键的。如果没有它，水产养殖就不可能扩展升级。通过将腐败的过程搁置起来，巨量的海洋渔业资源成为流动的。一种与以前殖民化（如葡萄牙的殖民扩张，见 Law，1986）相类似的方式促进着这种从南太平洋到北大西洋的巨大的、例行的饲料资源的转移。这种流动性维持并巩固了一系列新的商品关系，将挪威的三文鱼养殖与从欧洲大陆到远东的三文鱼商品市场联系起来，同时也使秘鲁凤尾鱼从它们近岸的捕捞地点脱嵌出来。因此，三文鱼水产养殖业可扩展性的内在本质就是这种设计的基础特性，水的抽离，这实际上制造了对于扩展来说至关重要的特定分离物。

　　三文鱼生长所依赖的网络延伸至半个地球。三文鱼的驯化是一种多物种关系，这种关系不仅仅涉及三文鱼，也与其他的鱼类有关。但是这种影响是更为深远的，因为使像秘鲁凤尾鱼这样的物种加入进来，也就意味着使整个海洋图景加入进来，而它们中的每一种都有其独特的人类和非人类的缠绕关系。就像与其他物种的关系一样，三文鱼的驯化也围绕着海景以及地景的驯化，有些海景或地景在地理上是与三文鱼所生活的地方相隔甚远的（也见 Swanson，2013）。因此，驯化的含义并不一定是呈现在眼前的。

阿拉斯加剩余物

　　当红大马哈鱼（sockeye salmon）到达了阿拉斯加的布里斯托尔湾海岸时，它们的数量相当庞大。凯伦·赫伯特（Hebert，2010）讲述了在夏季繁忙的几周内，渔民们如何尽可能地多捕捞，并且在鱼腐坏之前尽快地加工处理好。其他时间则没有那么忙碌。布里斯托尔湾的渔民们想要推广他们"野生"的产品，但是这种产品在与来自智利的廉价的、养殖的大西洋三文鱼的竞争中似乎处于下风。

阿拉斯加三文鱼曾经是一种成功的出口产业支柱。从 20 世纪早期开始，布里斯托尔湾海岸吸引了渔民、劳工、加工厂和遥远的投资者到来，他们之间充满活力同时也是不稳定的关系使得阿拉斯加三文鱼成为一种利润丰厚的全球商品。就像养殖的大西洋三文鱼一样，太平洋三文鱼也是具有可扩展性的。沿着重要的三文鱼河流分布的孵化场确保了细鳞大马哈鱼和狗鲑（pink and chum）的数量。据估计，大约 31% 的阿拉斯加三文鱼是来自于孵化场生产的（Grant，2012）。[21] 在夏季繁忙的几周内，返回阿拉斯加沿岸产卵的三文鱼数量是很多的。挪威西部养殖三文鱼与阿拉斯加海岸的太平洋三文鱼的差异常常被描述为驯化与野生，或者养殖与捕捞之间的差异。但是与其重述这种自然与文化的二元论，我们还不如思考一下使得每一种产品变得可扩展的附着物与排列。当我们这样做的时候，未预期的相似性及新的差异性就都显现出来了。

就像我所主张的，当前工业化三文鱼养殖实践可扩展性的一个本质的和关键的特征，就在于饲料颗粒以及水分的抽离，使得腐坏的过程被搁置。这就使得秘鲁凤尾鱼跨越半个地球被配置和储藏在挪威的仓库里，而不会形成可能改变它们结构的"变化的关系"，从而使得它们的营养成分不再适合于三文鱼的消化。[22] 养殖的大西洋三文鱼原地不动，但是它们所需要的饲料跨越重洋被运送而来，部分地来讲也是这种水分抽离技术的结果。

与此相反，阿拉斯加三文鱼不是原地不动的，也不依靠饲料颗粒来增重。它们的食物来源在太平洋，距离它们孵化的地方几千英里。它们所吃的食物可能是相似的，但是不像养殖三文鱼，它们"在现场"转化所吃的食物，也就是说，将其转化为可贮存的脂肪和蛋白质，这反过来又变成吸引人类的"野生三文鱼"肉。因此，返回到岸边去产卵的三文鱼已经很好地喂饱了它们自己，饲料的储藏和运输的问题就这样很方便地解决了。所有的渔民需要做的仅仅是在它们到达的时候把它们捕捞起来。

然而，就像凯伦·赫伯特（2010）所展示的，说起来总是比做起来容易，因为就像"秘鲁凤尾鱼"一样，三文鱼肉也是容易腐坏的。因此，三文鱼需要仔细的处理和加工以搁置这种腐坏的过程，以免破坏了三文鱼肉的结构，使其变得对于人类的消化系统来说不再可口和适宜。因为阿拉斯加三文鱼的繁殖周期很好地与季节周期相对应，夏季返回的三文鱼几乎都在同一时间，这使得加工和处理的组织工作愈加困难。你怎样处理这么巨量的三文鱼，使其成为遥远消费者的美味并同时保持稳定？解决方法？其实是很简单的，做鱼罐头。

金属罐头的技术，就像饲料颗粒一样，可以被视为一种"时间机器"；它使得太平洋沿岸的出口商得以搁置腐坏的过程，整年都可以向消费者提供三文鱼。罐头使得三文鱼能够被贮藏。今天阿拉斯加渔民努力改造自己，希望变得更有竞争力，但是如今的全球市场上新鲜已成为一种关键的价值，他们的努力显得有些过时（Hebert，2010）。但是几乎一个世纪以来，这种努力还是很有效的，它取得了饲料颗粒在三文鱼养殖背景下取得的效果："冷冻了时间"。通过巴斯德氏杀菌法和金属密封的结合，罐头里的东西变得无菌，腐坏的过程就被搁置了。我们可以说这种即食的三文鱼被从有害细菌干预的可能性中分离出来。这个效果与饲料颗粒的效果是相似的：可以被运送也可以被储存的产品。不再受到三文鱼迁移的季节周期或者生物学腐败的不可避免的过程的影响，阿拉斯加罐装三文鱼和挪威养殖三文鱼是不同时代的工业化产品，但是具有相似的结果：全球化的大众商品。一个是被捕捞的，另一个是被养殖的，但是它们的相似性和差异性与"野生"无关，而是与将腐坏的时间性搁置起来的特定的材料有关。养殖三文鱼依靠的是饲料颗粒。阿拉斯加野生三文鱼依靠的是罐头。

可扩展性、时间性、自然以及那些被留在阴影中的

　　因此，可扩展性不是工业资本主义的某种抽象的特性或脱嵌的设计，或者所谓的现代。它也不是独立于物质环境的"事物"本身的特性。实际上，它可以被理解为一种关系的特性以及附着物，通过它们组合被建立起来——就像在秋季银化三文鱼的例子里那样，通过这些附着物，特定的时间性被记录以及新的时间性被建立起来。这些附着物可以物质化体现为不同的事物，比如贮水池、灯、黑色屋顶、稳定的水流、喂食漏斗、虹吸管、饲料颗粒以及秘鲁凤尾鱼。

　　当饲料颗粒从我们头顶的管子里喷射出来的时候，声音是嘈杂的。但是秘鲁凤尾鱼在整个过程中是沉默的，从潮湿的渔获变为干燥的、可以储存的饲料颗粒。随着水分抽离以及跨国交易中的转手，来源地变得模糊了。最终，一种喂鱼饲料也就只是：饲料，以其目的命名。而非它的过去。

　　时间性无处不在。在三文鱼养殖的日常实践中，它超越我所讨论的关系而存在：三文鱼生命周期；饲料的运送和喂养节奏；鱼卵的孵化；宰杀时间；在死亡和成为僵尸之间四个小时的窗口期，在这期间三文鱼会被进行宰杀后的处理；市场价格的浮动；养殖场工人的换班；三文鱼性成熟的时间；人类和三文鱼每年和每日的节奏安排。所有这些都告诉我们在实践之中，在每一次运动和每一种附着物中，时间性已经被记录了下来。也告诉我们在每一次安排中，不同的时间性都会被谈判、试探和调整。有时这种试探会以失败告终：三文鱼不能在一定时间之内长到设想的尺寸而被拒收了。但是即使拒收也是属于更大安排的一部分，它根据尺寸将鱼进行分类（Law and Lien，2013，也见第三章）。这样，养殖三文鱼又被重新排列，这次是彼此之间的重新排列。通过作为一个批次被管理，他们变得可扩展了——可以被计算、预测和标准化。

　　在本章中，我注意到了实践、附着物以及它们结构化的时间性。我讲述了三文鱼驯化和工业化扩张的故事，认为它生成了一个自然和文化并不构成基本对立面的世界。事实上，我描述了一些精心挑选的时空安排，它们使一些特定形式的附着物成为可能。我想要展示可扩展性不仅仅是空间扩展的事，也是与时间性有关的。时间性指的正是他们以特别的方式被排列的时候，此时附着物（因此也是组合）表现出持久、可扩展和强大的特性。

从历史过程中"从自然到文化"的关键转变的视角看，场所常常被认为是将自然关在了外面。实际上，野生和驯化的界限建立有很多种方式：鱼网、围墙、滤网、计算、地图、鱼鳞样本等等（Lien and Law，2011，Law and Lien，2014）。覆盖贮水池的黑色屋顶可以首先被视为另一种界限的建立。但是当我们靠近观察，我们会发现在这个穹顶之内，在昏暗的、容纳着受精卵的孵化盘上面，通过按照特定的模式周期有技巧地开关灯或者水温的温和变化，另一种自然正在形成。在这个三文鱼-灯光-水以及生长之间的关系被很好地调控的世界里，三文鱼以银化期鱼或者受精卵的形式出现，其过程可能早于或晚于在河流砾石之中或者在河流中觅食的三文鱼。但是这再一次依赖于视角。因为，如果从穹顶之内来看，秋季银化鱼按时变成银色并能够适应海水中的生活，它所符合的时间周期不再是与地球围绕太阳运行的轨道相一致的了。

将驯化理解为将自然排除在外，或者对于野生的东西建立一个界限，仅仅是抓住了驯化的一个方面。另一个方面是将日光的季节变化或者变化的温度或者水分抽离看作三文鱼组合的设计特质，它们使得三文鱼场所本身成为了一个世界，使得养殖三文鱼既非自然的也非文化的而是两者兼具——或者可能是总体上完全不同的事物。

第五章

成为有感觉的：
照料和宰杀的编排

我们怎样来对待将死亡施加给动物这件事？我们怎样来处理它们的痛苦？这个问题可能与人类自身一样古老。近来，从动物权利保护者到动物福利立法，这个问题从许多不同的角度被再次阐述。大多数争论都是关注能够走到我们面前、注视我们眼睛的陆地动物的，但是随着水产养殖业的扩展，上述这些问题也开始被引申到鱼类上来（Huntingford et al.，2006；Damsgaard，2005；Lund et al.，2007）。

随着三文鱼养殖业的大规模扩张，欧洲动物福利立法不再局限在四条或者两条腿、有毛皮的和带羽毛的动物。养殖鱼类也作为有感觉的动物出现。基于像三文鱼这样的鱼类也可能有能力感觉到痛苦的假设，它们因此也属于动物福利立法的范围。虽然是否鱼类能够感觉到痛苦仍在生物学家们的争论当中，但是在苏格兰和挪威，给予养殖三文鱼这种"无罪推定"（the benefit of the doubt）已经基本上成了定论。

但是动物的感觉关联到的不仅仅是福利立法和动物的神经病学。它也与三文鱼和它们的人类伙伴日常互动中的照料、同情和忽略有关。它依赖于与精密的监控科技和受训的眼睛有关的实践。所有这些都警示我们注意到我在这里称为三文鱼场所的所有组合，人类和非人类的实体在这里异质化地聚集，定义或者确立了养殖三文鱼是什么以及可以是什么。因此，如果照料被确立起来，这种确立通常已经是三文鱼场所组合中的一种本质要素（见第二章）。探索感觉能力需要我们注意到作为一种能动性结构的三文鱼组合，并且思考它允许三文鱼的福利达到怎样的范围以及人类的照料达到怎样的程度（Mol，Moser，and Pols，2010），或者去利用同情的情感语域，使人类能够负责和回应（Haraway，2008）。换句话说，在三文鱼场所的实践中，"照料"是什么？三文鱼场所能够允许三文鱼的感觉重要到什么程度以及人类的照料发展到什么程度？

在本章中，我主张欧洲的养殖三文鱼将会成为感觉的主体。对于与福利有关的大部分实际的、伦理的和立法的目的而言，养殖鱼类不再"仅仅是鱼"：它们也成为"动物"，属于动物福利立法的范围。近来的法律动向已经将三文鱼的感觉提到了工业化养殖者的议程上。在挪威，它们导致了鱼类屠宰场的重建以及关于鱼类福利必修课程的开设。它们也引发了同时依赖于关于鱼类行为和认知的生物学的新研究，这些研究提出了以下的问题：鱼类认识彼此吗？它们会进行社会学习吗？它们有策略吗？它们会合作吗？对于上述问题的任何一个肯定的回答都表明了某种认知能力，并将鱼进一步囊括进彼得·辛格（Singer，1981）以及之后的兽医和动物权利保护者称之为"道德圈"（moral circle）的东西——那就是"一种存在物的集合，它们的利益本身被给予严肃的道德考量"（Lund et al.，2007，引自 Singer，1981）。

然而，将感觉看作如三文鱼这样的非人类存在物所拥有或没有的特质的视角，是赋予世界秩序的一种方式，在这之前感觉被理解或塑造的不同方式是被忽略的。尽管支持三文鱼感觉的哲学和生物学论据无疑在法律上是有意义的，但是它们也常常没有很好地思考促使养殖三文鱼形成的异质化的关系。我在这里专门思考的是在贮水池和围塘里成长的三文鱼的生动实践。正如我们在第二章和第三章中看到的，这些关系通常不仅仅关乎人类也不仅仅关乎动物。最为重要的是，它们围绕着一些实践，通过这些实践，感觉得以形成，人类的情感（以及哲学文本和法律文件）得以作为一种或多或少可以被唤起的潜在文本或者框架存在。因此，我不仅仅将感觉视为三文鱼本身的一种特征，而且将其看作一种关系性特征，是上述异质化的关系实践的潜在部分。我认为正是在这种不确定的空间中存在着改善和提高的机会。在本章中，我将思考关系的纠缠是如何伤害人类以及三文鱼的，以及如何减轻两者的痛苦。

本章的剩余部分是在感觉所展开的不同实践中的一段旅程。我首先对生物学有关动物权利和动物福利研究文献中描述感觉的内容进行了一个简单的回顾。接着我转向民族志，去探索在三文鱼水产养殖实践中三文鱼的感觉是如何被表现的。这个部分旨在展示感觉如何也是在身体化实践中存在的，以及它如何是关系性的也通常是特殊的。在本章的末尾，我描述了感觉在挪威和欧盟被纳入法律范围之内以及最近的立法所产生的结果之一：鱼类福利的必修课程。最后我根据驯化的过程思考了三文鱼的感觉。

关于动物感觉的学术文献从哲学、社会学、人类学一直延伸至生物学和兽医学。那么根据文献，动物的感觉是什么呢？它位于哪里？为了给我后面对于欧洲动物福利立法转变的描述提供一些背景，我将简单地论及这个争论中的一些关键主题。我们很快会清楚，学科背景广泛多样的文献都建立或讨论了"动物感觉"这一概念，而每一种学科都有它自己的议程。因此，感觉可以是很多事情，在字面意义和象征意义上都是如此。让我们先从哲学领域开始吧。

哲学中的"感觉"：
受苦、感觉和动物权利

自从杰里米·边沁将承受苦难的能力作为给予人类和非人类动物权利的重要标准，哲学就成为动物权利保护运动的重要灵感和合法性来源。边沁在他 1789 年的论文中发表了著名论述："问题不是，它们是否能推理，或者，它们是否能交谈。而是，它们能受苦吗？"这个论述对关于动物权利的西方哲学思想产生了巨大的影响。[1]功利主义哲学家彼得·辛格也采取了相似的视角（Singer，1981）。他主张对于"最多数人的最大幸福"的探求应该将非人类的动物包括进来，这个主张为动物权利保护主义以及最近的动物福利立法奠定了基础。哲学家汤姆·里根（Tom Regan）同意一些非人类动物具有与生俱来的价值，但他是通过康德的人类内在价值或者尊严的概念得到这个结论的，这个概念意味着人类应该作为一种目的而不是仅仅

作为手段被对待（引自 Huntingford et al.，2006）。里根
（1983）将尊严的概念延伸至动物，主张既然我们都是"生命
的主体"[2]，就不能认为对其他主体（无论是人类还是动物）的
无礼是正当的。因此也很难为比如说获取食品的工业化养殖进
行辩护。其他的哲学家，比如玛丽·米奇利（Midgley，1983）
倡导"照料的伦理学"，而巴纳德·罗林（Rollin，1995）指出
非人类动物迥然不同的种特异性（species-specific）是道德尊
重的基础。

　　所有这些视角都可以被看成哲学和文化方向上的一些努力，
用来处理当前食品生产实践（比如工业化养殖）为欧美的社会
与自然，人类和动物的秩序化所带来的一些困境。这些实践是
动态的，而且与过去相比更少带有人类中心主义的观念，但是
困境依然存在。就像布勒和莫里斯（Buller and Morris，2003）
所说的："当后现代性鼓励我们看到非人类作为存在物的独特性
和主体性时，现代性继续将它们看作我们盘中的肉。"我们将动
物囊括进"道德圈"的同时又食用它们，这成为一种难题。它
位于对动物福利的主流诉求和对动物权利更为激进的诉求两种
分歧的核心，后者导致了很多人将素食主义作为唯一可能的解
决方案。

　　虽然没有一个哲学家在谈论动物的时候明确地考虑了鱼类
的状态（因此这些动物的概念是否包括了鱼类也并不很清楚），
但是他们的论点都被用在了主张将鱼类囊括进动物福利范围的
最近的倡议之中（Lund et al.，2007；Turner，2006）。通过将鱼
类与其他动物作比较，甚至是将鱼类作为一类动物，一套关于

动物权利的完整文献作为一种话语背景被建立了起来。在这个背景中，鱼类福利的诉求变得充满了意义。就像我们将要看到的，在动物福利立法领域将三文鱼建立为有感觉的存在物的过程中，这种"建立世界的运动"（"worlding exercise"，Tsing，2010）是尤其重要的。[3]

在哲学领域中塑造"感觉"还牵涉到对文本推理形式的依赖，在这里通过对文本和论点的并置，困境被发现和解决。关于推理，哈拉维提供了更具"身体化"的版本，她主张责任感和照料并不是、也不应该仅仅是道德抽象，而是她称为"彼此交往"的结果。这牵涉到触摸、凝视、回顾和作为认识关键模式的"成为"，所有这些都使我们要对"世界形成的不可预料的方式"负责任（Haraway，2008）。哈拉维没有将道德和本体论困境置于一边，去支持一些理想的规范原则，而是提出了将"与麻烦共处"作为一种方式，来对人类-动物的纠缠关系的复杂现实给予适当的关注。与她取向类似的是安娜·莫尔，她主张在照料的伦理学中，"原则是很少具有生产力的"（Mol，Moser，and Pols，2010），并且提出作为身体化实践的照料概念其实是"需求与注意力和适应性试探之间的协调"。提姆·英戈尔德（Ingold，2011）提供了"徒步旅行"作为生活在世界上和了解世界的模板，并且提出我们"跟随发生的事，追踪成为的多种轨迹，无论它们导向何方"。我将在稍后回到这些思想，让它们指导我分析民族志邂逅中所展现的照料和宰杀的编排。但是首先，让我们转向"感觉"被塑造的另一处地点，那就是期刊、生物学实验室以及兽医学。

动物科学中的感觉：自然、
三文鱼和新大脑皮层的缺失

　　哲学争论所处理的是"通常意义上的动物"，生物学和兽医学所研究的则是专门的动物。这种专门性通常也是种特异性，高度注意不同动物的身体中可能具有的能力，特别是当它们在科学实验中被观察时。这些身体有时用来代表某个特定的鱼类种群，比如虹鳟或者大西洋三文鱼，有时它们代表一般意义上的鱼类，可以支持三文鱼感觉的案例。因此，相关的争论就不是关于通常意义上的动物感觉而是关于鱼类——或者三文鱼——特殊的感觉。边沁的问题"它们能受苦吗？"变成了研究特定种类的鱼比如三文鱼，是否能够确实感觉到疼痛的问题。三文鱼的感觉（或者没有感觉）因此是位于鱼体之中的，或者更加准确地说，是在它的生理和神经解剖学中的。

　　有关这个主题被最为广泛引用的一篇文章是生物学家詹姆斯·罗斯（Rose，2002）的一篇评论，这篇评论的著名推论是鱼类感觉不到疼痛。它基于以下的论据：（1）对于"有害刺激物"的反应与对于疼痛的心理感受是不同的；（2）对于疼痛的意识和恐惧依赖于大脑皮层的特定功能；（3）鱼类缺少这些关键的大脑区域。这篇文章结论认为对疼痛的感受和恐惧对于鱼类而言是不可能的。根据这些论据，感觉位于鱼类所并不具有的新大脑皮质上。这个结论已经被众多研究神经生化受体和鱼类行为学的学者所挑战。相反的论述是这样的：即使鱼类不具有对于人类疼痛主观感受非常关键的新大脑皮质，"但是在不同种类的动物身上，同样的工作也可以在大脑的不同部分完成"（Huntingford et al.，2006）。对于这些动物而言（鱼类也包含其中），与人类新大脑皮质进化相联系的"更高的意识"对于体验与疼痛相关的不利状态并非是必不可少的。因此亨廷福特等人推论道，"综合而言，这些文献表明鱼类具有用来感知有害刺激物的感觉器官和感觉处理系统，而且很有可能，它们的中枢神经系统也可以至少感受到一些我们将其与哺乳动物的疼痛相联系的不利状态"（也见 Chandroo，Duncan，and Moccia，2004；and Lund et al.，2007）。

伴随着这场争论的还有鱼类认知的研究，它所探求的是鱼类认知和行为过程的复杂性，这方面的证据能够支持鱼类能承受痛苦的观点可能是真实的。研究关注诸如鱼类是否能够认出彼此，它们是否可以合作，它们怎么学习，它们是否能够通过观察彼此进行学习以及是否具有空间记忆的问题。上述实验包含了许多种类的鱼，因为对于上面提出的研究问题的回答经常是"是的"，所以这被用来证明鱼类比以前所认为的具有更加复杂的一套认知技巧，因此也支持了即使没有新大脑皮层鱼类也可能会感受到疼痛或者恐惧的观点（Bshary，Wickler，and Fricke，2002；and Huntingford et al.，2006）。[4]根据上述观点，感觉并不是位于大脑的某个特定部分，而是能够从种内互动研究中推理出来的。因此，他们扩展了感觉的概念以及感觉能够被发现的地方。然而受自然科学传统的影响，他们倾向于忽略人类-动物关系。

　　当生物学家探求特定的鱼类种群比如三文鱼的感觉的时候，他们通过采样在实验室的鱼类与一般意义上的鱼类身体之间建立起了一种特定的联系，并且使前者从属于后者：实验室鱼类个体的身体只在这个意义上是"重要的"，即它们可以用来有效地代表三文鱼世界。但是另一种看待这个问题的方式是主张动物都并非是在"一般意义上"承受痛苦的。任何的痛苦都必然是特定的，都是在一个特定的时间，在动物成长的特定时刻，在一个特定的身体上发生的。这样的话它就处于一定的关系实践之中，包括在实验室的关系实践。从这种视角来看，真正地"重视"痛苦不仅仅需要人类将其抽象地概括为某种物种潜在的、一般的能力，而且需要在共同存在的复杂现实中（在这里，简单的解决方案是不可能的）承认和处理它。痛苦于是与回应的能力相关，需要的不仅仅是情感，而且是设备[5]、材料和使回应变为可能的其他方式。就像哈拉维所说的（Haraway，2008），"重要性常常处在需求和能动性回应的关系中，而不仅仅是计算和排名。回应，当然是伴随着回应能力——也就是责任感——的增长而出现的。这种能力只能在多方位的关系中被塑造出来，同时也只为了多方位关系的形成。在其中通常不止一种回应性的实体处于形成过程之中"。因此，法律框架和它们的科学与哲学基础仅仅构成了养殖三文鱼生死历程中的一套要素。其他的要素还包括特定的科技、钢铁、塑料、小刀、手套、人类双手、冰、水和电压。

　　我认为感觉是在日复一日的关系实践中被培育出来的，这种实践发生在物质多元化的环境之中并且跨越了物种界限。就像哈拉维（Haraway，2008）所说，道德情感是"绝对世俗"（ruthlessly mundane）的东西并且形成于"回应"的能力之中。因此照料和宰杀编排必须不仅将感觉视为一种三文鱼的特性，而且是特定社会物质组合的一种潜在功能。[6]这样感觉就成为"一些身体向另外一些身体进行表述"（Haraway，2008）时的特定配置的一个方面，它可能会也可能不会受到特定的安排（比如死亡）的影响。

三文鱼是特别有意思的，这不仅仅是因为它们是动物福利监管框架里的新秀，而且是因为它们仍然还是鱼类。它们是冰冷的，生活在水中。它们大部分是脱离人类视线的，是沉默的。它们不具有人类能够识别的眼神。它们的身体语言对我们来说也是很难破译的。这些都限制了人类的回应，并且使得分担痛苦在人类-动物关系中成为不太可能或者可能是不太主要的方面。因此，如果我们要跟随哈拉维的提议——如果我们要负责任地行动，"非模仿地"分担其他动物的痛苦（我们因此也具有了回应的能力）是必需的——我们就需要去思考当谈及三文鱼时这到底意味着什么。

我们人类如何为养殖鱼类的福利负责？通过怎样的实践我们才能了解或者感觉到作为感觉主体的鱼类？三文鱼如何"顶嘴"？站在三文鱼养殖场的平台上，在那里大部分三文鱼通常都是脱离人类视线的，我们又如何了解情况呢？

为了谈论这些问题，我探索了三文鱼养殖场中完成死亡的不同方式。关注死亡是强调生命与成长的沉默对立面的一种方式，是去讲述很少被讲述的一个故事。但是这也使得我们去探索一个充满自相矛盾的人类-动物关系的领域，在这里我们能够明白人类意味着什么，鱼类意味着什么。注意到对于死亡和宰杀的不同安排可以说明生命所取得的微小成就，这样也与照料、饮食和生活的实践和政治产生了呼应。活得好，吃得好：这对于我们所有人来说是常见的经验，也是在年轻的时候已经获得的、照料同情与个人生命经历深深共鸣的领域。有时这种记忆会以我们既不能逃避又不能很好地解释的方式，来引导我们的视线和激发我们的回应。

我将通过分享一个这样的记忆（它影响了我对于鱼类和感觉的看法），来对民族志部分进行介绍：一个清晨，我、父亲和哥哥在一艘小船上。我们在挪威南部的哈当厄高原，我们这个来自奥斯陆郊区的小家庭在暑假来到这里，短暂地回归到想象中的祖先的生计方式中。在这个遥远的湖面上度过的一周就是捕捞鳟鱼的一周，我们的捕捞更多是为了食物而非乐趣。我们的小木屋离最近的道路有 20 公里远，所以我们要将一周内所有需要的东西搬来。捕鱼占据了每天的大部分时间。为了保证更稳定的渔获，流网会被留在湖里过夜。每天早晨我们过来，父亲拉网，哥哥掌舵，我的任务就是将鱼与网里的各种收获和船底的鱼分开，把它们放在一个桶里。有些鱼已经死了，但是大部分还是活的。我非常仔细，尽量不伤害它们，轻轻地将很细的尼龙网从它们的鱼鳍和下颌骨处绕开。它们的牙齿小而尖利。当工作做完后，我很喜欢照顾它们，所以我从船身外舀起一些水，淋在它们不再那么活蹦乱跳的身体上。这样持续了几天，后来有一天我的父亲介入了。没有用太多的语言，他让我明白如果我能结束它们的痛苦才是一种更好的关怀。他向我展示如何抓住一条鱼，让它的头向前，拇指按住它的脖子，以及需要多少力量来将它撞向船的内侧。我学会注意到这种张力，就像一次突然的痉挛，它会告诉我这次撞击是正确的。我感觉到发生在我手掌上的死亡时刻。就这样在十岁时，我有些不情愿地学会了宰杀和照料可以在一次简单而快速的运动中完成。

死亡的安排：宰杀和照料

死亡在不同的地方以不同形式出现。对于一生以增重为使命的养殖三文鱼来说，大部分死亡都是被仔细地定时的，或者安排好的。这是它们作为食物商品实现市场价值的最后一步。安排好的死亡在特别设计的三文鱼屠杀场里发生，将"动物转化为食物"（Vialles，1994），这也是大部分三文鱼死去的方式。安排好的死亡（以及随后的清洗和加工）是一种"过渡仪式"，同时也是价值被揭示的时刻。一张标签揭示了它们的价值，标签上标明了重量、买家、转运地（哥德堡、阿姆斯特丹或者奥斯陆）以及位于中国、德国或者法国的最终目的地（见第三章"一种全球体量的商品"）。

某些死亡形式并未被安排好而且也并不为特定的人类目的服务。它们并不是将动物转化为食物，而是将动物转化为"死鱼"，或者挪威方言中所说的"daufisk"（见第二章）。一条死鱼必须被运走，它是"脏的"，是完全不能吃的，有时是令人作呕的骨头和腐烂肉体组成的泥浆。一旦被运走了，它们会被碾碎，和蚁酸相混合，做成喂水貂的饲料。如果被安排好的死亡是三文鱼从动物到食物过程的一个节点，因此也是对三文鱼作为人类食物的本体论地位的一种确认，那么这种非正常死亡就是永远终结了这个过程。

另一种死亡发生在夏季的河流中，这时三文鱼洄游到上游去产卵。一些三文鱼会被垂钓者捕获而死。我们的民族志没有记述这一部分，感兴趣者可以参阅诺雷德（Nordeide，2012）和韦恩（Ween，2012）的书。这些死亡是有目的地"捕获"被认为是可以行动和回应的动物的结果，而所谓捕猎是一场在猎人和猎物之间公平地分配主体性和能动性的游戏。在一些河流中也有一些偶然性的死亡，是因为有人使用了化学药品鱼藤酮。这种化学药品是用来杀一种三文鱼寄生虫萨拉旋毛虫的，但是也会伤害到河流中的"所有其他的东西"。这种伤害一直要持续到，如人们所期望的，三文鱼种群恢复的时候为止。有时死亡会威胁到大西洋三文鱼的某个特定的遗传品系，比如来自沃索河的三文鱼，它们受到威胁，或者可能濒临灭绝（见第六章）。这些死亡导致了生命的丧失或者产卵和迁移的周期无法继续，因此带来了无法逆转的生物多样性损失。但是就像鱼藤酮的例子所显示的，特定的"死亡"有时也是恢复特定形式的"生命"最后的手段。因此即使在这里，生命和死亡也是紧密联系的。

但是这一章，我们主要讨论养殖三文鱼。让我们回到维德罗，位于哈当厄峡湾当中的养殖场维德罗，在那里 60 万条三文鱼已经度过了一年的时光。

清除死鱼：来自丧葬者的笔记

我捡起一双蓝色橡胶手套和一把小折刀，把它们放在了独轮手推车上。手推车上还有一只桶是我昨天清洗好的。我忘记了纸质表格，冲回办公室去拿，并将它放在独轮车上的桶旁边。表格夹在一块金属板上面，我推车时发出"咔嗒咔嗒"的响声。我将独轮车推了大概 125 米，最后到达金属斜道的另一端的 10 号网箱。现在是每日清除死鱼的时间了。

清除死鱼是三文鱼养殖场的例行工作。第二章记述了照料者如何也是"丧葬者"，因为死鱼必须从活鱼中被清除出去。因此，死亡成为三文鱼养殖场中很常见的现象。

我将地下室的空气压缩机开关打开，通过沿着金属走道布置的管道抽气。现在我将这根管道接上与网箱底部的扬液器相连的另一根管道。很快我听到"嘶嘶"声，网箱底部的水被吹上来，水面上半透明的大管子开始像头海兽一样动来动去，直到水突然从管口喷出来流进斜坡上的蓝色塑料容器内。我跳到一旁免得被淋湿，让水流上几分钟，仔细观察着被管中的水流冲刷着的鱼。我数着"早晨的收获"：1，2，接着两条小的，接着另一条大的，基本上都死了。过了一会儿，死鱼不再冒出来，我关闭了压缩机，断开了管道，戴上手套，抓住鱼尾，将它们一条条扔到独轮车上。我切开了那条大鱼的喉部。接着我用附在金属板上的铅笔填写表格，在网箱号"10"下面潦草地写下了"5"还有今天的日期。

　　大部分成长中的三文鱼都是脱离视线的，直到它们死亡为止。死亡使得它们对于它们的人类同伴变得可见，这就是我们看到它们的方式。但是死亡也要被清点。死鱼的数量被仔细地写在一张纸上，并被转为电子表格，它将每天的死鱼数量计入每周和每月的鱼类清查报告。在这份报告中，死鱼被翻译为"经济损失"。因此，注意到死鱼不仅仅是卫生上的需要：记录也有助于三文鱼群体在管理意义上变得可见，这样它就可以作为一种动态的经济实体被更为精密地监控（也见第二和第三章）。

　　每天清晨做死鱼清查是留意的一种方式，也是使三文鱼"回应"的一种方式。喂食则是另一种，也可能是最重要的穿过水面了解三文鱼的方式（见第二章，也见 Lien and Law，2011，Law and Lien，2014）。这些相遇互动向养殖场工人确认一切都好，也警示他们注意到潜在的问题，并且也小小地帮助了一种并非完全是拟人的人类情感的形成。哈拉维（Haraway，2008）呼吁一种强大的非拟人情感，认为它对维持不可减少的差异性是有益的。在三文鱼养殖场，这种情感是以一种非常工具性的和间接的方式形成，并且围绕着使三文鱼"回应"这件事进行（Haraway，2008）。检查进食和收集死鱼仅仅是展现对动物福利的关心——动物感觉的建立过程——的两个普通的例子，即使这种关心没有被直截了当地表达出来。

看不见的死亡：来自
疫苗接种屋的笔记

并非所有死于水面上的鱼都是清晨巡查时发现的死鱼。有些鱼刻意地走上了一条不同的道路，从而使自己偏离了从幼鲑到食物的高速路。秋末的一个潮湿而寒冷的星期，我们参与了银化生产点的疫苗接种，这使我们清楚地意识到这种偏离的可能性。幼鲑被运到此地几周之后要进行接种，这将有助于它们适应后面在贮水池和围塘中拥挤的生活。接种是半自动的。鱼从附近的贮水池被送到一个水盆里，它们就在这里被麻醉。接下来的注射是由机器完成的，传送带源源不断地将幼鲑输送过来。

这是幼鲑第一次作为个体被处理，也是银化生产点的经理第一次有机会清点它们。机器清点三文鱼并且在每天结束的时候提供数字，这帮助经理决定接下来的几个月要给每个贮水池加多少饲料。

但是机器也会根据尺寸对鱼进行分类。鱼必须长到至少11厘米长，才能够按照预先设想的那样让针准确地在它们腹部注射。在传送带上更小的鱼被自动监测出来，在它们到达针的位置之前，就已经被冲进沟槽中了。这样它们就与其他的鱼分开，通过一个管道冲进了外面的一个贮水池中。当我们第二天寻找它们的时候，我们发现它们在第 15 号贮水池。[7]这个贮水池是半满的，也没有喂食系统，仅仅容纳了几把小小的鱼——在数量上几近于零，是这个鱼类城市中的极少数。为什么它们不被允许长得更大呢？

"没有用，"经理说，"它们已经有困难了。如果它们在最初的几周里不能进食和长大的话，它们不太可能再赶上了。"用经理的话来说，它们是"失败者"——要在流水线上消失。

塑造健康的三文鱼围绕着不同的分离实践。秩序化的实践必要地生产了一种关于他者的"阴影下的偏远之地"：那些太小而不能接种的鱼是如此不同，因此不能被置于进一步成长的轨道上了（也见 Law and Lien，2014）。在这里发生了好几件事。首先，这是每个批次或者贮水池作为一个整体被标准化的例子。由于包括鱼类福利在内的许多原因（见第三章"成为生物群：称重和清点的实践"），成为同一尺寸是一件重要的事情。第二，通过将一些鱼标记为失败者，这里有一种对于生存繁衍失败的预见。第三，这里也含有照料的成分。理想地来说，疫苗"以 25 度角，直接从前外侧注射到腹鳍，这样疫苗就进入腹膜腔而不会损伤到下面的器官"（Stead and Laird，2002）。机器注射是为差不多尺寸的鱼所设计的：它的注射针与鱼的鼻子有一定的距离。如果小鱼不被挑选出来，它们可能不可避免地接受到错位的注射，导致随后的器官损伤。

接下来发生的是什么？两天之后，我们检查 15 号贮水池，但是这些小鱼都不见了。我们被告知它们被窒息死亡后，与剩余的死鱼一起碾碎成泥了。

当死亡不可预料时：
来自急救队的笔记

有时死亡毫无征兆。2010 年 1 月的一个清晨，约翰、我的女儿艾拉和我到达了一处银化生产点。[8] 这年冬天特别冷，厚厚的雪覆盖在地面上，给贮水池供水的河流也结了厚厚的冰。零下 15 度的温度已经持续了好几周。三文鱼养殖场位于相对而言并不是那么严寒的地区。近三十年来这个生产点一直在运行，也无购置热水器的必要——直到现在。孩子们每天放学后利用这意想不到的机会玩雪橇，但是他们在银化生产点工作的父母们却无暇欢乐。

几周之内，几十万条健康的、年幼的三文鱼变得缓慢、呆滞，濒临死亡。[9] 它们品质相当出色，本来在来年春天就要变成银化期鱼。水面上结了冰，鱼逐渐失去了方向感，鱼腹朝上，漂浮在水面上，又被冰黏住。喂食几乎是没必要的。每天早晨通常花不到一个小时完成的死鱼巡查现在占据了一天中的大部分时间。当我们跪在八个室外贮水池的旁边，一桶接着一桶地将死鱼装满，又将它们倾倒在旁边的容器里时，我们的手指被冻得很厉害，膝盖和手臂也感觉到疼痛。

我们用桶来清点死鱼，眼看着贮水池里的鱼一天比一天少。[10]每天清晨带着天气变暖的希望而来，每天下午所得到的是更深的失落感。三文鱼死亡的确切原因并不是很清楚。打电话给了兽医，她在下午抵达，她的车在结冰的山路上打滑使她耽误了一些时间。但是她也无法提供更多帮助，除了安慰我们说我们至少做到了我们能做到的最好。

"我们了解得很少，"她说，"我们已经做了我们能想到的所有测试：贮水池和供水的水质、pH 值、铝和铁。我们检查了鱼鳃，并将冻干的鱼鳃样本送去了实验室。[11]到目前为止，所有测试结果看起来都正常，它们无法解释所发生的事。很有可能我们在这里看到的仅仅是寒冷的结果。"

一段时间之后，我学会了区分接近死亡和还没有死亡的鱼。有疑问时，我将它们提起来，用戴着手套的手举着几秒钟，如果感觉到任何动静，我就把它们扔回到贮水池。否则的话，就扔进桶里。当桶装满的时候，我的手逐渐适应了死亡的感觉，我的思绪开始漂移。死亡变得例行化了，但是偶尔，当我们一个小时前刚清理的水面又到处是白色的鱼腹时，我的心下沉了。我感觉到无精打采、心情沉重。[12]

鱼的死亡是重要的事吗？从管理的视角来看，每一条养殖场死亡的鱼在理论上都是经济损失。然而在实践中，也要看情况。这个季节银化期鱼供应良好吗？是否可能存在过度供应？如果是这样的话，那么损失就会减少。对于运作好几个银化生产点的整个公司而言，损失并不像我们眼中的那样巨大。这一年这个地区碰巧有多余的银化期鱼，那么损失的鱼就可以被取代了。

从一个养殖场工人的视角来看，问题则是不同的。十月份充满着笑话的午餐交谈，现在则是安静的和忧郁的，间或有一个黑色幽默。每次养殖场情况看起来的确很糟糕的时候，克莉丝汀都会摇摇头、喃喃自语："真让人难过。"有传言说许多工人晚上睡不着觉。

回到奥斯陆工作的一周，我都感觉到寒冷。每次晚上我闭上眼睛，鱼腹朝上漂浮在冰水上的死鱼形象，就出现在我的脑海之中。回顾我们的经历，我在一封邮件中向约翰写道：

我们顺利返回了。艾拉和我都很崩溃……我们精疲力竭。我一直觉得冷，好像需要从内而外地融化似的。有两天是一直盖着羊毛毯子、生着火度过的。昨晚我睡不着，我感到一种陌生的、剧烈的悲伤情绪。伴随着这种悲伤的是，白色鱼腹朝上的死鱼形象在我脑海中闪现，一些死了，一些已经冻僵了，一条接着一条围着那块绿色塑料，并填满了装死鱼的圆柱形大桶。它们互相之间挤得是那么紧以至于我无法再收紧里面的那张网，只好开始用手来清理它们。这仍然使我瑟瑟发抖，我在那儿的时候并没有这样。现在最困扰我的是这些意象。

……这只是私人的记录，但同时也是一种数据形式。我从童年开始就经常杀鱼了，但是不会经常这样情绪化。我接受兽医关于它们可能不会感觉到疼痛的看法。我觉得触动我的是关于死亡、关于生死之间的"阈限"阶段以及这个阶段的物质呈现，关于它托在我手上的感觉、它的重量。直线上升的数字。好像一切永远不会停下的感觉。再加上疼痛的膝盖和与之相伴随的寒冷。所有的这些都留下了痕迹。就好像你想摆脱一个噩梦，但是它却不断地回来。

我在想他们都在使用的这个词："难过"。这是他们使用的唯一一个词……我在想需要怎样的努力才能忍受这一天又一天。还有那掩藏在黑色幽默之下的悲伤。

不知如何处理这些材料，我决定与克莉丝汀分享我田野笔记中的一些片段。一年又过去了，夏天再次来临，与此同时养殖场也安装好了热水器。我们所目睹的悲剧不会再次发生了。前天我给了她一份打印好的我的民族志记录。"读后感觉怎么样？"在她家喝咖啡时我问她。"你把握得很到位，"她说，"一件非常困难的事情是我们感到那么无助。你一直在那儿，但是你仍然失败了，无论你做什么都无法使它变好。有时候感觉没有人真正关注我们，关注我们的挣扎。但是你做到了并且你与我们一起分担了。谢谢你。"

成为食物：来自屠宰场的笔记

我们与鱼一起抵达。两个贮水池中的 120 吨三文鱼一个晚上航行 66 海里后抵达了目的地。贮水池放在服务于罗加兰郡和霍达兰郡的一艘崭新的活鱼舱船的下甲板下面。六位船员和两位人类学家陪伴了这些鱼作为活生生肉体的最后旅程，它们要去往屠宰场和加工厂。现在活鱼舱船上的一根水管正在冲洗这些三文鱼，之后它们要被运往屠宰场的拆解流水线。流水线位于一个能够俯瞰峡湾的大厅的高台上。

在高台顶端的狭窄走道上面，我们可以看到整个大厅和下面忙着给鱼放血的三个人。几秒之前鱼先被电击，再被运送过去宰杀。当站在高台上时，我能感觉到鱼从水平放置的管道中喷射出来时它们巨大身体的震动，传送带将它们慢慢地送到崭新的电击器这里。它们像疯了一样拍打着身体，这时好像整个房子都在我的脚下震动。电击器是一个金属盒子，位于传送带的顶端。电击是自动和可调节的，当一组六条鱼通过的时候要在每条鱼身上电击两次。

主管向我们走过来，告诉我们今天收到的鱼非常好，很壮而且新鲜，所以它们会需要更强的电击。或者说，人们需要调慢一些机器。对于更安静的鱼而言，短的电击就行了，这样它们就可以更快地通过。当主管解释的时候，他打开了盖子让我们看电击器是如何工作的。在几秒种之内，我们看到了被金属爪抓住和细电缆连接着的鱼。但是当盖子打开的时候，为了工人的安全，电源自动关闭了。很快我们听到从下面传来的呼喊声，那是在杀鱼的人。在他们面前，鱼已经堆起来了，并且拍打着身体、移动着。很明显，它们的电击还不够充分，而这是我们的错。主管很快关上了盖子，电击重新开始。

放血是真正开始宰杀鱼了，电击只是使得它们失去意识。2012 年 7 月 1 日，动物屠宰的新规定在挪威开始实施。电击器是在这个新规定实施的前一个夏天安装到位的。之前，二氧化碳浴被用来使鱼失去知觉。但是欧洲食品安全局（EFSA，2004，2009）的科学报告指出，二氧化碳会引起很强的不良反应，其使鱼丧失知觉的结果是不可靠的。因此鱼可能会在仍然还有知觉的情况下被放血或者切除内脏（见 Mejdell et al.，2010）。

　　一旦三文鱼被放血，它们就会进入一个慢速旋转的轮子，冷水冲洗使它们变凉。一个小时之后，它们会被取出内脏，加工成整鱼放在泡沫塑料盒中，被装上在外面等候的卡车。从屠宰到加工的整个过程不超过两个半小时。每条重达4—5千克的三万多条三文鱼，今天将通过拆解流水线。这项工作也确保了当地工人的收入，这些工人中有一部分是难民。他们的家乡在地理上的分布也像他们所准备的三文鱼盒子要去往的目的地一样：他们的来源国包括摩洛哥、伊拉克、匈牙利、立陶宛、日本、科威特和法国。[13]

　　在屠宰场里度过了一整天，我没有提到任何动物福利方面的事情。于是我决定和经理交流一下这方面的问题。阿恩非常健谈，并且强调他所说的是个人观点，他并不真正知道三文鱼的真实反应是怎样的（如果想要知道更多，他建议我应该和兽医去谈谈）。他承认他对三文鱼被电击或者偶尔没有被电击到的事实感受不是很明显。很快他又补充道，他们做的所有这些和其他可能做的事，当然是在给鱼带来最少不适的基础上进行的。符合新规定的机器也是为了这个目的而特别设计的。但是从情感上来说，他的感受并不是很强烈。至于为何如此，他有一个理论来解释。

像这个地区的很多其他人一样，阿恩也是一位业余的猎鹿者，如果谈到鹿，他的感情就是完全不同的了。他认为至少对他来说，这与鱼是冷血的有关系：当你触到一头鹿的腹部时，他说，你能感受到它的心脏仍然在咚咚地跳着，这会对你起作用。你真的不愿意给它造成不必要的痛苦。

他说在捕猎中大家一直努力避免伤害到鹿，这就是强调要瞄准的原因。但是当类似的事情发生在三文鱼身上时，却不会同样影响到他。他认为这是因为鹿是温暖的，像他自己的身体，而三文鱼感觉起来是冰冷的，好像已经死掉了一样。他把这个作为他的个人理论提供给我，但其中也存在一些困惑让他常常反思。[14]所以这个就是他完全愿意遵循当前关于电击的要求，但是却没有很强烈的感觉的原因。

这个对话让我回想起更早之前我与另一处海水养殖点的经理的对话，三文鱼的前两年是在这里度过的。当时我们在围塘边上站稳，看着三文鱼被吸到活鱼舱船上来，他告诉我他以前帮人们饲养苏格兰高原牛。当这些动物在牧场上被屠宰的时候，它们肉的品质是非常棒的，很嫩。但是当它们被用船和卡车运到集中的屠宰场去宰杀的时候，他们的肉尝起来就像皮鞋的皮一样。他用这个故事来强调一种更一般化的关怀，即不用给三文鱼不必要的压力。接着他很快地引用了来自捕鹿的另一个故事：他的父亲过去常说最好的鹿肉就是当它还没有注意到你时你射杀的鹿。这是同样的道理，他说。

我们朝下看，看到鱼网将三文鱼逐渐向我们拉近。鱼在网中快速地移动，转弯的时候溅起水花，接着又向另一个方向跃出。尽管所有法律上的努力都是为了防止养殖三文鱼不必要的痛苦，但是看上去一些有压力的时刻还是不可避免的。

成为动物：通过立法建立感觉

感觉可以以许多方式、通过不同时间和不同设备来展开。我已经使大家注意到在三文鱼养殖场的日常实践中，感觉是如何定位、关联和固定的。立法措施及其所产生的文本轨迹诉说了另一种感觉展开的方式。上述文本是精心制作和自我论证的，它们基于这样的假设：一定的特性比如动物感觉是普遍的。但是它们的管辖范围是在一定地域和一定政治范围之内的。让我们转向挪威和欧盟，看看在有关养殖三文鱼的动物福利法规方面的最新进展。

我们一般认为，法律架构一定程度上是符合自然或者社会事实的。但是最近法学研究的取向有所不同，强调呈现为一种事实的东西也是由包括法律实践的社会实践所维持的（Pottage，2004；Asdal，2012）。因此，就像法律架构维持了人与物之间的本体论区别，法律技术也可以建立——或者削弱——其他种类的区别，比如动物与鱼类之间的区别。

第一部综合性的"虐待动物法案"是 1876 年在英国通过的（Lund et al.，2007），虐待动物的行为在挪威被确定为犯罪行为是在 1902 年（Asdal，2012）。大约一个世纪之后，欧盟将动物感觉提上了它的立法议程。根据特纳的说法（Turner，2006），这发生在1997年，有法律约束力的阿姆斯特丹条约附件承认动物是"有感觉的存在物"，并且要求欧盟成员国"充分重视动物的福利要求"。2004年，欧洲食品安全局（EFSA）就养殖三文鱼的运输、击晕和宰杀发表了基于科学研究的意见，认为现存的许多商业化的宰杀方法实际上使鱼处于较长时间的受苦状态中。这些材料将"受苦"确定为养殖鱼类的一种特征，因此认为应该在动物福利立法的法律文本中为鱼类争取一个空间。他们声称，与鱼类养殖的法律责任相关，"鱼类也是动物"。这样，这些材料所从事的就是"本体论政治"（ontological politics）（Mol，1999）；他们介入了事物的秩序和存在物的基本分类，通过这样做他们成为了下一步立法的一种合法性来源。

2005年，欧洲委员会（CoE）为了农业目的而设的动物保护常务委员会通过了关于养殖鱼类的新意见（Lund et al.，2007）。这些在（为了农业目的的）动物保护公约下通过的意见于2005年被批准，2006年6月5日生效。意见提出："鉴于有关鱼类的生物需求的已有经验和科学知识，目前商业使用的养殖方法可能并不能满足它们的需要，因此导致了糟糕的福利状况。"（第七条），还有"如果鱼类要被宰杀，它们也应该被人道地宰杀。"（第五条第三节；Council of Europe，2005）

具有法律约束力的法律出现于2009年，这时欧盟委员会通过了宰杀时的动物保护法律。法律条款3.1表明："在宰杀和其他相关的操作中，动物应该避免任何可以避免的疼痛、痛苦或伤害。"

然而，针对鱼类的特定的标准清单还没有通过。[15]与此同时，尽管不是欧盟成员国，挪威出现了将养殖三文鱼囊括进动物福利立法的行动。一项新的动物福利法律于 2010 年在挪威开始生效，[16]取代了 1974 年的动物保护法律。在 2008 年，更多的针对"水产动物"（akvakulturdyr）屠宰场的特定法律被提出。它们禁止了二氧化碳浴的使用，这也是屠宰场技术的主要变化。"水产动物"的用词取代了"水产鱼类"也可被视为本体论政治的另一个例子，因为它将养殖三文鱼坚决地放在饲养动物的分类中。这些新的有关宰杀的法律以一种非常直截了当的态度对待养殖鱼类，要求鱼类在流血之前要被击晕。其中电击和敲击为仅有的可以接受的两种方法，因为这两种方法比起其他常用的方法带来更少的疼痛（比如，二氧化碳浴和三叶草油）。在实际层面，这就意味着养殖鱼类使用与陆地饲养动物一样的方法被宰杀。这些与宰杀有关的法律直到 2012 年 7 月 1 日才被充分执行。它们比欧盟目前的法律更加清晰明了，因为它们明确了可以使用的宰杀方法，并且禁止使用了许多在其他国家常见的方法。[17]

　　在美国，通过 1966 年的动物福利法案，动物福利被立法。根据 2009 年修订过的动物福利法案，"动物"一词仅仅指恒温动物；它排除了鸟类和鼠类，在其中也没有提到鱼类。[18]同样的定义也被应用于更加明确的动物福利法规。因此，我们可以认为，虽然有一些指导原则呼吁"要善待在野外研究中的野生鱼类"[19]，养殖鱼类在美国并没有像它们在欧洲（通过一般性保护避免伤害）或者挪威（具备有关宰杀方法的附加的、特定的法规）一样，在法律上得到保护以免除不必要的伤害。

法律法规可以被看作一种将三文鱼确立为有感觉的存在物
以及将社会确立为一种道德集体的方法。[20] 在实际管理工作中，
它们也可以被当成备忘录来使用。因此，当挪威动物福利法规
规定，比如"鱼类应该被保护，在宰杀时免除不必要的压力、
痛苦和伤害"以及"使用气体来麻醉鱼是非法的，包括二氧化
碳和其他任何阻碍氧气吸收的介质"（第 14 条[21]），这就建立
了一种特定的宰杀标准，并且给予兽医检查官一定的原则去遵
循。但是在三文鱼组合的复杂现实中，上述法律的指导原则
显得太理想化同时也并不充分，没有一种备忘录可以完全消
除在动物饲养中的道德和实际困境。下面让我们再度转向民
族志。

责任与照料：来自福利
必修课上的笔记

"总是能够做得更好。"这是挪威新的动物福利法律背后的
理念。新的法律要求截止到 2010 年，所有的鱼类养殖场工人都
必须参加例行的鱼类福利课程。我们在总部办公室宽敞的顶楼
房间的灯光下聚集。这是 2012 年二月初，是为期两天的集中福
利课程的第二天。一位年轻的兽医玛丽亚和一位高级业务经理
负责该课程。为了大家的方便，玛丽亚一年集中授课两次，这
也是她工作的一部分。学生是来自于公司不同生产点的 20 位雇
员以及一位人类学家。一些人前一晚就入住了隔壁的公寓，另

一些一早驱车或坐船按时赶到。第一天授课的内容很丰富：动物权利、伦理学、哲学、人类-动物关系中的文化差异、五大自由、鱼类生物学、生理学、三文鱼的"自然需要"和最新的法律框架。今天我们的重点则在于日常实践。我们被分为两组。我与银化生产点的雇员们被分在一组，我认识其中一半的人，包括两位高级经理。我也认出了一些新来的雇员，因为在 12 月份的圣诞晚会上他们被介绍的时候我见过。不论职位或是以前的培训情况如何，每个人都必须完成这个课程。所以这是所有人"返回学校"的机会。一整天都是 PPT 发言、讲座、问答环节，当中还穿插了许多的咖啡、小食和闲聊。

　　上午，我们听的是关于接种的讲座，包括注射器所推荐的长度和直径、水温、氧气水平、监控系统、管道和运输。这已经足够我的大脑运转的了，而且同时讲座也是非常实际的，包括照片，其中一些照片也显示了人们在房间里工作的情景。这些流程其实我们在实践中已经学过了，现在再次学习是要更关注为什么它是这样做或者那样做，关注阈值，关注与鱼类福利相关的事情以及它是怎样在不同地点以不同方式完成的。我们比较来自于不同地点的笔记，讨论不同方法的利弊。下午则迎来了令人紧张的集体工作环节——我们被指派的任务是："回顾你工作地点的整个生产过程，找出福利的议题和可以继续提高的地方，并将它与目前的鱼类福利法律相联系。完成一个提高计划，或说明为什么它现在的状况已经足够理想了。"（我的翻译）

　　作为组里唯一一位教授也是唯一的女性，我直接被选为组长。我们坐成一圈讨论了一个小时左右，基于讨论的内容，我列了一个包括七点内容的初步表格，准备在接下来的全体会议上进行陈述。其中一个最重要的内容是用来运送银化期鱼进出不同贮水池的管道尺寸，以及互相连接的管道的尺寸应该完全一致。原因是如果鱼从一个大的管道冲进一个小的管道，管道中流体力学的压力会不可避免地制造一场"交通堵塞"——鱼被卡住。即使它们最后还是被水冲了出来，这也不会是一种舒适的体验。这个以及其他细节我在法律文件上从来没有遇到过，甚至根本没有想过，但是现在成为了讨论的重点，仅仅是因为有些人把它们提了出来。

鱼类感觉得到疼痛吗？这个在生物学家中仍然存在争议的问题，在这里显得有些不相关了。或者可能被更直接的议题关怀所取代。比如，我怎样可以避免对鱼类造成不必要的伤害？最后，我们主要讨论的内容是关于受精鱼卵的新木架，它们就像步入式壁柜里的抽屉一样方便地搁在彼此上面。他们以前用的架子是更加宽的、而且齐腰高，这导致了大量重复性的弯腰、僵硬和后背疼痛。

"这真的是关于鱼类福利吗？"有人问道。

小组内部在短时间有一点犹豫不决，后来一处银化生产点的经理利用他的权威解决了这个问题。"当然是的，"他说，"如果人们微笑，鱼类也会很感到很快乐。"接着他加上了一些关于整洁的话，因为到处是垃圾会导致挫败感，而且人类的愤怒也一定会以这种或那种方式影响到鱼类。

这当然不是第一次我们谈论如何好好地照料鱼类。就像以前的章节所表明的，对于鱼类福利和健康的关注渗透到了大部分的日常实践当中，并且形成了贮水池和围塘边闲谈的重要内容。然而，福利课程是我第一次明确进入这个话语空间并且完全聚焦于这个话题。这样，它就提供了一种为养殖场工人表达他们自己福利关怀的合法性空间——也就是，在话语上将自己建立为与鱼类有关系的以及有感觉的人类。这样做的同时，他们也共同将三文鱼明确地建立为一种有感觉的存在物，这里的目标是负起责任，并且在这种人与鱼关系中变得更加"具有回应的能力"。与其说这仅仅是一种哲学关怀，还不如说"感觉"在这里被建立为复杂和异质化的人类-动物组合的一部分，在其中两边都是新秀：三文鱼是"养殖场的新秀"，而照顾它们的人也是养殖三文鱼水下世界的新来者。我们对彼此了解并不多，但是这并不能阻止我们在一定程度上对彼此负起责任。

这是否就是哈拉维（Haraway，2008）所称的"非模拟照料"（nonmimetic caring）的一个例子？可能我们都在以一种很小的但是富有意义的方式，共同建立那种"对不可简化的差异性负责的强大的、非拟人的情感"。或者可能我们应该将这个视为更大努力的一部分，迈向莫尔、莫瑟以及波尔斯（Mol，Moser and Pols，2010）所指的"好的照料"或者"在一个充满着复杂的矛盾性或者变化的紧张关系的世界中的不断修补"。可能分组讨论的环节就像是一种徒步旅行，或者仅仅是一种实际的和解释性的案例，它表明了当讨论到照料的时候，"品质并不先于实践，而是形成了它其中的一部分。重要的不是一般性地或者从外部去进行判断，而是当照料进行的时候，在实践中去做一些事情。"

有一天，我又遇到了玛丽亚。她向我解释了海虱、围塘治理以及当前一些法律措施的细节。在谈话结尾，我问她："鱼是动物吗？"

她停了一会儿，接着回答道："它们是在动物福利立法范围之内的。这使得我，作为一个兽医，成为了它的发言人。我认为这是好事。"

建立感觉存在物

所以关于感觉我们了解到什么呢？我在这里并没有提供一种概念，而是提供了关于不同地点三文鱼感觉发生的不同方式的民族志描述。我们已经看到本体论上的不同编排如何通过不同的实践丛建立起三文鱼的感觉。我们看到在新式屠宰场的环境中，三文鱼的感觉如何通过福利法律被建立，并且被转译为有关电压和流血的特定时空安排。多愁善感是不必要的，鱼已经被击晕、无意识了。当宰杀发生的时候，潜在的痛苦也被照顾到了：道德困境明白无误地甩给了机器，起到了对人类的照顾作用。从三文鱼的视角来说，这是可行的。同情并不一定是最好的向导。

也有一些其他时刻让人很难不起同情心。当看到你照料的健康的鱼在你面前被活活冻死，失落感是不可避免的。这在当

时也不一定能有什么帮助。但是第二年就安装了热水器。法律
要求将寒冬天气考虑到可能性中去，但是工人们也要求这样。
再也不会发生另一次他们曾经历过的这种灾难了。

在 15 号贮水池，鱼儿变得无影无踪：甚至在它们被清点之
前就被分类然后丢弃。通过一个机械化的、同时也用来接种的
分拣装置，失败者甚至在还活着的时候就被无声无息地冲走了，
好像它们从来没有存在过。它们的数量在整个"鱼的城市"中
是相当少的。关于动物福利的功利主义取向也使它们看不见摸
不着：它们数量太少所以不值得担心。一种本体论安排将养殖三
文鱼建立为一种可见的、有感觉的、被很好照顾的主体。但是
在这个故事中，"无影无踪的鱼"被用来说明这种本体论安排上
更微妙的差异，鱼类可能是食品，也可能是垃圾；我们可能是
工具性的，也可能是情感性的。一台机器既可以是宣判"死刑"
的分拣机器，或者是作为福利法律的物质体现，看起来使关于
濒死动物的日常照料显得有些多余。它不可能是完美的，我们
也从来不是无辜的。但是总是可以做得更好。

"做得更好"呼唤一种行动，从动物权利和法律文本的领
域，到宰杀和照料所发生的屠宰场的肮脏昏暗的角落，到养殖
场和银化生产点的贮水池。在这种复杂的组合中，我们跨越物
种界限回应的共同能力是可能的，但是也并不一定总能够实
现——在这些地点养殖鱼类就在当下被明确地建构起来。

我并未将三文鱼的感觉置于消费者行动、动物权利运动或
者科学实验室的领域，而是寻求在三文鱼养殖中的人类-动物关
系中形成的感觉。驯化并不一定、也不必然使感觉成为一种相

关的维度。在一些国家比如加拿大、智利和美国，至少在法律范围内以及就目前而言，鱼类的感觉在食品生产中扮演着一种不同的、也很可能是并不重要的角色。然而，就像我们看到的，在某种环境中将人类和三文鱼结合到一起，使前者确实为后者的成长和福利负责，这种安排可能会展现一种非拟人的情感。它是不稳定和不确定的，并且很难完全避免痛苦。但是它建立了三文鱼的感觉并且培育了一种回应的能力。

我本可以带着解构扩张性公司资本主义逻辑的目的，从照料的思路出发（许多雇员同时也是小规模的、兼职的农民也带有这种思路）来分析这些案例。我本可以将工业化水产养殖内在的标准化过程与对当地小规模渔民的关怀并置起来。我本可以将科技与照料相并置，或者将商品与道德主体相分离。但是我并没有老调重弹上述的这些二元论，我想要说明的是，首先，在一个像这样的高度商品化的食品生产点，感觉和照料都可能会展开。第二，在实践中，长期来看照料是不确定的，是非整合的和多重的。对于个体的照料和对于集体的照料并不一定总是一致的。科技和照料有时能够结合得很好。并且照料和宰杀可以在一次活动中被完成。

于是"做得更好"成为了一种不确定的、本体论上的安排，持续不断地发明方法使作为感觉存在物的三文鱼得以"顶嘴"。它也呼唤一种环境，在其中工人们不再是沉默的或者自动化的（就像拆解流水线上的三文鱼），而是被邀请来改进他们所使用的工具设备从而进一步开发我们回应其他物种的共同能力，即使是几乎在我们视线之外的物种。

＊　＊　＊

当我在写作这一章时，我告诉了一位人类学家同行阿徒罗·埃斯科巴（Arturo Escobar）我在做的工作，并且简单地谈道在法律的层面，欧洲的养殖三文鱼现在正在成为感觉存在物。阿徒罗的大部分时间都是在美国度过的，他对此感到非常惊奇，并且问道："为什么现在三文鱼被视为有感觉的呢？是来自于消费者的压力吗？与动物权利运动有关吗？是最近生物学研究的结果，或者可能反映了哲学上的某种动向吗？"[22]

我一时感到困惑，因为对我来说要回答这个看上去简单的问题似乎有点难。但是我很快承认，是的，所有的这些都起作用，但是没有一个是决定性的。因为在有关照料的复杂模式中，上述伦理的或是科学的原则，并不都是生产性的。与三文鱼相关的负责任的行动牵涉到实际层面的不断修补，这也是与养殖的动物处理关系过程的一部分。当我经过思考得出结论的时候，我的对话者已经离开了。我延迟的回复是，三文鱼变得有感觉是因为如果它们的确承受痛苦，它们也不再是独自承受：它们在我们的照料中承受痛苦。它们变得有感觉是因为，或者确切地说是，它们正在被驯化。

第六章

成为外来的：回到河流

两个男人从河流处沿着斜坡向上走，每人扛着一条三文鱼。前面的男人戴着黑色的帽子，帽檐上装饰着羽毛和饰针，他的夹克里面穿着一件红格子法兰绒衬衫。走在后面的男人显得更为粗犷。他是船夫，也被称为"划船的"；前面的人是渔夫。船夫将三文鱼放在我们面前，而渔夫走到旁边，将他的鱼搁在地面上，有意与船夫保持距离。

"这不是什么好鱼！[1] 很容易看出它是养殖的，有'萨尔马'（Salmar）公司的名字写在它的头上。"渔夫说道，显然很失望。

船夫补充说他很高兴能把这玩意儿弄出河流。站在他旁边的河主[2]掏出一些棕色的信封，说按照挪威自然研究所（NINA）的要求，他需要采一些鱼鳞样本。船夫拿出一把大匕首，跪在他刚才称为"玩意儿"的这条鱼旁边，刮下来一些鱼鳞，把它们封在棕色信封里。每个人都多看了一眼，他们认为关于这条鱼是养殖的事实是毫无疑问的：它的背鳍大部分都没有了。（Nordeide，2012，我的翻译）

这个场景发生在挪威西岸的纳姆森河，但是它可能会发生在挪威几百条河流中的每一条，在这些河流中夏季三文鱼垂钓是被允许的。纳姆森河是许多著名河流中的一条，这里每年秋天可以在拍卖会上买到临时的三文鱼垂钓许可证。[3]故事中的渔夫从河主那里买到了许可证，而船夫是按日计酬的，他将渔夫带到最好的三文鱼垂钓点。两者在一起又建立了"殖民的不对称性"，这种关系自19世纪中期英国殖民者到来之后就一直存在于挪威的三文鱼河流垂钓中（Solhaug，1983）。我从2011年在纳姆森河做田野工作的人类学家安尼塔·诺雷德（Nordeide，2012）那里借用了这个故事。我引用这个故事是因为它抓住了这个十分常见的现象——在今天的挪威，养殖三文鱼和野生三文鱼被塑造为相互分离的。20世纪80年代之前，挪威河流中的主要区分是在鳟鱼和三文鱼之间。但是在商业化的三文鱼养殖迅速增长之后，区分变得多样化了。养殖三文鱼现在占据了挪威从南到北的海岸线。今天最重要的区分，就像上面的故事所表现的，是在"野生"和"养殖"之间的区分。大部分的养殖三文鱼都安全地养在遍布峡湾和河口的网箱和围塘之中。但是事故也会发生，有时推进器会将鱼网撕开一个大口子，几千条鱼就这样游出来。这些三文鱼一般被称为"逃逸的养殖三文鱼"，在它们发源的河流中被作为"外来物种"进行管理（Lien and Law，2011）。

它们如何能被叫作"逃逸的养殖三文鱼"呢？作为8—9代之前从这些河流中移出的本地大西洋三文鱼的后裔，如今在自己发源的河流中已经成为了"外来物种"？在这些河流中所谓的"野生"又是什么含义？还有我们如何描述这些不仅是从它们的围塘中逃离，而且是从人类的秩序化实践中逃离的三文鱼？本章将追溯三文鱼至它们起源的河流。通过将焦点从三文鱼养殖场转移到三文鱼河流中，更大范围的故事得以被讲述：不仅仅是关于对三文鱼栖息地的破坏以及生物多样性丧失的故事，而且是关于持续进行的复兴实验以及与复杂的水下世界打交道的故事。

规模的问题：相对于三文鱼
回归的三文鱼逃逸

自从 20 世纪 70 年代初开始出现后，三文鱼养殖一直以指数方式增长（见第五章）。在 2010 至 2012 年间，据估计平均每年就有两亿五千万条银化期三文鱼[4]被放进挪威海岸边的海水养殖点养殖（Directorate of Fisheries，2013a）。加上那些本来就在那里的鱼（还记得大西洋三文鱼要花 12—18 个月在海水围塘之中养殖吧），在 2012 年一月底，整个海岸养殖的大西洋三文鱼的数量是在 345201000 条，或近三亿五千万条。所有这些鱼都来自 20 世纪 80 年代和 90 年代在同一个岸线捕捉的亲鱼。这些亲鱼被选择性地培育，以便使一些适于养殖的遗传特性达到最优化，如快速生长、性成熟、脂肪的分布和抗病性（见第三章）。这些大西洋三文鱼就是这些亲鱼的后裔。然而，它们仍然被视为与它们野生的远方表亲是同一个物种。只有一小部分的养殖鱼类逃离出来，但是因为鱼群的总体数量非常庞大，逃逸鱼群的数字还是不容忽视的（即使每年数字有较大差异）。基于产业提交的报告和渔业部的分析（Directorate of

Fisheries，2013b），2002—2012 年间，逃逸的大西洋三文鱼每年平均数量是 44 万条。[5]许多逃逸的养殖三文鱼被重新捕捞上来，很多死去了，但是有一些还是可能游到河流的上游，少部分可能在那里产卵。

顺带说一下，根据挪威环境局的估计（2012），逃逸的养殖三文鱼的数量（44 万）几乎与每年回到挪威河流中产卵的野生三文鱼的数量相同。根据数字，2012 年以及 2011 年每年回归的三文鱼是在 40 万至 60 万条，少于 20 世纪 80 年代所估计的回归数字的一半。因此即使逃逸的养殖三文鱼中仅仅只有一小部分产卵，对于整个种群来说这也是一个有意义的增加量。逃逸的养殖三文鱼能够杂交繁殖，它们的后代是渔民和生物学家关注的对象，而关注的议题不仅是分类而且是关于保持生物多样性的问题。杂交繁殖的基因后果依赖于逃逸三文鱼的数量、它们的产卵成功率以及在野生和驯化三文鱼之间的基因区分度（Taranger et al.，2011）。2013 年的一项研究表明，由于在研究涉及的 20 条河流中有五条出现了三文鱼的杂交繁殖，三文鱼的种群已经发生了显著的变化。[6]生物学家提出的主要问题，除了产卵的成功率之外，就是野生和养殖三文鱼后代各自的健康和成活率。即使问题的答案并非完全清晰，也有充足的理由要提高警惕。[7]因此，挪威当局现在将逃逸的养殖三文鱼视为挪威野生三文鱼种群所面临的许多威胁之一[8]，同时也将其作为三文鱼养殖业对野生三文鱼种群可能产生的两个负面影响之一。

但是野生三文鱼在 20 世纪 80 年代之前也并非是独立进化

的。至少从 19 世纪中期开始，三文鱼渔民和他们的组织就一直
在一代代地改变三文鱼的产卵路线（Treimo，2007）。[9]由于急于
提高当地河流中的三文鱼种群，他们不加区分地混合鱼卵和精
液，并将小鱼苗遍撒在水域、峡湾和山峦之中。上述改变使当
前的复兴计划变得更为复杂，并且使人们对三文鱼基因进化与
特定河流之间的关系也产生了一些历史怀疑。因此，在这些看
似很原生的三文鱼河流比如纳姆森河和阿尔塔河中，其实存在
共同物种进化的漫长、变化的历史，这个历史最近被加剧了。
而三文鱼在它发源的挪威峡湾中近期作为一种驯化动物的出现
也使自身变得模棱两可：既非完全驯化的，也非完全野生的。它
使驯化本来要维持的那种有关"自然"和"文化"的秩序化的
二元论变得不再可靠了。

在接下来一节中，我将首先对三文鱼作为一种"外来物种"
的出现进行简要描述，并且指出这个术语的创造也是对于"挪
威自然"的某种表演。[10]我的描述是基于 2007 年在互联网上展开
的一场争论，这也显示了语词如何同时对自然和三文鱼进行表
演。后面的一节则转向河流中的实践，关注在离我们花了大部
分时间做田野的三文鱼养殖区域不远的沃索河上，近期所开展
的相当成功的三文鱼拯救项目。第三节带我们追寻出人意料的、
蜿蜒曲折的三文鱼轨迹。而第四节探索在物质实践之外的多物
种民族志，以不同的方式来接触三文鱼，这些方式包括那些我
们人类几乎不曾看到、接触或者把握的想象和命名等有趣的
行为。

"成为外来的"；或者，将自然表现为
人类并不存在的地方的表演

2007 年 5 月 31 日，挪威海洋研究所在它的网站上发表了一篇文章，题为"逃逸的养殖三文鱼并非外来物种"。这其实是对挪威生物多样性信息中心（NBIC）的一次直接挑战。该中心是负责监控挪威生物多样性的一家政府机构，他们在最近一期有关外来物种的出版物《挪威黑名单》上，把大西洋三文鱼也包括了进来（Gederaas，Salvesen and Viken，2007）。这个黑名单首次出版于 2007 年，试图命名和分类挪威所有的外来物种并评估它们对本地生物多样性的威胁。在海洋研究所富有挑战性的这篇文章出来之后很短的时间内，NBIC 发布了一个澄清说明，解释了为什么即使与它们的祖先仅仅七代之隔，养殖的大西洋三文鱼也被包括进这个名单的原因。

这个简短的争论告诉我们在挪威三文鱼是存在争论的，而且不仅仅是在具有不同利益的个体行动者层次上的争论，比如在垂钓者和养殖场管理者之间的。研究单位之间也存在争论，争论的核心是关于"养殖三文鱼是什么"的非常基本的本体论观点。它是外来物种或不是？很明显地（或者从论点形成的方式来说，它看起来是这样），它不可能同时既是外来的又不是外来的。通过同时是物质的、话语的和社会的实践，三文鱼被建立起来。在他处我们主张，在挪威对于三文鱼的表演就是对于自然的表演（Lien and Law，2011）。使这场特殊的辩论在这里

变得有意义的原因是它为河流中发生的进一步建构提供了一种本体论的基础。让我们先来看黑名单。

《挪威黑名单》列出了总计 2483 种的挪威外来物种，并且举出其中 217 种分析了其生态风险。它使用了来自世界保护联盟（World Conservation Union，IUCN）的"外来物种"的定义。根据定义，"外来物种"是"非本国的、非本地的、外国的、异域的……物种、亚种或更低的分类群，它们过去或现在存在于自然范围之外并且具有扩散的潜力（比如，在自然范围之外分布或者在没有直接、间接引入或人类照顾之下而不能分布），也包括其所有可能存活继而繁殖的部分、配子或繁殖体"（Gederaas，Salvesen，and Viken，2007）。这个定义是一种测量工具，它使得挪威自然的某个特定的方面适合于关于生物多样性的全球话语。通常而言，在外来和本地物种之间的区分依赖于地理范围。外来物种顾名思义是"地方之外的物种"（Lien and Davison，2010）。但是也会有例外：地理范围并不一直都是个问题。如果物种的扩散不是由人类引起的，它们就能够避开"外来的"标签——也就是，如果它们在没有人类帮助的情况下一定程度得以传播的话。原生性是基于这种分离：与人类相分离的存在，与社会相分离的自然（Lien and Law，2011）。在挪威，定义外来物种的完整列表如下所示：

    a. 有意地被释放到野外的物种；

    b. 从束缚和交配中逃离的物种，或者脱离了培育和商业活动而变为野生的物种；

c. 通过有关动物、货物和人类的迁移和运输而携带进来的物种；

d. 由邻国野生种群扩散而来的物种，野生种群则起源于 a，b 或者 c；

e. 在人的帮助下进行传播的物种；

f. 由于人类的活动，挪威（本地）的物种传播到挪威的新的地方；

g. 改良的、本地的物种在挪威的传播（Gederaas，Salvesen，and Viken，2007）。

在这里 b 项和 g 项是我们最为关注的。这正是养殖的大西洋三文鱼被定义为外来的原因。这些项目，特别是 g，指向了一种非地域化的入侵形式。在挪威，养殖的大西洋三文鱼是位于它们的"自然范围"之内的。所以为什么它们是外来的呢？为什么它们不是"自然的"？受到挪威海洋研究所的挑战之后，挪威生物多样性信息中心回应道，他们决定将"改良的、本地的物种"置于"外来物种"的分类之中，是因为上述"外来的基因型可能代表着严重的环境问题"，有必要应对"来自所有层次的生物多样性的威胁，包括生态系统、栖息地、物种和基因"。NBIC 也注意到"通过以创造最适于作为食品被养殖的鱼类为目的的人工选择"（引自 Lien and Law，2011），驯化的养殖三文鱼也拥有了它们被改变的遗传物质。"人工"这个词是很关键的。基因选择一直都存在，但是产业会选择特定的品质。就像我们看到的，生长是特别重要的。生物学家对于"自然选择"

的知识不如对于"选择性培育"多，诸如"快速生长"或者
"肉质"这些品质不太可能增加鱼类对于大多数河流环境的适应
性。还有，差异也与人类的干预有关——或者人类的缺席。人
类的活动可能会将物种迁移出它们的（非人类的因此是自然的）
地理范围。或者，就像三文鱼的例子，人类也可能进行干预改
变一个物种的构成。不管是哪种方式，人类都干预了原本"自
然"的过程，因此所谓自然的也不再是自然的了。在当前的语
境下，这就使得养殖三文鱼成为自然基因库的一种威胁。

一些本地物种被驯化，拥有它们被人工选择改变了的基因。
如果这些物种逃离或者变为野生，驯化的个体可能会与野生种
群中的个体杂交。野生的个体就会带上对于自然环境适应不良
的基因。这种杂交会导致后代成活率的下降以及对于自然条件
的普遍更差的适应状况。挪威这方面的例子是野生三文鱼以及
北极狐，它们受到了来自养殖动物的基因影响。特别是水产养
殖业拥有许多这类物种。（Gederaas，Salvesen，and Viken，
2007）

大部分生物学家同意由于驯化的结果，现在的三文鱼已经
变得完全不同了，这种差异的重要意义也是鱼类生物学杂志上
争论的重要问题（Gross，1998；Huntingford，2004）。但是就像
我们已经看到的，这种在驯化的大西洋三文鱼和野生三文鱼之
间的区分也是通过其他的实践建立起来的。在接下来一节中，
我将通过沃索河上发生的进一步的建构来追溯这种区分，我们

首先将焦点放在沃索河三文鱼拯救项目中的区分实践上。

沃索河三文鱼拯救项目

沃索河曾经因为出产体型庞大的大西洋三文鱼而闻名。渔民们与刚捕捞上来的、巨大的三文鱼合影的旧黑白照片诉说着本地的荣耀，也成为挪威西部自然的光辉的一种象征。直到今天，这些照片还被用于记录已经失去的东西，并在持续进行的沃索河三文鱼拯救项目中起到动员的作用。

直到 20 世纪 80 年代，河流仍然吸引着远近的三文鱼渔夫。每年夏天，他们都回到知名的、优良的捕捞地点来捕捞三文鱼。包括英国人和挪威人在内的外来游客付费给当地农民（同时理论上来讲也是河流的所有者），在整个季节租赁他们对于河流的权利。有时他们甚至在河边建造房屋并将家人都带来，在此地建立了延续好几代人的纽带并为当地农民收入带来了显著增长。在沃索河捕到鱼有一些困难，但是这里的三文鱼比其他地方更大。在 1949 年至 1987 年之间，据估计平均每年有 1150 条均重在 10 千克的三文鱼在这条河中被捕获。但是到了 20 世纪 80 年代末，沃索河三文鱼濒临灭绝。人们将原始的三文鱼从河流中转移出来，放进了一个位于高山湖泊中的所谓的活基因库（埃德菲尤尔），1992 年关于捕捞的禁令开始生效。后来又发展了拯救计划[11]。2011 年，我们有机会去观察一下这个计划的实施情况。

生物学家们认为沃索河三文鱼的减少是许多因素共同作用的结果。有些因素现在已经减弱了，有些还没有。这些因素包括水电的发展、酸雨、道路建设以及最近的三文鱼养殖业。三文鱼养殖业的发展带来了峡湾中越来越严重的海虱问题，以及杂交和产卵过程中的竞争问题，这些都影响到沃索河野生三文鱼的生存（Barlaup，2008）。

拯救项目有两个重点[12]：

1. 培育遗传上相距遥远的鱼卵（从基因库里来的），以及在河流分流处的不同地点增殖放流大量的鱼卵、鱼苗和银化期鱼（从河流通过峡湾到达海岸）。

2. 采取措施减少当前对沃索河三文鱼的各种威胁。

不像在美国（比如阿拉斯加和哥伦比亚河沿岸）大量的太平洋三文鱼是通过孵化场来孵化的，挪威的三文鱼业的管理很少通过实质性的人工培育来实现（Ween and Colombi，2013）。实际上，在挪威一条"野生三文鱼"是理想自治的，也就是能够在没有人类干扰的情况下完成"从鱼卵到鱼卵"的完整周期。[13]这牵涉到在河流中孵化，一至两年之后的银化，然后再向大海游去（通常要经过狭长的峡湾），在北大西洋的某处进食和生长，再顺利地回归到其发源的河流中产卵。因此，由沃索河拯救项目发起的人工培育措施被视为暂时性的，其目的是在历年的三文鱼数量减少之后促进一个自我繁殖、自我发育和可以收获的三文鱼种群的发展。[14]

沃索河三文鱼拯救项目的第一次鱼卵、鱼苗和银化期鱼的放流是在 2009 年，到 2014 年仍然在持续。在 2011 年的时候，人们就已经看到了三文鱼回归数量的显著增长，这个趋势在 2012 年继续保持，引发了人们的乐观态度以及重燃了人们的热情。

但是三文鱼回归意味着什么呢？三文鱼捕捞禁令既下，三文鱼又是如何出现的呢？直到 20 世纪 80 年代，人类与三文鱼的遭遇都是通过湿蝇、钓竿、小捞网或者漂网这些最为重要的工具实现的，因此在这个时期里"捕捞数据"也是最为可靠的三文鱼的知识来源。

由于捕捞禁令，这些方法不能够再被使用了。现在人们使用一些其他技术的组合勘查三文鱼河流分流处的不同地点并测量三文鱼的流动性。这些技术设计都围绕着三文鱼基本上是流动的这个假设，也常常考虑到河流的地形构造。比如，所有三文鱼需要溯流而上去产卵的事实提供了一些清点其数量的可能性。

其中一个技术是水下照相机的使用。河流中的某处可以放置一台与电脑相连的照相机，用来记录从此处经过的三文鱼。三文鱼的身体在某一段定义的时间范围之内经过某个点的时候，照相机（人工地或电子化地）会记录下三文鱼的数量。数量多给人以希望，但是仅仅这一点并不够，因为一台照相机并未揭示有关回归的三文鱼的任何细节。

在 20 世纪 80 年代之前，这些细节并不重要：一条回归的三文鱼也就仅仅是条三文鱼而已。从那以后，三文鱼的分类变得更为复杂了。首先是野生三文鱼和逃逸的养殖三文鱼之间的区分。这对于许多的垂钓者来说是重要的，他们将养殖三文鱼视为无趣的捕获物（Nustad，Flikke and Berg，2010）。养殖三文

鱼常常可以通过一些标志例如破损的鱼鳍被轻易地辨识出来，[15]
但是也并非总是如此，因此需要鱼鳞采样。鱼鳞采样分析是目
前在三文鱼遗传学研究中最常见的方法，它不仅揭示了三文鱼
的来历，而且通过将其基因形态与例如沃索河这样的某条特定
河流中的大量三文鱼样本数据作对比，能够对三文鱼的遗传关
系提供许多信息。[16]

　　在广泛的"野生"的分类中，新的区分也被生产出来，比
如培育的三文鱼（也就是从基因库里的亲鱼孵化而来，作为拯
救项目的一部分在银化期时被放流的鱼）和其他鱼之间的区分。
前者很容易被识别出来因为他们的鱼鳍上被剪过了。相对于逃
逸的养殖三文鱼来说鱼鳍剪过的三文鱼是野生的，但是根据野
生三文鱼的定义（自治的，能在没有人类干预的情况下完成从
鱼卵到鱼卵的过程）它们又还不够野生。因此，培育的三文鱼
不同于那些鱼鳍完整的鱼（也不同于养殖场养殖的没有明显标
记的鱼）。后者可能包括那些生命历程与项目无关的三文鱼——
也就是项目工人，因为可能缺乏更好的词来形容，有时称为
"野生-野生"的鱼（Dalheim，2012）。但是它也可能包括项目
放流到河流中的鱼苗或者鱼卵。为了找出属于哪种情况，这条
鱼会被宰杀并切开，会被仔细检查看看鱼脑上面有没有彩色的
环——这是在孵化场的时候在鱼卵的水体里加标记色的结果，
是为了精确地给鱼留下标记，证明实际上它并非是完全野生
的（Dalheim，2012）。[17]

　　图9是想要将这些建构清晰地表达出来。请注意这不是从

信息报道人的语言区分中引出来的认知分类体系。实际上我使用多样化的区分实践作为分开的起点，就像图中箭头所显示的。这些不同的分类是从这些分离实践用逻辑推导出来的，虽然所列的不同类型的三文鱼被建构为分离的，但是它们并不总是那样来命名，或者至少并不外在于这些区分所被制作的实践。

　　最后，是有关鱼鳞采样的可能性。鱼鳞采样是在大多数（如果不是所有的）挪威三文鱼河流中的常见实践，由挪威环境管理局管理。这些不同的区分实践互相补充而非彼此竞争，都是理解三文鱼和它的栖息地的努力的一部分。

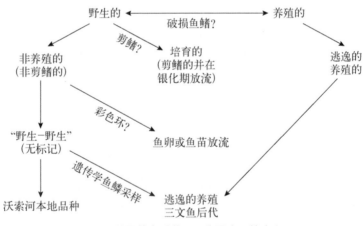

图 9　差异的多重化：区分野生、培育和逃逸的养殖三文鱼的实践

　　为了让三文鱼能够"诉说"，临时性的捕捞通常也是必须的。这可以通过如"银化期鱼螺旋桨"这样的设备来完成，"它

形状像是一个漏斗，里面有一个转动装置能将任何经过它的东西卷进一个容器里"（Dalheim，2012）。当这个设备被拿到岸上去时（通常一天一次），生物学家们会检查里面被捕获的银化期鱼，或者让它们回到河流中或者为了进一步的检测将它们宰杀。另一种方法被称为"再捕捞"——或者说，为了研究目的的捕捞。这要通过弯曲网和投石网来实现，这两种网都是在挪威使用了好几个世纪的渔具。弯曲网是一种连在岸上的长长的鱼网，它使三文鱼进入网的迷宫从而将其捕获。和"银化期鱼螺旋桨"一样，它每天被检查一次。投石网的操作需要有一个渔夫在峡湾或河流边的陡峭山坡上的小屋子里观察。当鱼进到网中的时候，渔夫放开一块与鱼网进口相连的大石头，将三文鱼封在里面（Barlaup，2008；Dalheim，2012）。一些三文鱼被允许回到河流中继续它们的产卵之旅，另外一些不得不死去，因为它们携带的信息只能从它们死亡的身体里被分析出来。

通过这些技术的帮助，每一条三文鱼都能够讲述一个特定的故事，揭示有关它的发源地、生命故事或者运动的某个片段。上述的故事被聚集、总结并有时候相互对比，于是一个有关三文鱼迁移的特定的叙事编排就被生产出来，将沃索河描述成一个成功或不太成功的三文鱼河流栖息地。

所以这些有什么用呢？这要视情况而定。河主们可能期待着三文鱼捕捞禁令的解除，而持保护主义的生物学家们更关心的是生物多样性以及对于本地三文鱼种群的保护。一定程度上，人们可能会认为对于沃索河三文鱼的不同描述彼此可能并不相关，三文鱼的众多故事限制了流动性。因此，任何要将它们在

图 10　银化期鱼螺旋桨（玛丽安·利恩拍摄）

一个地方联系起来的做法就是对沃索河三文鱼进行一种整合地、简单地表达的努力。其中一种努力就是每年的年会[18]，在这里项目的参与者向不同的利益相关者陈述他们的工作情况。这些会议很像是科学工作坊或者分论坛报告，并且留出了充足的时间给大家讨论。在这个时间段里，大家会就新的情况的有效性和意义，以及与三文鱼河流、三文鱼行为、三文鱼与其他物种的互动等有关的新看法进行讨论交流。人们讲述的有关三文鱼的许多不同故事在这里被协商、争辩，有时也被抛弃，从而得出一个整合的结果，这可以被视为关于沃索河三文鱼的一种近似的和临时的真实版本。[19]另一个整合的举动是利用从不同参与者那里传回来的数据对公共报告做日常更新。这些报告由项目领导编辑，由自然管理部出版（Barlaup，2008）。通过上述的实践，这个项目成为了一种"计算的中心"（Latour，1987），将沃索河三文鱼作为一种科学实体建立起来。

所有这些都表明沃索河三文鱼拯救项目所产生的结果不仅是三文鱼回归数量的增长，而且也为统计和其他程序提供了相当多的数据，有助于通过三文鱼来了解沃索河流域的情况（反过来也一样）。永远在扩展的词汇库和测量设备[20]使得三文鱼变得沉默，因为它们总是强调特定的联系丛而忽略其他。而这些灵巧的、创造性的工具使得沉默的三文鱼得以张口诉说。然而，当我跟随人们在河流中追寻三文鱼的时候，我忍不住想可能还会有我们永远不知道的有生产力的三文鱼形态。问题不是生物学家们对任何一条河流都不可能有完整的了解，而是相反：一条河流已经变得过分确定了，产生了过多的某种特定类型的人类与三文鱼的故事。当三文鱼产生数据的时候，它们也帮助培养了整个河流水域，但是能让人们看见的东西只是想象的整体的一部分。换句话说，当人们通过努力来组合约翰·劳（John Law，2014）所说的"一个世界的世界"的时候，副作用的产生是不可避免的。

在接下来两节中，我将追踪三文鱼的"小径"，追寻其不同于日常培育行为的轨迹。第一节是关于阿纳支流的，追踪那些转错了弯或者说"迷失"的三文鱼。我让它们在探索成为三文鱼过程中的潜在领域里起一个带头作用。第二节是关于无家可归的三文鱼，这是当我探索一种多物种人文主义民族志的潜力时，告别人类-三文鱼相遇的物质建构而产生的迷失的想象。

"迷失"的三文鱼：阿纳河的例子

"无疑它自己显示出部分的、间歇的信息。"

——玛丽莲·斯特拉森（Marilyn Strathern），

《部分的联系》（*Partial Connections*）

到 2011 年秋季，沃索河拯救项目已经取得了明显的积极效果：洄游的三文鱼数量众多。因此对于投身沃索河三文鱼拯救的人们来说，当听到下面这个消息的时候是大吃一惊的。2011年 10 月 14 日，霍达兰的地方当局发表了一个声明：将在产卵季节之前除去所有沿着阿纳支流（当地称为斯图尔河）逆流而上的剪鳍的三文鱼。阿纳河是沃索河的一个支流，位于海洋与河口之间。

来自地方当局的声明是针对阿纳河渔民们的报告做出的。渔民们发现他们所捕捞的鱼里面有 30% 是剪过鳍的。由于在这片流域中几乎没有其他的培育项目，因此它们很可能是沃索河拯救项目孵化出来的，按照"设计"它们应该回到沃索河，而非阿纳河。

阿纳没有迷人的自然风光。它位于卑尔根市中心东北的八公里处，是一个十分普通的郊区，其工厂和郊区房地产业较为有名。[21]如果说阿纳河有三文鱼的话，这要感谢当地垂钓者协会的志愿活动。[22]垂钓者协会的成员努力地清理河道、减轻有毒泄漏、培育鱼苗并且建设了内置相机的三文鱼梯。在20世纪70年代，从三文鱼的角度来说，这条河可以被认为是"死亡"的。四十年之后，情况要好得多。根据他们的网站[23]所提供的信息，2012年当地垂钓者捕到了299条三文鱼，而2011年甚至更好。但是它们属于哪一种三文鱼呢？

回到阿纳支流的三文鱼的遗传谱系是一个有争议的话题。许多年来河流上的工业发展，包括几次有毒泄漏和目前正在建设的郊区有轨电车，几乎已将原始的本地三文鱼种群消灭了。但是仅仅是"几乎"吗？原始的本地三文鱼种群可能已经被完全消灭了吗？生物学家们并不确定。而这件事重要吗？对于一些我交谈过的垂钓者来说，这是重要的。他们见证了这些年来对三文鱼的培育取得了一些效果，可能已经恢复了原始的阿纳河三文鱼。而因为缺乏对于更早的捕捞批次的三文鱼的遗传记录，这也很难证明。但是根据当地垂钓者协会所搜集的照片，原始的阿纳河三文鱼比沃索河三文鱼要小一些，因此可能会更好地适应支流的环境。这里更靠近海岸，有较强的水流和好些小瀑布。这也就是霍达兰郡郡长为什么要写一封信给当地垂钓者协会，解释要将河流中的剪鳍三文鱼消灭的原因。[24]而其他一些人指出这种阿纳河三文鱼的品种是否曾经存在过其实是不确定的。在争论白热化的时候，这种看法被挂在"三文鱼团体"（the Salmon Group）的网站上："为了保护一种无人能够确证的野生三文鱼品种而'清空一条河流'的做法实在是太过于谨慎了！"[25]

　　这里的主题是"迷失"。洄游的沃索河三文鱼是在上游被孵化的，距离阿纳河东部 50 公里处。它们被放流在沃索河中生长，特别是在它那些非常适于垂钓的上游支流中。它们从未设想过会游到这里的郊区。大家都知道有一些三文鱼没有回到它们发源的河流而是"迷失"了，生物学家们认为这个比例是在 5%。这被认为能够使得河流系统更为稳定。这些在银化期被放流的人工培育的三文鱼无法找到它们发源的、祖先的河流也并不太令人惊奇。生物学家认为三文鱼游向海岸的总体方向感虽然是与生俱来的，但是它们发现一处特定地方的微调方向感可能还需要学习（Jonsson and Jonsson，2002）。大部分迷失的三文鱼最后都游到了相邻的支流中。因为这一时期 90% 的回到沃索河系统中的三文鱼，都是来自在银化期被沃索河项目放流的三文鱼批次，它们大部分从峡湾到靠近海洋的地点的交通都是用船运输完成的（因此它们没有自己游过这段路）。所以这也并不太令人惊奇：一些三文鱼转错了弯，遇到第一次机会就朝向淡水游去，结果游进了阿纳河支流。

　　但是报道中所说的 30% 左右的比例的确是太多了，大大超过了在"自然条件"下人们所预料的情况，也足以干扰到任何本地的种群。因此郡长决定要采取措施消灭剪鳍的三文鱼，以便保护那可能是（但是也不一定）当地独特的三文鱼品种。[26]

　　我们可以将关于阿纳河的争论视为保守主义的生物学家与（比如）渔民之间的利益冲突，或者是生物学家们之间的争论。但是实际上我只想要说一下三文鱼自身的活力。它并不按照文本来行动。它迷失，并最终到达一个它"并不应该"在的地方。谁知道它们携带的是怎样的基因呢？但是对于地方当局而言不确定性是不行的：人们需要某种政策来遵行，而这个政策是要选择生或者死的。在这个案例中，它宣判了迷失的沃索河三文鱼的死亡。成百上千条三文鱼本来是被小心地培育出来用以"重新殖民"沃索河的，然而它们令人意想不到地转弯，成为了错位的麻烦，污染了碎石，最终注定死去：不像那些拥有完整的鳍的三文鱼，在阿纳河被捕捞到的剪鳍三文鱼将没有机会选择捕捞或者释放，而是会像逃逸的养殖三文鱼那样被捕捞、记录并接着被宰杀。

我并不是要说所发生的事是错误的，或者是正确的。我只是关注发生在那些"不合适的"和"就差一点点"的三文鱼身上的事，正是这些事使它们永远再也不能回到产卵地，而它们的故事很少被讲述。

* * *

我们如何讲述一种对水下世界的不确定性保持敏感的故事？我们如何讲述一个允许偶然的碎石发出声音的故事？我们如何补充生物学家们所讲述的故事，而非仅仅去重复他们精确的、却可能同时是过度的词汇？

我的想法是要去寻找裂缝，寻找当事情不合乎情理的不确定时刻。或者去询问一些别人不问的问题，这意味着要注意到那些被忽略的事情。在接下来的故事中，我将利用河流生物学家和渔民们的科学实践，但是我也会进行一种民族志的想象，这也意味着我不仅仅是在研究实践的展开。有人会说我是在采用埃德温·阿登纳（Edwin Ardener）（Ardener，1989）的"沉默群体"（muted groups）的概念，注意聆听我们知识生产的实践容易忽略的东西。

让我们回到第一个区分，即在养殖的和野生的三文鱼以及它们麻烦的、永远存在的阴影——逃逸的养殖三文鱼之间的区分。

无家可归者、逃犯或者逃逸者：话语干预

每年将近有 50 万条养殖三文鱼游进挪威沿海水域。所以"逃逸的养殖三文鱼"是什么呢？对于生物学家来说，主要是这样的：曾经是养殖的三文鱼，后来逃逸了。如果围塘中的生活在它的身体上留下可见的印记比如破损的鱼鳍，那么这条三文鱼就会被宰杀和丢弃。如果对于它的遗传和起源还有疑问的话，鱼鳞会被送去做基因分析。可以说唯一"正确的"逃逸的养殖三文鱼是死亡的三文鱼。一旦它被确认为"逃逸的、养殖的"，就没有进一步的问题了，也没有需要再探索的区分了：为了恢复和了解作为三文鱼河流的沃索河，迎接它的就是一个"死亡的结局"。

但是逃逸的养殖三文鱼并不止于此。它们也并不必然会死亡。我花了四年时间做田野调查，在养殖场进进出出，最后才

开始严肃地质疑"逃逸的养殖三文鱼"这个词。这个词被用于官方的三文鱼统计资料，也被三文鱼养殖者和渔夫们使用。虽然它指向的是一个有争议的领域，但是这个词逃过了大部分与之有关的人们的注意，也逃过了我的注意。后来当我对于三文鱼的轨迹了解得更多时，我开始思考一条逃逸的养殖三文鱼其实从来没有真正地"逃逸"。不像养殖的鳕鱼总是会主动跳出围塘（可谓是水产养殖里面的"霍迪尼"），三文鱼如果有，也很少会这样做。发生逃逸的事故也是因为它们的家在海里，而关着它们的网破了。推进器被鱼网缠住了或者相似的事故，可能会导致束缚的解开。[27]不过是它们的世界破裂了，它们从此刻开始分散。三文鱼可能有能动性，但是它们很少"逃逸"。我们知道的是它们的世界突然地、戏剧化地改变了。

几小时之内，它们可能就会感到饥饿。非常有可能它们会去看看水面上是否有饲料颗粒。所以它们并不是逃逸者，可能它们仅仅是饿了，或是迷失了、走丢了——可能用"无家可归"来形容它们更为确切。

一些三文鱼待在围塘附近，继续在养殖场周围进食。[28]另外一些游得更远，学会自己找吃的。可能我们可以将后者描述为"难民"或者"幸存者"。围塘并不必然是一座监狱，迄今为止一直是它们的家（它们的场所），而它们所探索的水域也不仅仅是它们远房亲戚们的被破坏的栖息地，而且是它们的地方——唯一的地方——无家可归的幸存者们在这里谋生。

但是它们幸存的机会是很小的。几小时之内，你就能看到当地人驾着小船在捕鱼，希望迅速地将他们的冷藏库填满。而三文鱼养殖者也很鼓励捕捞，并且为每一条捕到的三文鱼付点费用。如果三文鱼能够熬过最初几天，它们可能逆流而上，而其他的困难还在等着它们：河流垂钓者和生物学家，他们带着银化期鱼螺旋桨、弯曲网和其他为了研究目的而捕捞三文鱼的设备。对于三文鱼来说，结果是一样的：死去。我在想是否我可以给词汇加上另一条标签：逃犯[29]，不受任何人的保护。它们是不纯粹的，也不适于参与到未来之中——这个未来是由那些现在定义三文鱼水域将是怎样的人们想象出来的未来。[30]就人类的分类和关于野生和养殖的结构区分而言，它们成为了错位的麻烦，是玛丽·道格拉斯（Douglas，1966）意义上的"不洁"（Dirt），就像纳姆森河船夫贴切地表达出来的："很高兴把那玩意儿弄出河流。"

这种话语干预与其说是一种批评，还不如说是一个提醒：语词是政治化的，它们有时是过度的，帮助制造一个我们所感知的世界。玩语言游戏，就像我刚才那样，需要我们询问其他的问题和进行不同的联系。

* * *

因为"转错了弯"，逆阿纳河而上的剪鳍三文鱼干扰了沃索河流域未来的想象轨迹，特别是对于可能的本地种群的培育。阿纳河的例子不是话语的干预而是三文鱼自身的干预。重新将束缚被解开的养殖三文鱼命名为"饥饿的"或"无家可归的"或"难民"或"逃犯"则是一种话语干预，是对将三文鱼的束缚作为它们最重要的性质的拒绝。这种干预与本章开篇介绍的纳姆森河看起来清晰的，野生与养殖的二元论有关。通过揭示混乱性和"不羁的边缘"，这种表征层次上的干预表明了"驯化和野生之间的界限也并非像人们所想象的那样坚硬和稳固"（Tsing，2012b）。这也是努力地将人类学分析不仅仅作为另一种秩序化工具，而是作为一种"横向"的理论化过程。就像弗里达·哈斯特普（Hastrup，2011）所说的："是要展示视角的多余性，培育更多的差异，让集体生活中数字、视角和实践进入彼此，使得更多的事情得以显现——从而指向社会世界的无穷内在。"因此，严肃地说不仅命名、了解和分类的每一次行动都是表演性的（Lien and Law，2011），而且我们的民族志实践也是表演性的。在野生和驯化，自然和文化/社会之间的区分是有意义的、严肃的。这种区分意味着什么？这方面的思考与人类学学科和超越人类的民族志有关，并且才刚刚开始。

三文鱼既非社会的也非自然的，而是两者皆是——或者两者皆不属于。将注意力从科学实践中寻求精确的语汇，转向一个人类田野工作者追寻三文鱼轨迹的小径的推断性想象（通过不同民族志地点的采样），这需要与生物学以及通常情况下社会人类学的实践方式做一种微妙的告别。它也需要与对异质化的物质实践进行严格的民族志观察的方式做一种轻轻的告别，因为它实践的是行动者网络理论和物质符号学。我们是否被允许观察一些我们物理上看不到的东西？我们是否被允许在我们的人类信息报道人的话语之外进行推测？我相信当我们探索生物社会形成物时，我们别无选择。

提姆·英戈尔德（Ingold，2013）写道："在他们共同生活的熔炉中，人类形成物会不断铸造他们自己的方式和引导联结的方式。他们这样做就好像在织一幅挂毯一样。但是就像生活本身，这幅挂毯也从来不是完整的，并且从未被完成。"写作关于三文鱼和它们的河流以及人类的民族志，就是在写作这幅展开的挂毯，别忘了，三文鱼当然也是能够做一些编织的。但是更重要的是，这意味着对于束缚的抵抗。这可能就是民族志与生物学相分离的地方。后者寻求束缚，封印故事以及关于"一个世界的世界"的假设（Law，2014），而我们的假设是各种关系建构并不都是严丝合缝的，或者就像约翰·劳所说的，"并不存在单一的容器般的宇宙"以及我们"需要找到方法来戳穿北方的倾向，即制造一种自我密封的一个世界的形而上学"。跟随裂缝、断层线以及增加寻找差异而非整合的声音，是我认为可以采取的一种方式。

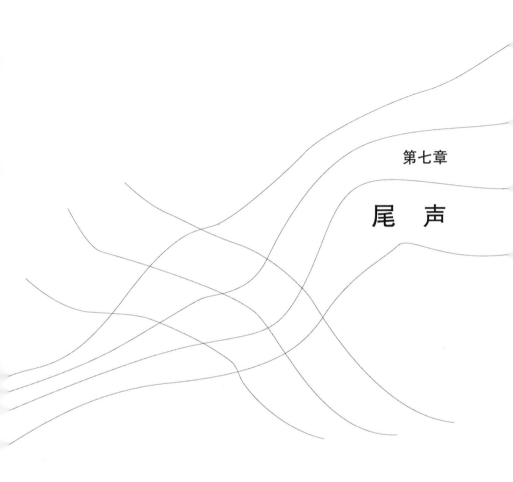

第七章

尾　声

　　所以关于驯化我们了解到了些什么？一条被驯化了的三文鱼是什么？这些领悟如何能够帮助我们在一个人类与非人类的接触已经变得复杂和间接的世界中航行？

　　在考察驯化的持续过程中，海水养殖业提供了独特的洞见。我们已经看到，并非是一劳永逸地解决问题，三文鱼养殖的组合实际上是一种建构的地点，一个"制作的场所"。这不仅仅是因为近年的转变使得养殖场的新秀三文鱼与大部分其他的养殖动物形成对比，也是因为在生活与存在持续进行的实践中，"成为"是一种固有的维度——对于人类与非人类来说都是如此。就像考古学家提醒我们的，驯化是一丛动态的和相互的多物种关系。

　　我并未将驯化视为从一种稳定的或平衡的存在形式向另一种的转变，实际上我关注的是每一次人类与非人类接触中所牵涉到的转变性的潜能（transformative potential）。我们看到那种转变可能远远早于我们的历史时代发生，而结果实际上是开放性的。"外来的""有感觉的""可扩展的"和"生物群"仅仅是从三文鱼养殖组合中挑选出来的一些轨迹。一个特点并不排除其他的，而所出现的养殖三文鱼实际上是"多于一种而少于许多的"[1]。

　　一百多年来，"驯化"的概念成为了一种有力的分类工具。

与它的概念伙伴"自然"和"社会"一起，它在一个充满活生生接触的世界中创造了一些秩序的分类。它也为人们在这个世界中航行提供了行为的向导。野生或者非野生？驯化或者没有被驯化？这些问题帮助我们理解复杂的河流。问题的答案决定"无家可归"三文鱼的命运（见第六章）。这样，在永远处于制作过程的世界中，"驯化"行使着一种区分或者一种内部代理切割的职责。[2] 我们真的能够舍弃它吗？

我们大概能，但是我们不必这样做。因为问题不是在"驯化"上面而是它的概念伙伴：自然与文化。只要驯化还在从这种概念对比中吸收意义，它的分析潜力就会受到限制。悬置在自然与文化之间，它所能做的只是无休止地维持一种将过时的秩序具体化的区分。虽然这对于一些实际的目的和对比来说是有用的，[3] 但是对于一个多物种领域的民族志探索者来说是没有多大帮助的。这是因为它将我们的注意力引向了秩序化而非好奇的探求。

接着我们需要做的是摆脱这种令人厌倦的二元论去想象驯化——在自然和文化之外创造一种驯化实践的空间。在本书中，我将驯化作为一种建立生物社会形成物的关系实践，通过这种形成物，人类和非人类为彼此制造空间。我强调上述实践的转变性潜能而非它们的分类效应。因此，我并不将三文鱼看作野生的或者完全驯化的，我表明大部分的人类-三文鱼的接触不能被简化为那种简单的对比，以及这些接触既会留下痕迹又将预示未来。只要人类还在海岸和三文鱼回来产卵的河流边居住生活，我们的历史就是缠绕在一起的。

这并不是说水产养殖业只是古老生存实践的一种延续（或者说没有什么重大事情发生）。实际上，20 世纪和 21 世纪初工业化的水产养殖业的大规模扩张和自我繁殖的三文鱼河流的急剧衰退都是重要的提醒：我们正处于十字路口，需要警惕。即使如此，我仍主张对于一种"纯粹"的、前接触状态的"原始自然"的寻觅在历史上并非是有效的，就现在而言也并非是特别有帮助的。为了大部分的实践目的，三文鱼和人类"一直都在一起"，而我们共同进化的旅程也还没有结束。因此问题不是如何去恢复某种分离的理想秩序，而是如何去完成在一个已经是缠绕的、不稳定的和共构的世界上生活的任务。

这就是驯化概念可能会变得特别有帮助的地方。与其将驯化作为一种过时的、现代主义的、关于"自然的失败"的叙事，我们不如将它作为一个向导，来谨慎思考如何一起和谐生活的实践。但是这意味着我们要将作为一个简单故事的驯化理念抛弃。与其将它作为一种过去时代的分类工具，我们不如将它视为繁多街道、马路以及探索到的几乎隐藏的小径的组合。再说一次，驯化不是一种轨迹，而是许多。

所以我打算做的不是将驯化作为一种已经完成其历史使命的概念完全抛弃，而是为了应对当前挑战而重新利用它。"人类世"的意象提醒我们已经没有独立于人类而存在的自然。但是有外在于自然而存在的人类。驯化是否可以给我们提供"在一个被破坏的星球上生活的艺术？"[4] 我相信是可以的，但是它要求我们放弃将这个概念仅仅作为一种分类工具，并拥抱在这个概念中存在的秩序与"成为"之间的张力——或者说历史和过程之间的。民族志对做到这一点特别有帮助。民族志故事是一种能够起干预作用（至少有潜力这样做）的归纳方式。根据温特雷克和弗兰（Winthereik and Verran，2012）的说法，它们能够"以一种归纳的方式再现这个世界"给与它们有关的人们和实践，也给共享它们的作者和读者。

驯化也是归纳性的。但是它产生的是怎样的世界呢？它做什么样的工作？在本书中，我找到了两种不同的模式。首先，作为一种秩序化的工具，驯化创造历史。它揭露了重要的转变性时刻，轻易地区分了年代和时期、将来和现在，或者它们和我们（见导论）。这是有可能的，因为驯化的历史通常被作为人类与动植物关系的一种基本转变来讲述。通过强调控制和约束作为秩序化人类-动物关系的关键模式，这种进化论的叙事成为现代文明的一个起源故事。并且通过强调"之前"和"之后"，驯化的叙事也为将自然和文化进行秩序化提供了基础。这样，驯化就成为一种根据既定方案对生命形式进行分类的工具。

但这不是驯化被使用的唯一方式。就像我在本书中所表明的，驯化也可以是一种共同的、可逆转的和开放的过程。从这种视角来说，驯化的三文鱼并非是在改变物质世界（无论有没有我们的帮助，这个世界每时每刻都在改变），而是参与到世界自身的转变过程中，并且通过那种共同生产的实践来建立继续生长和发展的条件。我们可以将这种模式称为将驯化作为再生过程的视角（domestication as generative process）。它并非是对驯化可能牵涉到不可逆转的改变那种观念的完全拒绝，而是增加了探索的另一个层面，不再将那种转变或者既定的自然与文化二元论视为理所当然。

在本书中，我们也快速回顾了历史发生巨大转变的时期。如果我们回顾大西洋三文鱼经历急剧变化的时期，那就是此时，热点地区就是挪威西部和北部的峡湾。在这之前从来没有那么多的三文鱼像在此时此地一样被卷入了驯化制度之中。在这之前从来没有那么多三文鱼被从一个地区运送到那么多遥远的目的地。在这之前挪威三文鱼从来没有被世界上那么多不同的人们消费过。三文鱼的故事可以被讲述为产业的成功或者环境的灾难。两种讲述都是部分真实的，然而也明显是不完整的。本书也是不完整的。但是与其将零零碎碎的东西缝合起来制作一个看上去叙述得体的整体，还不如将三文鱼的故事讲述成一个"成为"的故事。我主张驯化的实践所产生的不是一个而是许多三文鱼。"有感觉的""可扩展的""饥饿的""外来的"和"生物群"为处在成为过程中的三文鱼拍下了当前的快照。它们一起为重新思考驯化是什么（一般意义上，以及就水产养殖业和特别是三文鱼而言）提供了视角和关键的基础。

接下来的挑战就是要把握住这些看上去互相矛盾的、处于紧张关系的关于三文鱼的视角。这不仅是另外一种主张问题是复杂的方式，而且也是要将紧张关系或者矛盾摩擦作为学术分析和我们日常生活实践的生成性特征的方式。这是一种主张——不论你怎样选择，比如吃或者不吃养殖三文鱼，你都不会完全正确或者完全错误——的方式。我相信这是出于对这种矛盾的、令人困惑不安的意识而非我们"在做正确的事情"的自我安慰式的确认，负责任的干预和警告才能运行起来。并且我与温特雷克和弗兰（Winthereik and Verran，2012）一样相信，民族志故事是形成上述生成性干预的极好工具。[5]

* * *

考古学家一直主张新石器时代带来了根本性的改变，并且为社会、象征和文化生活的大规模再组织铺平了道路。他们的洞见提醒我们虽然人们忙于确保自己的生计，但他们关于世界的观念也在同时形成。埃文斯-普里查德关于努尔人和他们的牛群的经典论述（Evans-Pritchard，1964）就是一个给人启发的例子。作为一种农业中心的结果（以及后来农业-工业形式的驯化的结果），"自然"和"社会"更多是当代出现的观念，对我们来说显得很真实。这意味着不仅我们关于世界的观念是由过去的生物社会构成物所塑造的，而且当前的驯化实践——比如关于三文鱼的——也会形塑我们关于一个动物是什么以及未来与三文鱼的社会互动的观念。想想托恩，那位孵化场工人，鼓励小鱼苗游上来吃食的情景。一种特定的时空组合，使得托恩和她的水槽能够在几周内维持一种社会关系。某种责任和自主性使她扮演好自己的角色，对三文鱼投入了感情。尽管生物科学家对此有不同意见，我们还是可以将上述实践视为照料关系的建立，在这种关系中托恩扮演了照料者的角色并将三文鱼构建为有感觉的存在物。三文鱼在实践中正在变得有感觉——而这些实践是拼凑的、不完整的。[6]它包括一些含义：

首先，我们需要注意的是驯化实践是身体化的、定位的并且完全是物质的。能动性是在整个三文鱼组合中分布的属性，而我们选择去定义它。场所不是一个容器，而是产生驯化关系的实践中的能动性主体。从这时起，驯化就是拼凑的了。不同的组合产生不同的时间性和依附的模式，我们看到孵化场不同于银化生产点，也不同于养殖场。在所有这些地点中，驯化都以不同的方式进行着，所以养殖三文鱼也是一种定位的存在物。一个地点与另一个地点的三文鱼并非完全不同，而是多重的同时也仅是部分重合的。

第二，当我们考虑不同的组合建立或者促进了不同的存在和联系模式时，我们也需要考虑过去和现在的配置是如何严重地限制我们的思考范围。众所周知，要思考"另外一种驯化方式"是如此之难。作为写作者、活动家或者养殖场工人，我们有时能尽力扩展我们的思考范围，制造差异。但是我们也需要意识到我们的想象是被过去的配置所形塑的。要寻求改变就要求有一种概念上的飞跃，并有能力去质疑在既定时刻是常识性的或显而易见真实的事情。

"质疑常识"是社会和文化人类学的里程碑。20世纪的人类学家将此作为民族志的艺术，并且将它首先运用到对于"他者"的研究中去。21世纪的民族志者将他们的网撒得更广，并且试图——就像我在本书中做得那样——将非人类包括进关于他者的故事中。要把这个做好是非常难的。但是以不同的方式讲述世界的努力其本身看上去是非常重要的，因为它坚持将民族志作为历史变迁的先锋，在新的领域挑战常识性的事情。田野工作实践无法像它在他者的生活中那样提供一种在三文鱼生活中的沉浸。但是我们仍然可以将我们的网撒得更广，并且像罗安清（Tsing，2013）所说的那样，将非人类囊括进我们的社会概念中来。这个观念其实也并非特别新。就像埃文斯-普里查德和他的努尔牛群那样，比如，我可以研究动物和它的人群，或者通过它的人群来研究动物。但是我也更进一步：利用当代人类学探索人类-非人类互动所获得的洞见以及科学研究成果，我穿越不同的领域，注意到从生物学到商业的配置的变化，并且注意到使事情彼此摩擦或者不能整合的矛盾和裂口。因此，当我用手喂三文鱼引起他们的注意时（第二章），当我表明河流中的养殖三文鱼是无家可归者，并且从来没有逃逸过时（第六章），我邀请读者参与到我们民族志想象培育的实验中来。即使三文鱼是难以捉摸和几乎一直脱离视线的，它也被包括进了实验当中。

如果当前的驯化实践不仅形塑了我们的环境而且形塑了我们关于现实的观念，那么接下来关于物质的行动就会具有对于我们世界的物质形塑之外的含义。驯化实践可以作为本体论政治，或者我们可以说是"伪装的本体论政治"，因为它们常常并没有被这样认为。通过发表一个关于所有剪鳍的三文鱼都要从阿纳河中被清除的声明，霍德兰郡郡长明确地表明阿纳河未来将成为一条与沃索河完全不同的三文鱼河流。通过这种方式，它将三文鱼表现为一种特定种类的自然，以及沃索河三文鱼在那种未来的自然中作为参与者的限制性。我们可以说这种声明扮演了一种虽然有争议但是强有力的自然秩序，或者甚至是一种特定的野生三文鱼驯化形式。

将所有这些含义都归于郡长的意图，不仅在民族志上是不正确的而且也是不公平的。我们可以假定，像我们大多数人一样，郡长是根据他所了解的知识采取的一个善意的行动。可能他做的是一件好事。然而作为本体论政治的驯化实践或多或少是与讲话者的意图无关的。我们可能控制我们的语言但是不能控制它们所携带的广泛的联系。

* * *

三文鱼被一系列的故事搞得有些黯然失色：从作为全球食物解决方案的蓝色革命的乌托邦梦想到猖獗的工业发展和死亡的河流的反乌托邦情景。它们一起构成了以互相矛盾的信息和共同的不信任为特点的有争议的、分极的场域。这种分极化也定义了我作为民族志作者的角色。在挪威，人们的主要关注点在于驯化三文鱼对野生三文鱼的影响。2011 年，渔业和海岸事物部需要对水产养殖业的环境影响做一个风险评估，风险评估主要是将疾病（包括海虱）、与野生三文鱼的基因互动和当地放射物作为主要环境风险。[7]这样的话，"环境"就被操作化为挪威的河流和海景，而接下来的公众辩论也就相应地变得狭窄。因此，环境关注也就局限在挪威作为民族国家所对应的地理政治边界的范围。通过这样的评估同时也是一种测量，挪威的三文鱼养殖业被定义为一种环境问题，在其中挪威公众（垂钓者、自然爱好者、河主们）是利益相关者。

仅仅因为三文鱼为全球工业化的海水养殖铺平了道路，并不意味着它们就永远是那种未来的一部分。养殖三文鱼一开始是作为"海洋里的清洁工"存在的，它们食用鱼屑并且捕获那些靠近挪威沿岸渔港的水产品。随着近年来三文鱼养殖业指数化的增长，对于饲料的需求也相应增长，同时也表现出从北半球到南半球的逐渐转变。这种南半球海洋资源需求扩展的影响还没有被很好地理解。这种增长的需求对于南半球相对不富裕地区的渔业社区和当地消费者的影响甚至还没有得到应有的讨论。这种关注的缺乏也投射出我所描述过的知识的相对缺乏，以及对饲料颗粒是怎样制作的和它们来自于哪里的兴趣的缺乏。这些例子表明了一些社会-环境联系是怎样重复地被动员使用的，同时另一些联系（比如与秘鲁凤尾鱼的）又是怎样系统化地沉默的。坦率地说，人们比例不均地更多地关注北半球的垂钓者和自然爱好者，而忽视了南半球贫穷的渔业社区以及在全球社会和环境公平中所存在的问题。

　　三文鱼是野生的一种标志，然而三文鱼也是食物。就像过去一样，它作为一种商品为人们提供生计来源。为了说明南半球的海洋资源和全球的社会公平问题，我们需要将三文鱼的形象视为"野生的"或"养殖的"，并且将水产养殖业的问题作为饲料和食物的问题来对待。三文鱼永不满足的胃口和世界范围内源源不断的消费者对于三文鱼永不满足的需求形成了一种互相巩固的联系，威胁要打断和改变全球资源的供应渠道。养殖的大西洋三文鱼将会逐渐被其他非食肉的、更容易养活的海洋物种取代吗？对于一个扩展的三文鱼养殖产业含义的彻底评估，不仅要求把养殖三文鱼当作另一种加重全球饲料资源需求的饲养物种来看待，也要求把它作为人类饮食中的一种蛋白质来源来对待（它潜在地取代和减少了对其他蛋白质来源的需求）。三文鱼比鸡肉更好吗？三文鱼能取代猪肉吗？三文鱼（以及一般来说鱼类）与陆地养殖的动物相比，其新陈代谢和利用饲料方面的相对效率确保了动物蛋白质来源从陆地动物到海洋动物的转变吗？目前家禽业和养猪场对于抗生素的需要（以及多抗性细菌的挑战）使得向不需要很多抗生素的大规模食品生产（比如三文鱼）的转变具有更大的合法性吗？或者在三文鱼身上海洋环境污染物的积累水平太高了，从而使三文鱼也不能成为一种健康的替代选择？如果是这样，那需要怎么做来使得三文鱼的污染物水平降低？这些问题已经超越了目前研究的范围了，但是它们仍然是产业内外需要给予有力说明的问题。

* * *

考古学家提醒我们人类对于动植物大部分的驯化都是无意的。海伦·利奇（Leach，2007）将它们描述为未预见的结果，并且估计"驯化过程开始以后97%的时间里，人类还不能充分理解这个机制去预见成为他们焦点的动植物会带来的结果，更不要说去领会他们自己可能会被如何改变"。

与生活在新石器时代早期的人们相比，我们可能对于一些机制有着更好的理解，但是就像"人类世"概念所表明的，当前我们与驯化相关的、对全球资源的干预量也是远远超过之前的任何时代的。坦率地说，我们对我们生计基础的控制，最多仅仅是暂时的，一定程度上是依赖于条件的并且是高度不确定的。要抛弃与驯化相关的控制的概念并不意味着怎么都行，而是意味着要抛弃将人类作为唯一的占有"司机座位"者，要知道我们是与其他的已知和未知的生物，以及那些此刻发生以支持我们的许多异质性组合一起分享权力的。要把握集体驾驶的隐喻，我们可以想象一下一只猴子在踩刹车，一只乌龟在加速器底下，还有一只蚊子在我们的左眼皮上。谁知道葡萄球菌在哪里以及它们要变成什么呢？道路未知、不平坦还刮着大风，我们不知道我们要去到哪里。如果我们慢慢地移动、小心地踩踏板，我们和三文鱼都会好一些。

引　注

导论

1. 例如见 Hard et al.，2008；Menzies，2012。

2. 从 1992 至 2006 年，全球鱼油和鱼食消耗中水产养殖业所占比例分别从 96 万吨上升至 306 万吨和从 23 万吨上升到 78 万吨。这并不完全是坏事：三文鱼对饲料的利用比最常见的陆地饲养动物有效得多，因此从饲养猪到饲养三文鱼的转变可被视为对稀缺资源更好的利用方式。然而，由于水产养殖并未取代陆地养殖，就野生鱼的世界需求来说这代表着增加量，总的压力增大就成为了问题。在 2003 年，全球的水生动物所消耗的鱼油总量中养殖三文鱼就占了一半以上（FAO，2008）。

3. 唐娜·哈拉维称赞玛丽莲·斯特拉森教会了她"重要的是我们用来思考其他思想的思想""我们用来思考其他世界的世界"和"我们用来建立其他关系的关系"。在 2013 年 2 月 28 日加州大学圣克鲁兹分校的一场公开对话中，她们两位将洞见慷慨地分享给我，为此我十分感激。

4. 将驯化作为一种比较工具同样有助于将那种关于工业化食品生产的常见批评"去中心化"。这种批评预设了关于资本主义和非资本主义，或者全球和地方等关键性解释因素之间相似的二元论。这种批评并非无效，然而如同我在第五章中论证的，它对于理解三文鱼养殖近来的扩张并不是很有帮助，而当关联到挪威的养殖三文鱼生产时就特别没有帮助了。因为这种生产所展示的资本主义是（并一直是）在挪威政府所定义的非资本主义目的下被利用、设计和促进的。

5. 这个词来自于卡斯特罗（Castro，2011）。他将人类学视为"对思想的永久解殖"，我倾向于不那么总体化的说法，因此使用"持续的"这个词。

6. 最终的分离可被视为是网本身。

7. 齐德（Zeder，2012）将驯化描述为从"野生的显型"最终向"驯化的显型"方向变化过程中的不同阶段和路径。她将"自然"中的相互关系与那些人类和目标驯化物之间的关系区别开来，因为后者"受到人类自发地发明新行为，将欲求资源的回报最大化，以及通过社会化学习传递行为的能力的驱动"。她主张这些将导致人类在日益不对称的相互关系扮演主导的角色，这些关系"比自然中的任何关系都以更快的速度发展，并产生更为广泛的影响"。从这个角度来看，三文鱼养殖通过对三文鱼运动和生殖周期的完全控制（三文鱼不再游到海里去生长，也不再回到河流中去繁殖），可被视为"旅程的终点"的一个例子。见第三章中更详细的讨论。

8. 罗安清（Tsing，2012a）将"可扩展性"定义为使得某物不加改变地扩展的设计特性。从这个角度来说，可扩展性不是自然的特性——三文鱼并不是那样可扩展的——而是各种各样异质的、有时偶然的关系丛的结果。

9. 伊恩·霍德（Hodder，1993）指出其词源早于拉丁语，是印欧语系世界最古老的词汇之一。根据霍德的说法，"驯化"（domesticate）不仅是与拉丁语 domus 和希腊语 domos 有关，还与梵语 damas、古斯拉夫语 domu、古爱尔兰语 doim 和印欧语 dom-或 dem-有关。霍德进一步指出"驯化"（domestication）与一些常用英语单词如住处（domicile）、占主导的（dominant）、圆屋顶（dome）、领域（domain）、女士（dame）和驯服（tame）有关。

10. "驯化：1. 转化为家用；驯养。2. 适应家庭生活或事物。3. 导致在家或感觉在家；归化。4. 成为家庭的。"《韦伯英语未删节百科词典》，新修订版，1966。

11. 斯科特（Scott，2011）问道为何驯化能够导致人口增长，事实上在短期内农业转型会导致发病率和死亡率的提高（部分是因为动物传染疾病）。他说答案之一是农业中心会通过强制劳动、奴隶制和其他形式的人口剥夺从外部源头吸引人口。这也包括采取措施使这些劳动力丧失从事其他生计方式的机会，破坏或禁止与驯化方式不相适应的食物采购实践（捕鱼、狩猎、采集）。后者与三文鱼有关的一个例子是在法律上不承认土著居民的捕鱼权利，这些土著居民如阿伊努人（Swanson，2013）、萨米人（Ween，2012）、美国印第安人/内兹佩尔塞人（Ween and Colombi，2013）和阿拉斯加阿留申人（Reedy-Maschner，2011）。

12. 当伊恩·霍德（Hodder，1990，转引自 Russel，2007）主张场所对于驯化人类而言具有重要性时——即为了控制男性的野性，将其带入"房屋和炉灶的女性驯化领域"——罗安清（Tsing，2012b）批评驯化（特别是谷类驯化）带来了私有财产的出现以及家户内的特定分层方式，使男性成为家长而女性沦为生育工具。

13. 说驯化是一种事实上的神话，是说驯化既不是被科学家"发现"的独立的现实，又不单单是一种人类信念的投射（Latour，2010）。

14. 如海伦·利奇（Leach，2003）所说的，"驯化"意味着这样的过程——"人类通过控制野生动植物的饲养将它们转变为更加有用的产品"。

15. 驯养经常被定义为"特定的人与特定的动物之间的关系，该关系在动物的生命时间之外并无长期影响"，而驯化是指与一个动物种群的关系，该关系常导致动物种群在形态学和行为上的改变（Russel，2002）。但是这并不排除这两个词之间的联系，成为"驯养的"也与支持那些倾向于人类接触的个体后代的选择性压力有关。

16. 罗素（Russel，2002）将博库依（Bokonyi）的定义作为一个经典的例子："为了利润的目的将动物从它们的自然养育环境中转移出来，由人类约束和驯养它们某些特定的行为特征。"也见拉森和富勒近期更为详细的描述（Larson and Fuller，2014）。

17. "新石器革命"零散而逐步地从中东发源，扩展到北欧，并在公元前 2400 年发展到斯堪的纳维亚半岛南部。对柴尔德而言，驯化"是人类不再纯粹地寄生于环境的革命，随着农业和畜牧业的采用，人类变成了创造者，从他所处的变幻无常的环境中解放出来"（Childe，引自 Leach，2003）。

18. 在"回顾"中，柴尔德（Childe，1958）将他的灵感描述如下："我至少采取了马克思主义的词汇，实际上借用于摩尔根，'蒙昧''野蛮''文明'，并将它们应用于考古学的不同时代或阶段，这些阶段由两种革命分开。旧石器时代和中石器时代与蒙昧相联系，所有的新石器时代与野蛮联系，青铜时代与文明相一致，但是这仅仅是在古代东方。"

19. 霍德（Hodder，1990）推论："在新石器时代晚期，人类对于地景逐渐增加的驯化仅仅是旧的驯化思想和实践的延伸，目的是将社会控制有竞争力地延伸到更大的社会实体上来。"霍德将家庭与不仅作为人造结构而且作为概念结构的"场所"（domus）相联系。

20. 见 Viveiros de Castro，2005。

21. 最重要的一个纠正是农业并非一种突然的发明而是一种长期的、共同进化的、累积的过程。在这个过程中，关系的双方都发生了变化，伙伴群体变得越来越互相依赖了（Zeder et al.，2006；Gifford-Gonzalez and Hanotte，2011）。

22. 无意识的选择性压力指的不是那些为了某些特质有意识或有倾向地繁殖培育的结果（如优生学或选择性动物配种），而是特定的环境条件的结果，比如人造建筑（场所）或食物的改变。

23. 当二战后欧洲社会人类学的发展完全从它的物理基础岔开后，北美的人类学仍然坚持四个领域的取向。在欧洲成为社会人类学家不需要学习任何关于人类进化论或考古学的知识，但这在美国是不可能的。然而即使在美国，四个领域的取向也并没有防止在各自领域之间发生的实质性分裂。这也使得即使是在大西洋的美国这一边，这些主张也是有效的。

24. 卡斯特罗（Castro，2005）引用了这段话，来自于萨林斯（Sahlins，1996）。英戈尔德也讨论了出自马克思的同样一段话，但对于人类的形成有一些略为不同的观点。

25. 根据斯科特（Scott，2011）所说，"他们所设计的移动和生存技巧是为了避免国家的整合。他们的社会结构和平等主义价值观也是服务于避免国家在他们当中产生的目的"。

26. 阿伯丁大学的大卫·安德森（David Anderson）和他的研究团队挑战了这种看法。基于极地的民族志和考古学研究发现，他们强调炉灶和家庭是重要的"成为"的场所（Anderson，Wishart，and Vate，2013）。他们的取向将人们的注意力引向相互性和物质文化，也启发了我。我感谢大卫·安德森关于这个主题的谈话。

27. 相似的民族志实验，见 Ogden，2011。

28. 更详尽的描述，见 Anneberg，2013。

29. 说某种事物是"活着的"意味着什么呢？并且有何重要性？罗安清表示"活着的事物把未来包括在他当前所做的事之内"（Tsing，2013；也见 Kohn，2013），并且提出社会性的概念可以延伸到活着的事物上（但不延伸到比如石头上面）。我发现当"活着"变得重要的时候这种区分对于那些例子来说是有用的。

30. 比如，那些地点如何通过民族志的方式被抵达，见 Asdal，2014。

31. 我关于塔斯马尼亚三文鱼养殖的研究的重点是跨国生物迁徙和全球联系（Lien，2005，2007a，b）。

32. 在塔斯马尼亚，我听到国际专家称挪威三文鱼养殖是"国家的艺术"（Lien，2007b），我也被误认为"专家"，仅仅因为我是挪威人。然而我的无知却是很典型的：大多数挪威人并不懂水产养殖。

33. "养殖场的新秀：介于野生和工业化之间的大西洋三文鱼"，这个项目涉及约翰·劳和我，我们做了三文鱼养殖的田野工作；格罗·B. 维恩在塔纳河（Tana）做了田野工作；克莉丝汀·阿斯达（Kristin Asdal）基于书面材料做了鳕鱼养殖的分析；还有三名研究生，莱恩·达尔海姆（Line Dalheim），梅若特·奥德加德（Merethe Odegard）和安尼塔·诺雷德（Anita Nordeide）分别做了沃索河（Vosso）、阿尔塔河（Altar）和纳姆森河（Namsen）的三文鱼的田野工作。另外，我们也与生物学家伯杰·邓斯戈德（Borge Damsgard）和苏尼尔·卡德里（Sunil Kadri）以及兽医塞西莉·梅杰尔（Cecilie M. Mejdell）合作。

34. 我也使用了我们共同出版的著作：Law and Lien，2013，2014；Lien and Law，2011。

35. 让我引用另外一个来自营销领域的例子。20 世纪 90 年代初，在我做田野工作的营销部门，流行的行话通常将市场形容为一个虚拟的战场，而产品经理则是为了产品能够在超市货架长期摆放而战斗的"战士"。上述行话的分析支持将市场作为匿名的和高度竞争场域的常见的经济学模型，而当地的行话也可以被视为经济学模型已被内化的表现。然而，当我尾随我的对话者进出会议、电梯和董事会之后，我很快意识到将市场作为战场的描述几乎不能体现出产品经理的专业方法。与其说他们是作为"战士"行动，还不如说他们好像轻松扮演了一个实践哲学家的角色，允许不确定性、怀疑、社会联系和友谊经常性地出现，而这些都不是一个将市场作为战场描述的常规的经济学模型所能表明的。这些微妙的细节在一种非常具有竞争性的行话的"表面之下"起作用，只有通过密切关注实践和不录音的聊天，才能够在民族志中发现它们（Lien，1997）。

36. 就像布班特（Nils Bubandt）和奥托（Ton Otto）在他们《整体观的实验》（2010）一书的导言中指出的，人类学的整体观通常是一种假设而非对于整体的探求。但是这并不意味着这个有点尴尬的词语不再是有用的了。因此，他们想要探索"人类学无需总体化就可以是整体观的，以及无需整体就可以有整体观"的可能性。

37. 关于惊奇作为一种关键性分析工具的角色，见 K. Hastrup（1992）；关于较近的人类学被冒险精神驱动的主张，见 Howell（2011）。

38. 卡德娜（Marisol de la Cadena）提出了这个词"本体论开端"，表示这不是一次激烈的理论转向而是针对被认为理所当然的事实和用现实的假设处理的事实的一种基础性的开端。

第一章　追踪三文鱼

1. Aina Landsverk Hagen，2013 年 1 月。

2. 野生大西洋三文鱼一般花 2—5 年待在海洋中，成年后返回它们出生的河流，在那里或靠近那里产卵。同时，它们一直增重，从 2—3 公斤到将近 20 公斤，在这个阶段三文鱼作为一种宝贵的食物资源，维持着大西洋沿岸社区的生计。太平洋三文鱼也是相似的过程（Lien，2012）。

3. 现货价格通过不同方式显现。一个重要的参考是"鱼塘"（Fish Pool ASA），这是一家关于三文鱼贸易合约、远期合约、期货合约和期权合约的证券交易所。"鱼塘"是一种在全球市场上以浮动的价格对成长中的三文鱼可能具有的风险进行分配的机制。它的网站（http://fishpool.eu/spot/）对养殖三文鱼全球现货市场价格和期货价格进行定期更新。

4. 所有的公司名都是化名，特定的地点位置的名称也是化名。除了少数例外，大部分地方的名字是真实的。

5. 斯拉克公司的年产量是将近三千万吨三文鱼，是塔斯马尼亚三文鱼养殖年总产量的两倍多。但是在当地背景下，它只占这一时期挪威养殖三文鱼年总产量的 3%。

6. 加在一块儿，我们现场直接做的三文鱼田野工作只有几个月的时间。另外，由于我们的研究持续时间超过了四年，我们还有很多间接的田野工作：与报道人的电话会谈、在网络上、通过电子邮件和会议（我在会议中有时也会发表初步的研究发现）进行的田野工作。这种长期的、断断续续的田野工作策略增加了我们对于公司和产业的动态性质的洞见，久而久之也使我们与一些人建立了比较密切的关系。我之前已经通过在塔斯马尼亚的田野工作了解到有关三文鱼养殖的许多知识，如果不是这样我们在挪威的田野工作也将困难得多。从这个意义上讲，约翰与我都因为我对另一处相似场所的熟悉而受益良多。

7. 有一次养殖场雇用了一个苏格兰的接种团队，他们在这里待了几个星期，这种非对称性对我们而言表现得就很明显了。约翰曾经在苏格兰待了很长时间，这次他变成了访谈者，而我被排除到谈话之外。因为我不能理解苏格兰的方言，尤其是在接种机器持续的噪音中。

8. 溯河的鱼类包括三文鱼、鲈鱼和鲟鱼（NOAA，Northeast Fisheries Science Center，2011）。

9. 挪威语的原文是："Ganga skal Guds gava til fjells som til fjore，um ganga ho vil"（Treimo，2007，30）。

10. 洛基是人们熟悉的《老埃达》（the older Edda）或者《诗体埃达》（the "poetic" Edda）里的中心人物。这部神话写于 13 世纪的冰岛，并且采用了更为古老的神话故事。"巨人"（Jotne）是挪威宇宙观中的神话生物，生活在挪威中南部的尤通黑门（Jotunheimen）山脉。

11. 奥斯兰（Erna Osland）的丈夫是一位早期的三文鱼养殖者。她关于挪威水产养殖先驱者的书提供了一份丰富的关于产业早期发展的个人佐证。

12. 为何从鳟鱼转向三文鱼？部分的原因是价值上的考虑。三文鱼不仅被视为"鱼王"，而且当时可以在市场上卖得高价。可能由于 20 世纪早期美国罐头工业的成功，三文鱼也成为了抢手的出口商品，罐装三文鱼遍布英国和欧洲大陆的许多地区（但不在挪威）。

13. 顺便提一句，差不多在同时，北海的石油勘探获得成功，几乎相同的问题被提出来了。对严格管理和研究上的公共投资的强调是相似的策略。

14. 莱索委员会的规制管理引发了相当多的争议。水产养殖业是渔业的延伸，因此应该由渔业部来管理吗？还是它属于另一种农业，应该由农业部来负责？少数人支持后者，主张水产养殖的大部分挑战与疾病、繁殖、喂养和营养有关，所有这些都属于畜牧科学的范围。然而大多数人都强调水产养殖动物与渔业的关联（NENT，1993）。

15. 委员会提出了每个生产点 50 吨的最大年产量，但是这个从来没有被执行过（NENT，1993）。

16. 苏格兰是世界第三大大西洋三文鱼的生产商（在挪威和智利之后），2010 年的产量大约为 15 万吨。缓慢的增长也是一件好事，近年来苏格兰养殖者在有机水产养殖的潮流中成为先锋。根据苏格兰三文鱼生产者组织的统计，在 2014 年 3 月，70% 的苏格兰三文鱼获得了英国皇家防止虐待动物协会（RSPCSA）的自由食品认证（http://scottishsalmon.co.uk/freedom-food）。

17. 莱索委员会预测 1985 年的鲑鱼产量是在 8000 到 15000 吨。然而，实际产量几乎为这个数据的两倍：29000 吨三文鱼和 5000 吨的彩虹鳟鱼。在接下来的三十年，挪威的总产量超过了 100 万吨（也见第四章）。

18. 人们通常认为挪威的三文鱼养殖业在帮助建立智利的三文鱼水产养殖业方面是有功劳的。这毫无疑问是部分真实的，但并不是故事的全部。人类学家希瑟·斯旺森（Heather Swanson）（Swanson，2013）注意到日本人也在智利的水产养殖业发展中扮演了关键的角色，他们在智利建立了育苗场来保证家庭消费的新鲜三文鱼供应。当时新的海洋捕捞规定的出台使得日本人对北太平洋的三文鱼捕捞变得更为困难，所以这样做是很有必要的。日本人在智利的育苗场建立好了之后，紧随而来的就是 20 世纪 80 年代对挪威的资本投资，推动了从海水孵化的实践向封闭的三文鱼水产养殖的转变。

19. 这个研究站就是后来的 Akvaforsk 研究站。

20. 在挪威有两家主要的三文鱼受精卵供应商：Aquagen 公司和 Salmobreed 公司。Aquagen 公司在其网站上是这样描述他们的产品的：

> 今天的大西洋三文鱼产品是在 1971—1974 年对 41 条河流中多样化的和有代表性的三文鱼遗传物质收集的基础上建立起来的。通过之后许多年的发展，创造了一种适应今天的生产商和消费者需求的遗传物质。
>
> 在繁育的起点，我们有 600 个鱼类家庭能够为亲鱼的选择提供一个广泛的基础，从而生产市场所需要的高质量的鱼卵。基于鱼类家庭的繁育工作和通过 10 代的选择为鱼儿提供了良好的基础，使它们能有较快的生长速

度，充满活力，强壮，也拥有较好的色彩和体型。这是通过对每一代大约 10 万条鱼的超过 20 个特征进行系统化测量所达到的。每一批鱼卵都是被记载的、可追溯的。

最重要的特征包括生长速度、鱼肉质量和抗病能力。

21. 在 1979—1989 年间，表示生产一定数量的鱼肉所需要的饲料量的 FCR 从 2.2 下降到了 1.5（NENT，1993）。今天的 FCR 一般来说就更低了，接近 1（见第三章，也见 Lien，2007）。

22. 根据一种说法，斯杰沃德当时已经拜访了澳洲大陆，参加一个有关牛群饲养的会议。

23. 到了后来他们才发现其实并不是这样：河流实际上非常浅，水流也有限。三文鱼的养殖场的选址最终定在了更远的地方。

24. Lien，2009。

25. 在 2012 年到 2014 年间，"水产养殖"项目每年花费十万克朗资助水产养殖研究（Research Council of Norway，2011）。

26. 从田野笔记中改述。

27. 虽然大部分洄游的三文鱼能找到它们产卵的河流，但是据估计 5% 的三文鱼回到了不同的河流（见第六章中的详细介绍）。

28. 实际上，这个笑话是来自道格拉斯·亚当斯（Douglas Adams）的科幻小说《银河系漫游指南》（*Hitchhiker's Guide to the Galaxy*），而这个笑话不是关于上帝而是关于海岸线的设计者斯拉特巴法斯特（Slartibartfast）的。斯拉特巴法斯特因为挪威海岸的峡湾设计而获奖，为了建设第二期"地球标记"，他被分配了非洲的任务而因此不开心。他希望能够设计更多的峡湾因为"它们赋予了大陆一种可爱的巴洛克风格"。

（*Hitchhiker's Guide to the Galaxy: Original Radio Scripts*，Google e-book，http：//books.google.com/books? id = 6LgGIvmSceoC&dq = % 22I% 27ve + been + doing + fjords + all + my + life%22&source = gbs _ navlinks _ s）

29. 三文鱼养殖者也经常讲述将大蒜作为海虱疗方的相似故事。很难说这个主意从何而来，但是在挪威的玫瑰园里，大蒜是用来除虱的常见方法。尽管今天来说大蒜是一种常见的食品，在 20 世纪 60 年代和 70 年代的时候，它还属于异国食品，并不常被使用。它为人所知的是它的药性和臭味，即使在食用者吃了一天之后仍然能被闻出来。

30. 这个和其他的对话都是译自挪威文。

31. 这种对于"平静和安宁"（ro og fred）的欣赏并不是水产养殖业独有。玛丽安·古尔斯塔德（1979）分析 20 世纪 80 年代挪威的日常生活时，用了一整个篇章来讨论文化意义和对于"平静和安宁"的欣赏，认为这是一种通常用来合理化那些本身并不需要进一步合理化的行为的价值。

32. 与其他"经合组织"国家相比，挪威几十年以来拥有相对较高的女性就业率。在 2011 年，73% 的年龄在 15—64 岁的挪威女性是被雇用的，高于"经合组织"平均就业率 16 个百分点（Organization for Economic Co-operation and Development，2012）。

33. 可见 Kjærnes，Harvey，and Warde，2007。

34. 在谈到国家治理和管控时，许多其他三文鱼生产国被认为比挪威更自由。挪威生产者认为这归因于其他地方的私人工业领域拥有一种更加新自由主义的管理方式。比如在北美被允许的转基因三文鱼在挪威是被禁止的；澳大利亚的反垄断法促进了竞争而非合作；2007 年，由于传染性贫血病毒（ISA）横扫了一半的智利三文鱼群，导致智利的三文鱼产业崩溃。后者主要是在一个快速增长的时期缺少管控措施所致。正如由全球水产养殖联盟所委托写作（同时也由世界银行和智利政府共同资助）的一份报告中所说的，"令人印象深刻的技术和商业上的成功并未伴随着研究、监控和管理的跟进，以至于无法防御可预见的生物风险"（Alvial et al.，2012）。

35. 在过去的几十年里，挪威（像其他的北欧国家一样）为人所知的是它相对较高的平等性，贫富之间的收入差距小。然而最近，根据"经合组织"的数据，贫富之间的收入差距已经增大了。（见例如 Organization for Economic Co-operation and Development，October 2008，"Are We Growing Unequal?" www.oecd.org/social/soc/41494435.pdf）

第二章 成为饥饿的

1. 当喂鱼的饲料从贮藏室通过喂食管道被运出来时，其重量以千克为单位进行测量。每个围塘中鱼的数量和它们个体均重的估计值作为生物群数字被进行定期的录入。在电脑上每天的喂食量会自动根据生物群的平均值进行调整（假设鱼真正消耗了这些饲料），这样反过来也给业务经理们一些指导，即他们第二天或者第二周需要分配多少饲料下去。关于喂食和生物群的更多信息，请见第三章。

2. 养殖三文鱼的鳍会磨损变薄。见第六章。

3. 濑鱼（Leppefisk）是对六种不同类型的用作清洁鱼类的濑鱼的挪威语总称，其中包括：巴兰濑鱼（Labrus bergylta）、金斯尼濑鱼（Ctenolabrus rupestris）、锯濑鱼（Symphodus melops）。从 2009 年以来，在挪威三文鱼养殖场将濑鱼用作清洁鱼类的数量猛增。在 2010 年，挪威的濑鱼捕捞量是 440 吨，是 2009 年捕捞量的两倍多，几乎达到 2008 年的捕捞量的十倍（Espeland, 2010）。越来越多的人开始关注对本地濑鱼种群日益增长的需求将产生的影响，养殖濑鱼的试验也开始进行了。

4. 年幼的银化期鱼对于海虱的抵抗能力特别弱，海虱的数量较多时就能够杀死它。

5. 濑鱼的当地价格是在每条六克朗左右。

6. 禁令是针对在峡湾和近海的三文鱼捕捞的。河流中的垂钓只在夏季被允许，并导致了一些争议。也见第六章。

7. 比如，见 Latour, 1987。

8. 根据英戈尔德（Ingold, 2011）所说，媒介提供了运动和感知得以发生的条件。我走得更远，认为对于哺乳动物和鱼类而言，媒介构成了呼吸的核心，它传递了持续运送到我们细胞的氧气，没有它生命是不可想象的。氧气不仅仅由媒介物空气传递，而是就像它构成了水一样，构成了地球上空气的本质。因此与其说空气和水仅仅是我们运动、注视和运行的媒介，还不如说它们分别是人类和鱼类存在物的构成性特征。

9. 功能是"事物特定的能力，通过它一个事物可以根据其是坚硬或者柔软，尖锐或者钝化，液体或固体，柔软的、有韧性或者僵硬的，使自己适应于特定的关系的可能性"（Harvey and Knox, 2014；Ingold, 2011）。

10. 年幼的青鳕有时会进入围塘，进食增重直到它们长得太大了而不能再从鱼网里钻出去。但是即使它们待在外面，它们仍然会在三文鱼养殖场附近游动觅食。渔民们担心这会导致质量下降和需求减少（Ottera and Skilbrei，2012）。

11. 了解三文鱼是本书通篇不断循环的主题。特别见第三章和第五章。

12. 我在这里引用一下德斯普雷特（Despret，2013）对于存在概念的批评："这个抽象的词——大部分时间都在所谓'观察者的存在'的伪装之下——虽然所指的是身体，但是实际上又掩盖了它。它掩盖了对于动物而言实际的和具体的'存在'是什么：所谓的观察者的身体所占据的空间，移动的身体，行走的身体，忍受和散发气味的身体，制造噪音的身体，跟随的身体和做一个身体能做的任何事情的身体——包括我们不知道我们的身体能够做的那些事情，因为我们没有意识到它们能做什么，但是动物们可能却感知到了。"

13. 作为人类学田野工作标志的参与观察信奉这种观点，但是通常会把焦点放在人类身上，只有当它们与人类的关系可以被"脱嵌的观察者"观察到的时候才会包含动物。不同观点见 Remme，2014。

14. 也见 Grasseni（2004）和 Ingold（2000）有关人类动物关系的技能化的相关描述。

15. 比如，大部分对于鱼的操作看起来都会影响它们的胃口。如果它们最近被除虱、清点或者从一个网箱搬到另一个，这都将会被考虑进去并且被用来解释进食的变化。因此他们这里寻找的是导致胃口变化的其他未被考虑进去的因素。

16. 所有的正式员工每年都有五个星期的假期。其中四个星期一般都是在夏季。

17. 温度升高导致海水里氧气饱和度的下降。

18. 兽医服务部分是私营的，部分是由挪威食品安全局组织的。挪威食品安全局是国家行政机构，在全国各地都设有办公室。它的职责是提出法案和依法管理，进行风险监控，以及在食品市场和食品生产部门传播和实施质量控制体系。

19. 挪威语里面的"sture"一词意味着"闷闷不乐"或"无精打采"，就像当不高兴和没精神的时候或者植物或动物长得不好的时候所表现出来的状态。这个词主要是用在人身上，并且有某种情感倾向，通常表示难过或者有一点抑郁。

20. IPN 即传染性胰腺坏死，是三文鱼水产养殖业中更常见的病毒性疾病之一。就像胰腺病（PD）一样，它可以通过注射疫苗来预防，但是疫苗也不是完全有效的。

21. 这份表格有三个分类：固定的（faste）、游动的（bevegelige）和游动的雌性（hoa）。Hoa 是当地方言意味着"她"的复数，或者"她们"。海虱被根据性别和生命周期阶段进行分类。我们主要关注的是性成熟的雌性海虱的数量，就是游动的雌性（bevegelige hoa 或者仅仅 hoa）。其他的分类是雄性，仅仅被分成"游动的"和"固定的"，后者就是还没有性成熟的海虱。哈当厄鱼类健康网络是一个为期三年的研究项目，旨在确定挪威哈当厄峡湾体系中海虱与养殖和野生三文鱼的互动关系。这个研究项目在海洋研究所、食品安全局的当地办公室和这个区域的三文鱼养殖公司之间建立起了合作。

22. 分区要求在很大的区域例行休息至少六个月。分区涉及公司之间的一种轮值的体制，各个公司不能够再将银化期三文鱼仅仅放在他们自己被批准的生产点上，而是需要彼此之间进行活动的协调。

23. 海虱的治理是通过用不同种类的药剂"洗浴"完成的。治理的成本昂贵，需要较多的劳力，并且视药水的种类，还会给环境或者工人们的健康和安全带来或大或小的风险。另外，对于当前的药剂还会出现抵抗的迹象。尽管如此，大家还是一致认为需要进行这样的治理。它被视为对三文鱼种群和那些游经的鱼类的预防性措施，而非对那些围塘中的三文鱼的措施。对于后者来说临界值太低了。（关于除虱更多的信息，见 Law and Singleton, 2012）根据我在 2010 年 1 月对一位兽医的访谈记录，当年最重要的四种药剂是字母达（AlphaMax）、鲑鱼沙（Salmonsan）、史莱斯（Slice）和几丁质抑制剂（chitin inhibitors）。

海虱治理的临界值在一年之中不同时间有所不同。在 2010 年 1 月 31 日至 8 月 31 日之间，临界值是平均每条鲑鱼身上 0.5 条游动的雌性和 3 条游动的雄性。在 9 月 1 日至 12 月 31 日之间，临界值是 1 条游动的雌性和 5 条游动的雄性。在银化期的三文鱼游经的夏季两周内，临界值是 0.2 条游动的海虱或总共 3 条海虱。如果超过了这些临界值，除虱就是必须的了。除此之外，这个区域内还有所有生产点之间协同的除虱行动，时间是在三月底。

24. 这与智利的情况有很大不同。在智利，21 世纪头十年的最后几年中，抗生素的使用呈爆发式增长。根据卡贝略（Felipe C. Cabello）的说法（Cabello et al., 2013）："2007 年，当挪威、英国和加拿大在所生产的每吨三文鱼中分别使用 0.0008，0.0117 和 0.175 千克的抗菌剂时，智利每吨至少用

了 1．4 千克。"在 2009 年，智利的三文鱼养殖场爆发了严重的传染性的三
文鱼贫血症（ISA），对整个三文鱼产业都有巨大的影响。哈当厄的三文鱼
养殖者评论道由于卫生措施的缺乏，这可以说是一场等待发生的危机。危
机可以归因到一种不负责任的生产制度，这种制度优先考虑了短期利益，
而以长期的鱼类健康作为代价。政府治理的缺乏以及食品安全控制体系较
弱也被视为导致危机的因素。在疾病爆发期间，《纽约时报》报道智利的经
济部提到"智利在 2008 年使用了大约 718000 磅的抗生素，在 2007 年使用
了超过 850000 磅"。与来自挪威公共健康研究所的资料相比较，这"大约
是挪威 2008 年使用的抗生素（2075 磅）的 346 倍，大约是挪威 2007 年使
用的抗生素的 600 倍"（Barrionuevo，2009）。根据挪威食品安全局的数
据（2014），2013 年挪威使用抗生素的总量是 972 千克（鱼的总生产量是
超过一百万吨）。

第三章　成为生物群

1. 当三文鱼由小变大，饲料的成本也逐渐增加，但是很少会超过总生产成本
的 50%。其他的成本（比如接种费用、兽医服务、除虱、基础设施建设和
劳动力）则与鱼的大小无关，多少是比较稳定的。
2. Kontali Analyse，2007。
3. 关于智利三文鱼养殖产业崩溃的更多信息，见第二章，引注 24。
4. 见比如帕克森（Heather Paxson）的作品（Paxson，2013）。对于那些产品来
说，可以通过提高或者控制产品的特定方面来寻求利润，如口味、生产实
践、产地甚至是包装。
5. 这意味着在挪威生产商之间，大家都不太追求自身的产品识别度。三文鱼
就是三文鱼。对于挪威三文鱼而言特别如此，它在全球的营销仅仅建立在
产地国家的基础之上。在苏格兰，对于有机三文鱼有着更为广泛的需求，
超市出售的三文鱼也提供更多选择。
6. 鱼类产业标准（1999）对养殖三文鱼进行如下定义。优质级："适用于各种
目的的等级最高的产品。总体而言无缺陷、损害或者瑕疵，给消费者留下
正面的总体印象。"（接着是一系列的具体标准。）普通级："存在有限的外

部或者内部缺陷、损害或者瑕疵的产品。没有影响未来使用的缺陷、损害或者瑕疵的产品。"（接下来也是一系列的具体标准。）这种生产分类是给那些并不符合普通或者优质级标准的产品看的。符合这种生产分类的产品会在市场上大卖。

7. 缺乏可预测性使购买者和销售商计划长期的投资和业务运作变得很困难。整个产业都需要一种风险管理的工具，为这种生物产品贸易所需要知晓的底线和灵活度提供更好的预测。"鱼塘"（Fish Pool ASA）（见第二章，引注 3）是一种全球市场上根据浮动的价格对成长中的三文鱼可能具有的风险进行分配的机制。

8. 在挪威，员工的参与性既是法律的规定同时也体现在人们对雇主和员工关系的共同理解之中，这常常被描述为一种相对的平等。它源于 1907 年当时主要的雇主协会与工会达成的一项关键性协议，另外在 20 世纪 70 年代也有几次运动加强了工作场所的民主和参与性（Brogger，2010）。这种参与性和平等主义精神既是一个重要的议题同时又是挪威区域研究的一个关键概念（Lien，1997；Barnes，1954）。

9. 对于雇主有很多的尊敬但是同时也有一种非正式的感觉在里面。他通常都被人用名字来称呼，他也经常被开玩笑地称为"长官"（chief）。

10. 托雷当时还不知道，我也是，但是很快情况将变得更糟：在几个月之后，他将在这里度过他的新年和大部分的圣诞节假期。因为这个冬天不同寻常地寒冷，他们需要保护幼鱼免受寒冷天气的伤害。也见第六章的"当死亡是不可预期的：来自急救队的笔记"一节。

11. 有一次他们甚至尝试过养殖大菱鲆但是最后放弃了。当弗罗斯德建立的时候，它可以算是这个区域最为现代化的银化生产点之一。托雷讲述道他们那时如何在水泥搅拌机中混合鱼屑，并且使用大蒜作为对抗海虱的疗方。在其他地方也有其他人讲述相似的故事，他们对 20 世纪 70 年代仍留有记忆。比如第二章的丽贝卡。就像丽贝卡的例子中一样，托雷对于这个地点以及它的运作方式的熟悉是早于当前的企业主的。虽然银化生产点和养殖场有时会易手成为更大的经济体的一部分，但是在本地的工作人员当中"在基层"的感觉是一种重要的延续。比起对于不断变化的法律所有权，他们对于地点和社区更具有忠诚和归属感。这种延续性也确保了技术进步和工作经验的累积，增加了整个产业的竞争力。所以，虽然水产养殖业是一种全球产业，但是仍然具有一些明显是不可扩展的特性。见 Tsing，2012。

12. 黑色的屋顶有利于光的控制。具体见第四章。

13. 这当然也并不完全是真的：养殖场也拥有它们自己的挑战，比如突发疾病带来的潜在经济损失也会是巨大的。因此，附着在数字上也是附着在业务经理身上的责任是重大的。但是普通员工并不直接对这些数字负责，因此某种程度上来说他们的生产系统看起来风险较低。维德罗的普通员工很少睡觉时被警铃吵醒。

14. 铝的水平随着雨量的变化而变动。

15. 曝气器的故障也可能会导致警铃发出响声。除了这些因素之外，在发动机故障，水管中的压力下降影响水循环系统，水泵故障或者上游大坝水位太低的时候，警铃也会发出响声。

16. 氧气含量会自动提高是因为贮水池连接着外面的储氧箱。当贮水池中的氧气饱和度下降到85%以下的时候，储氧箱就开始供应氧气给贮水池了。相应地，外面储氧箱里的氧气水平也以电子形式报告给供应商，它是挪威东部的一家公司。这样，氧气供应商可以监控弗罗斯德的氧气消耗量并安排好西海岸的运送工作，在氧气耗完之前储氧箱就能得到替换。因此我们可以想象关灯和储氧箱的运送安排联系起来的，这当中要通过与受惊的银化期鱼的氧气新陈代谢相关的一系列转译，将银化期鱼的反应（可能是害怕）与拖车运送安排和工人工作班次联系起来。

17. 从1到5的刻度被用来表示天晴、半晴、阴天、雾等等。另有相似的从1到5的刻度来表示风力的情况。

18. 用标准的挪威文书写，"另一边"是 den andre siden。

19. 见拉图尔（Latour，1987）。"计算中心"一词与"累积的周期"概念相联系，后者表示网络之中互相联结的特定位置上的知识的累积。根据拉图尔的说法，累积的周期构成了计算的中心。

20. 又或者是，规范和期望在不用表达得很清楚的情况下就能得到交流。模糊性、讲故事和谣言八卦都能传递这种细微的感觉。过来帮忙几天但是心不在焉的年轻人可能会被说成是"小家伙"（gutane），一些举止不太受欢迎的女性则被说成是"女流之辈"（kvinnfolka），这些词在挪威语里都含有一点贬义。

21. 当鱼从一个操作地点被运往另一个的时候，所准备的文件包含着许多具体信息，其中最重要的是：鱼的数量、它们的产地（公司、生产点）、孵化的时间、亲鱼的年龄（雄鱼和雌鱼）、孵化温度、孵化和第一次喂养时的日度值、运送时的均重、接种情况、健康控制的描述、执照、运送公司关于生产银化期鱼或鱼卵的许可、当地兽医确认运送的邮票和负责运送的业务经理的签名。

22. 这种计算并不总是简单的：我记起维德罗的弗雷德里克重新校准自动喂食机，使电脑上的数字能够精确地反映在系统中实际输送的饲料量时，他也是经历了一番折腾。

23. "经济学的 FCR"包括了在一定时期内的死鱼数量，但是"生物学的 FCR"计算的时候并没有将死鱼考虑进去，因此更精确地反映了目前围塘中鱼群的新陈代谢率。比如鱼类死亡率的突然提高将导致经济学的 FCR 的快速增加（饲料被"浪费"在鱼身上而不再对生物群有贡献），但是却对生物学的FCR 没有同样的影响。

24. 在塔斯马尼亚，银化期鱼配额制发挥了相似的功能，使得政府在总生产量上设置了上限。

25. 挪威文的原文是："Den til enhver tid staende biomasse av levende fisk，malt i kilo eller tonn. Biomasse er oppgitt i levende vekt"（Directorate of Fisheries [Fiskeridirecktoratet]，2009）。

26. 阿尔廷是挪威统一的公共电子汇报系统。一开始建立的时候主要是用来给企业发送所要求的报告。现在也广泛地被个人使用，特别是用来申请返税。

27. 详情请见 Lien，2007。

28. 它们也正处于需要被接种的阶段，为了节省操作，这些事情经常都是同时来做的。一台自动接种机不仅仅是接种，也会称重和清点。如果你设置正确的话，你就将能准确地知道在另一端多少条已经出来了以及它们的均重是多少。详情请见 Law and Lien，2013。

29. "冬季管理"指的是银化的过程，也是一年生产两批银化期鱼的技术而非仅仅在春季生产。这意味着计划九月份运送的银化期鱼要被放在有限的光线下，以加速它们的银化过程。第四章讲述了更多有关银化和时间性的内容。

30. 这些句子在电子邮件上的原文是："Men det er som alltid feilkilder；Storfisk ha en tendens til a svomme djupere en de sma som har tendens til a svomme langs notkanten. Plassere du maleren djupt far du en annen snittvekt

osv"。

31. 最后一句评论在电子邮件上的原文是，"Vi pleier a treffer ganske godt，de fleste regner med at det er mer biomasse i en merd enn det er I virkeligheten og det resulterer i en skuffende forfaktor nar fisken slaktes"。

32. 我愉快地接受了他提议的分工：用小捞网把大约五千克重的鱼捞出水面是个辛苦的任务，特别是在水面低于我们的脚而且小捞网的把手有好几米长的情况下。卡尔的肩膀很宽，胳膊比我们的都要强壮。

33. 难怪卡尔朝办公室做出讥笑的表情。昨晚，在我们在他家吃过晚饭后，他递给我他的税表，需要交到总部办公室去的。我要帮他去交一下，因为当他们早上离开前往维德罗时，办公室还没有开门。

34. 我注意到在谈话中和我自己的问题中"文件"一词会不停地蹦出来，即使文件和这个没什么关系。

35. 通过一种特别的功能，"鱼言"程序也可以做出阿尔廷系统中所要求的表格，但是内部质量控制仍然是需要的。在斯拉克公司，这是芬恩的职责。

36. 如果一个公司超过了 MTB，它就会被处以芬恩所说的"极高的罚款"（en forferdelig stor bot）。在做这些访谈的时候，一场有关哈当厄地区监管修正案的听证会正在利益相关者之间举行。它提出要将整个地区的总 MTB 从目前的 70000 吨再调整到 50000 吨。这种改变将影响到大部分的生产商，并对哈当厄地区的进一步发展形成有效阻碍。虽然水产养殖业目前还是朝向进一步扩张，对这些措施颇有微词，但是环境保护组织却在倡导一个甚至更低的 MTB 临界值（也见第一章"Aqkva 会议：短暂的片段"）。

37. 欧洲是挪威三文鱼的主要市场，但是亚洲国家也很重要。相比之下出售到美国的量是微不足道的，甚至比不上挪威本国的消费量。美国市场的养殖三文鱼主要是智利的或者是北美的，并且还要与野生的或者是海上牧场的阿拉斯加三文鱼竞争（Kontali Analyse A/S，2007）。关于阿拉斯加三文鱼品牌的更多信息，见 Hebert，2010。

38. 投标在电话里就可以被接受，口头协议也是具有约束力的，但是后面阶段还需要有一份书面文件（电子邮件或者传真）再进行确认。

39. 更大的公司通常会建立一个公司内部的出口办公室，这样他们就不需要独立的出口商了。

第四章　成为可扩展的

1. 过去几十年在食品加工行业，价值附加已经成为迎合欧洲和美国所谓饱和市场的常见战略。在这些相对繁荣的市场，虽然人们能吃多少已经是很有限的了，但是仍然会有经济增长的潜力。因为如果产品中有一些可见的"附加价值"（象征的或者其他种类的），消费者仍然可能会愿意为同样的消费量付更多的钱（Lien，1997）。

2. 在 1985 年，挪威三文鱼在全球市场上的销售价格超过每千克 80 克朗。二十年之后，价格低于每千克 30 克朗（Asche，Roll，and Tveteras，2007，53，figure，12）。

3. 精确地说是 1165954 公吨（Statistics Norway，2014）。

4. 感谢伯恩特·阿尔赛斯（Bernt Aarseth）将这些数字集合起来的建议。

5. 挪威作为鱼类出口商的领先地位传统上依赖于它的渔业捕捞。然而虽然捕捞仍然重要，但养殖业的增长要快得多，并已成为挪威渔业出口的最大来源。

6. 这加起来是一年 59720 卡车的三文鱼（每一辆卡车装满 18 吨新鲜的、整条的三文鱼）。这是一个估计数字，并假设所有的三文鱼都是用于出口并新鲜地售卖，而实际情况并非如此。但是这对于视觉化巨大的生产量仍然是有用的（Are Kvistad，FHL，Personal communication，March 20，2012）。

7. 孵化场的工人们解释，河流中只有很少的鱼卵会变成银化期鱼。孵化场提供了一种特别的保护层，使那些弱小的鱼卵拥有比它们在河流中更久一些的存活机会。但是长期来看，他们还是不太可能度过成年期。剔除那些不完美的鱼卵是一种轻微减少孵化场条件所创造出来的选择性偏见的方式，使每个批次变得更加统一和健康。

8. 表面是很关键的。商业性的孵化场中存在着许多种表面的形式，其中一种是阿斯特罗草皮（AstroTurf）。（阿斯特罗草皮是一个商标名，一般用于指 20 世纪 60 年代发明的、用于操场上的短桩合成草皮。用在伊登维克孵化场的这一种有着厚厚的塑料纤维，在挪威它也被用作地板铺在阳台和其他半室外的地方，像草坪一样增加地板的柔软度。）阿斯特罗草皮用于托住鱼苗，直至它们开始进食。奥拉夫认为这是一个重要发明。他已经想不起何时开始使用它，但是他记得他发现在阿斯特罗草皮上的小鲑鱼长得要更快一些。在他所称的"阿斯特罗时期"结束之前，小鲑鱼将长到 0.14 至 0.15 克。使用阿斯特罗草皮，它们有可能在同一个日度值长到 2.5 克。奥拉夫认为这是因为它们保持了安静，并未游来游去消耗能量，所以它们将所有的卵黄囊都用于增重了。

9. 见赫姆莱特（Helmreich, 2009）对于生命的形式和形式的生命的讨论。

10. 这种移动性和持久性的组合后来被称为是"不变的移动"（immutable mobiles）（Latour, 1987）。

11. 这些贮水池直径大约 150 厘米，近 1 米高。当鱼苗增加重量变成幼鲑的时候，它们将被转移到拥有更大贮水池的另一个建筑中去。

12. 从排水沟并不直接进入下水道而是与一个滤网相连，放在适当位置的滤网是在养殖和野生的，内部和外部之间的另一种物理界限。这个滤网的目的不是去拯救三文鱼个体（虽然它有时的确是起到这个效果），而是为了保护周围的水道，防止养殖三文鱼找到出口、最终逆流而上，从而可能与它们的远亲杂交繁殖（也见第六章）。

13. 灯是通过一个调光器的开光打开的，因为使用普通开关打开灯时的突然增亮会吓到鱼，使它们都聚集在底部（也见第四章"将贮水池结合起来"）。

14. Despret, 2013；也见第二章。

15. 这被称作特定增长率（Specific Growth Rate, SGR），与计算 FCR 有关。

16. 当三文鱼经历银化过程的时候，它们开始失去特有的"幼鲑标志"并且变成银色；它们的细胞经历某种变迁，使其能够在更高盐度的水中保持矿物质平衡；它们变得更加流线型，浮力也提高了（Verspoor, Stradmeyer, and Nielsen, 2007）。

17. 根据韦斯珀（Eric Verspoor）、斯特拉德迈耶（Lee Stradmeyer）和尼尔森（Jennifer L. Nielsen）的说法（Verspoor, Stradmeyer, and Nielsen, 2007），"与银化期鱼迁移的开始和维持有关的'促发因素'包括光周期的季节变化、水温、月相和水流"。

18. 北太平洋的商业性三文鱼捕捞业与三文鱼迁移的季节性相适应，主要依赖流动工人，挪威的三文鱼养殖业却有着更为稳定的劳动力需求。在挪威，工会也非常强大，长期雇佣是常见的形式。大部分的三文鱼生产者都主要依赖于来自当地社区的长期雇工。

19. 兽医说，那些处于"被操控的体制"的鱼（秋季银化鱼）的情况非常好——其中一些比另一些更好——考虑到与灭虱相关的压力，她推断减少一个夏天可能实际上是一件好事。灭虱通常更多地是在夏季进行，那时河流中的三文鱼游经峡湾。

20. 我们的发现并不是水产养殖业独有的。就像维姬·辛格顿（Vicky Singleton）在英国做的关于牛群的研究显示的那样（Singleton，2010），对牧场上牛群运动的控制是一件不稳定的事。在所谓的牛群追踪系统中内在的控制目标互相之间存在紧张关系，并且完全不同于她所遇到的养殖实践。前者梦想着控制，而后者是由照料制作出来的。

21. 在阿拉加斯孵化场，细鳞大马哈鱼和狗鲑是养育最为成功的两个亚种，而布里斯托尔湾捕捞的主要物种红大马哈鱼（参见 Hebert，2010）的养育却没有那么成功（Grant，2012）。

22. 换句话说，它们的可扩展性被维持了。见 Tsing，2012。

第五章　成为有感觉的

1. 在一段本质上是承诺对奴隶采取更大的法律保护的文字中，边沁写道（Bentham，[1789] 1907）："这一天可能会到来，动物们可能会要求那些本来它们就应得的，却由专制之手剥夺的权利。法国人已经发现皮肤的颜色决不是某种人类应该被放弃而且对折磨者的任性毫无补偿的理由。有一天可能人们也会承认，腿的数量、皮肤上的绒毛以及骶骨终端也同样不能构成充分的理由来放弃一个敏感的主体享有同样的命运……问题不是，它们能推理吗，也不是，它们能交谈吗，而是，它们会受苦吗？"

2. 那就是"也拥有复杂智力生活的存在物，包括感知、欲望、信仰、记忆和对于未来的感觉"（Regan，1983，引自 Lund et al.，2007）。

3. 罗安清为关于语境的命题提出"建立世界"（worlding）一词，或者是她所定义的"永远是实验性的和部分的，且常常是十分错误的，将世界化的特性归因于社会互动的场景之中"（Tsing，2010）。在她的分析中，建立世界的运动服务于"对于相关社会世界的计算"，因此在这个意义上，我认为"建立世界"在把握鱼类作为动物的本体论再分类时是一个很有用的术语（Tsing，2010）。

4. 亨廷福特（Huntingford et al.，2006）将他们所谓的"基于感觉的"视角应用到动物福利上来，这种视角关注动物的主观精神状态。这种视角也与"基于功能的"和"基于特性的"视角形成对比。前者将关注中心放在动物的适应性能力上，通常强调健康的重要性。而后者假设每个动物都具有一种与生俱来的生物学特性，将好的福利视为和表达为对于那种"自然"需求的满足。在这个简短的回顾中，我跟随他们的提示并将焦点放在前面一种视角上。关于批评，可见阿林豪斯（Robert Arlinghaus）的编著（Arlinghaus et al.，2007）。

5. 我引用辛格顿和劳关于"设备"的定义（Singleton and Law，2012）。他们将"设备"定义为"有目的的制作的实践"，虽然"设备"这个词听起来可能"像机器"，也可能被理解为"有目的的计划或者方案"，以及"可能也会采用词语的形式"。

6. 我受到查丽斯·汤普森（Charis Thompson）在她的《制作父母》（Thompson，2005）中对"编排"（choreographies）一词使用的启发。她将"本体论的编排"定义为"在 ART 诊所中对于技术、科学、亲属、性别、情感、法律、政治和金融的不同方面的动态协调"。她将这些诊所描述为"在那些一般被认为是不同本体论秩序部分的事物之间取得灵巧的平衡并将它们结合起来"。相似地，约翰·劳（Law，2010）使用"编排"一词作为理解兽医实践中的照料的一种方式。也见查丽斯·库辛（Charis Cussins）（Cussins，1996，与前面是同一作者、不同的姓）将"编排"作为一种本体论和政治的隐喻使用，"以激发物质性、结构限制、表演性、原则、设置和表演者的互相依存以及运动"（引自 Law，2010）。当我谈论照料和宰杀的编排时，我寻求将人们的注意力引向作为多重实践的照料和宰杀，它们激发了人类、机器、文字、鱼类和法律文件。更进一步地，我希望强调这些实践建立了时空中和时空的特定秩序——或者就叫时空编排。比如在屠宰场宰杀三文鱼关联到刀子和电压的使用，但是它们使用的空间顺序是很重要的，也建立了一种空间和社会的分离。也见维亚莱斯（Neolie Vialles）的作品（Vialles，1994），它就法国的牛群屠宰谈了一些相关的看法，以及本章关于宰杀的部分"成为食物：来自屠宰场的笔记"。

7. 我们搜寻尺寸偏小的幼鲑并最终找到它们完全是出于我的田野合作者约

翰·劳的警醒。我们之前花了整整一个星期一起待在同一间接种室里，我却没有注意到有一些鱼是不见了的。很明显，宰杀的编排成功地建立了一种"新的规范"，使得那些低于标准的鱼在我面前隐形了。谢谢约翰比我更有感知力，或者说可能更加熟悉那些在每日生活中被压抑的现实（见 Law and Lien，2014，其中约翰对于这一点的描述）。

8. 实际上所有的田野点的访问都是我和约翰合作完成的。有时，艾拉也陪着我们一起，她当时是奥斯陆当地学校六七年级的访问学生。

9. 我们三个月之前曾给这些鱼接种过，它们那时的运动非常迅速敏捷。

10. 需要多少条年幼的三文鱼来装满一个桶呢？这个数字以前从没有被设想过，但是我的合作者克莉丝汀估计了一下并将数字写在了一张纸上：180—220条，依据每个贮水池鱼的尺寸大小（在接种期间，鱼群按照尺寸被分类和再分配）。接下来我们需要做的就是清点桶数。

11. 兽医解释道当天气变冷的时候，水可能会使鱼鳃结晶从而伤害到它们。

12. 当我将桶里的死鱼倒进容器中的时候，我想到了两周前的海地地震。我看到了挖土机在清理土地为成千上万的人们制造坟墓。根据新闻，有 15 万人丧命。我无法想象这种人群数量直到经理说我们现在已经有超过 15 万条死鱼。容器已经装到了三分之二满，每条鱼有 20 厘米长，每个桶差不多容纳 200 条鱼。每个贮水池一天生产好几桶的死鱼。每个星期有许多天，而寒冷天气已持续了许多个星期了。我看到了大堆小小的、僵硬的、冻直的鱼，我第一次能够感觉到海地灾难的规模了。

13. 这个生产点产量的四分之一通过空运主要送到东亚。剩余的通过拖车送往欧洲大陆。

14. 约翰·劳也描述了相似的情况（Law，2010）。他在兽医实践中，注意到照料的编排依赖于组织以及分离的展开。他关注到兽医对小牛的照料以及对自己的照料，而这两者常常不能并行因此牵涉到"分离时刻的例行化、照料的客体以及与它们相伴随的主体间性"。相似的情况也发生在阿恩的身上。在这两个例子中，重要的都是在照料和宰杀的多重实践中分离的展开。

15. 这些法规规定："鱼类表现出与陆地动物截然不同的实质性的生理差异，所以养殖鱼类应该在一个完全不同的环境下被宰杀，特别关于监管过程方面。更进一步说，关于鱼类电击的研究与对其他养殖物种的研究相比大大落后了，为了保护宰杀中的鱼类，应该建立独立标准。因此，在目前应用于鱼类身上的规定应该被限制在关键原则上。"在 2015 年 1 月，在欧盟内尚无独立的标准被建立起来。2009 年 9 月 24 日的关于对宰杀时的动物进行保护的 1099/2009 号理事会条例全文，请见 http://ec.europa.eu/food/animal/welfare/slaughter/regulation_1099_2009_en.pdf。

16. 见 2009 年农业与食品部的"动物福利法案"，http://www.regjeringen.no/en/dokumenter/animal-welfare-act/id571188/。给议会"有关动物福利"的提案可见：http://www.regjeringen.no/nb/dokumenter/otprpnr-15-2008-2009-/id537570/。

17. "水产养殖屠宰场和加工场法规"，2006 年，贸易工业和渔业部，http://lovdata.no/dokument/SF/forskrift/2006-10-30-1250。这些法规从 2008 年 8 月 1 日开始实施。但是几次关于二氧化碳使用的分配表明，直到 2012 年 7 月 1 日，这些法规才得以充分地执行。

"水产养殖屠宰场和加工场法规"的第 14 条是关于宰杀过程中鱼类麻醉的，它规定道："鱼类应该在宰杀之前或者在宰杀时被麻醉，保持麻醉状态直到死亡时。麻醉的使用不应该引起巨大的压力或者痛苦。如果有必要，在麻醉之前应该使其镇静或者昏睡。使用包括二氧化碳在内的气体，或者其他任何阻碍氧气吸入的介质（包括盐、氨水或者带有相似效果的其他化学物质）进行麻醉都是非法的。"

18. 根据法案的定义，"'动物'概念意味着任何活着或死亡的狗、猫、猴子（非人类的灵长类哺乳动物）、豚鼠、仓鼠、兔或其他种类的恒温动物。秘书处决定它们被用于或者倾向于被用于研究、测试、实验或者展示目的，或者作为宠物被使用；但是这个概念排除了（1）鸟类、大鼠属（the genus Rattus）的大鼠和鼠属（the genus Mus）的老鼠，它们为了研究使用而杂交，（2）不用于研究目的的马，以及（3）其他养殖动物，比如但不限于用于或者倾向于用作食物或者纤维的家畜或家禽，或者用于或倾向于用于提高动物营养、品种、管理或生产效率以及食物或纤维质量的家畜或家禽"。2009 年版，"特定动物的运输、销售和处理"，www.gpo.gov/fdsys/pkg/USCODE-2009-title7/html/USCODE-2009-titile7-chap54.htm。

19. 美国鱼类学会，《野外研究中的鱼类使用准则》，第 16 号政策声明，1987 年 9 月批准通过，www.nal.usda.gov/awic/pubs/Fishwelfare/AFS16.pdf。

20. 从 1902 年起，挪威将动物虐待罪纳入刑法，阿斯达尔（Kristin Asdal）的分析指出（Asdal，2012），虽然动物意识与动物痛苦的问题悬而未决，对于动物虐待问题的关心却在某种道德框架内得以形成并与一种体面尊严的概念相联系而获得了它的合法性。换句话说，对动物虐待行为的惩罚是与人类的情感和作为一种集体的社会（而非与动物的感觉）相连而被合法化的。

21. "水产养殖屠宰场和加工厂场法规"，第 14 条的翻译见引注 17。

22. 我感谢阿徒罗·埃斯科巴如此简洁地提出问题，感谢约翰、玛丽松、玛丽亚（John Law, Marisol de la Cadena, and Mario Blaser）在 2012 年秋季将三文鱼列入了加利福利亚大学戴维斯分校索耶研讨会的会议议程。

第六章 成为外来的

1. 原文中所使用的是"Ufesk"（非鱼）一词，这在挪威语中指的是不理想或者不能食用的鱼。

2. 在河里捕鱼的权利传统上是在拥有与河流邻接的土地的产权的农民们中进行分配。这种捕捞的继承权利可以被租赁给其他人，比如旅游者。

3. 价格是变动的，最后的价格在秋季拍卖会上达成。2014 年，阿尔塔河的两日钓鱼权被一位英国渔夫以 15 万克朗（或 2 万 5 千美元）的价格拍卖成功，创下空前的纪录。

4. 这等于（在 2012 年 1 月的报告基础上计算数字）672183 公吨的生物群（Directorate of Fisheries，2013a）。

5. 这些估计数字基于水产养殖界提交给当地政府的报告以及其他的一些来源（比如，当地渔民）。估计数字是不准确的，也可能会有一些报告不全的情况。

6. Sunnset，2013。

7. 当 2010 年挪威濒危物种的"红名单"出版的时候，三文鱼还不在上面，但是报告承认三文鱼种群已经减少了："从南部的奥斯特福德（Ostfold）到北部的芬马克（Finnmark），挪威拥有 452 条大大小小的三文鱼河流和水域。然而，在过去的几十年里，大西洋三文鱼的数量下降了。这个物种在 45 条河流中已经灭绝，在另外 32 条河流中面临着即将灭绝的高风险。"

8. 其他的一些主要威胁包括海虱、酸性水、寄生虫色拉陀螺齿、与海鳟的杂交、多种疾病、过度捕捞、水电站。海洋温度的变化和被捕食物的多少也很可能会影响到它们在海相中的成长和存活（Kalas et al.，2010b）。

9. 在 1850 年左右，三文鱼资源的管理、培育和控制成为挪威举国上下的一个重要议题。到 19 世纪末的时候，新的孵化场就可以每年生产 100 万条鱼苗了（Treimo，2007）。

10. "'成为外来的'；或者，将自然表现为人类并不存在的地方的表演"一节引用了利恩和劳 2011 年的作品（Lien and Law，2011）。

11. 基于一个研究项目的拯救计划从 2000 年开始实施一直到 2007 年。它的第一份报告"为了沃索河三文鱼，要么现在要么永远也不"2008 年由自然管理委员会出版（Barlaup，2008）。

12. 拯救计划的第一个重点围绕着沃索孵化场的密集化升级，这样做是为了给河流提供在遗传上相距遥远的沃索河三文鱼。这在挪威以前从来没有这么大规模地做过。第二个重点围绕着许多种措施，其中最重要的是降低因为海虱而带来的银化期鱼的死亡率，以及河流中逃逸的养殖三文鱼的数量。其他实施的措施还包括监控水质和减少水电站带来的影响。

13. 渔民和一些生物学家这样表达他们对于"野生"的理解。我采访了一位工程的生物学家，他这样说道：

> 野生鱼是指由野生鱼孵化出来，自己生长在河流中，再洄游到河流中的鱼。然而一条人工培育的鱼，要么是由我们放置在河流中的鱼卵孵化而来，要么是由我们放流在河流中的鱼苗长成的。除此之外还有我们所培育的银化期鱼，我们在水域的不同地点将它放流。所以在实践中，有三种不同程度的人工培育的鱼。当一条人工培育的鱼洄游回来并在河流中产卵，它的鱼苗（后代）是人工培育的还是野生的成为一种哲学问题。

14. "目标是通过不断努力进行人工培育并与其他措施相结合来减少可能性最大的威胁，并为一个自我繁殖、自我发育和可持续的（可以收获的）种群提供基础"（Barlaup，2008）。

15. 破损的鱼鳍经常（但不总是）可以在成年的养殖三文鱼身上看到。它们一生都在一个物理上封闭的环境中度过，所以鱼鳍很容易碰到网或者其他鱼。因为破损的鱼鳍是很容易认出来的，所以通常被用作区别逃逸的养殖三文鱼和从海洋里洄游的三文鱼的标志。

16. 此外，通过受控的实验人们还将人工培育的三文鱼内部的不同分类建立起来，用来测试，比如早期对于防虱药的使用是否会使三文鱼在游往海洋的路上较少受到海虱的困扰。作为上述实验一部分的三文鱼被标记，所以它们也不得不被切开，人们需要分析它们携带的标记并且将其作为数据进行分类（Dalheim，2012）。

17. 基因图谱比较可以在当前河流中捕捞到的三文鱼与那些本应该在那里的三文鱼之间揭示相似性和差异性。这种比较更多地是关于基因的重合而非绝对的基因差异。在沃索河中，这种比较是可能的，因为在20世纪80年代水产养殖业起飞之前从埃德峡湾的河流中被转移出来的基因库，现在已经成为了研究后面的基因变异的一种基线。

18. 这些年会通常是在12月举行——2011年我参加了一次在沃斯（Voss）举行的年会。

19. 虽然分类是多重化的并且不同的技术经常揭示出一种令人困惑的复杂性——允许那些对我来说是一种临时的、非整合性的事物出现——（像其他的科学实践，比如同行评议的期刊一样）年会的结构是围绕着一种共同的科学目标建立起来的。这个目标不是生产一种多重的三文鱼，而是作为具体的、独特的宇宙一部分的沃索河三文鱼。（而非多元的宇宙，见如Escobar，2008）这是建立和维持约翰·劳（Law，2014）所说的"一个世界界的世界"的经典科学策略，虽然这并不总是成功的。

20. "测量设备"的涵义是双重的，包括鱼鳞（采样）和量尺。

21. 位于河边的一家企业是"托罗"（Toro），它是一家重要的食品生产企业。托罗允许垂钓者协会使用一处废旧的厂房来为河流培育鱼苗。

22. 成为会员你需要有一个阿纳的邮政地址。

23. "阿纳垂钓者"的网址是http://www.arnasportsfiska-rlag.com/fangststatistikk/?＿＿requestid=＿＿requestid528ao7ob37239。

24. "我们很清楚关于斯图尔河中当前种群的起源是存在一些疑问的。但是我们不能排除（这种可能性）原始种群的一部分对于（当前种群的）基因基础的创建是有贡献的。""霍达兰郡郡长写给阿纳垂钓者协会的信"，2011年10月14日，http://salmongroup.no/wp-contcnt/uploads/2011/12/FeilvandringavVossolakstilStorelvaiArna-orientering.pdf。

25. Aktuelt, Salmon Group, http://salmongroup.no/aktuelt/2011/10/vil-

verne-om-stamme-ein-ikkje-veit-om-eksisterar/。"三文鱼团体"是一个挪威当地所有的三文鱼养殖企业所组成的网络（见 Salmon Group, Om Oss［About us］，http：//salmongroup.no/om-oss/）。

26. "2013 网站指导原则"指导阿纳河垂钓者将剪鳍的三文鱼捞出河流，采鱼鳞样本，并在他们将三文鱼带回家之前将样本放到沃索孵化场的冷冻箱里。阿纳河垂钓者网站，访问于 2013 年 11 月 18 日，http：//www.arnasportsfiskarlag.com/。

27. 另一种可能性是在运输过程中管道的故障，这会将三文鱼送到海里而非它们本该去的贮水池或围塘。

28. 它们在找寻食物吗？可能的。它们有一种天生的倾向要逆流而上吗？有可能是这样。三文鱼养殖者注意到一些三文鱼甚至向它们度过生命第一段时光的孵化场游去。可能它们仅仅是想要继续它们的生活。

29. 挪威词语"逃犯"（fredlos）来自维京时代，那时罗马教廷与军事力量的结盟使挪威经历了基督教化的过程。而那些拒绝基督教化的人们被赶出了他们的农场，失去了地位、当地社区的保护以及个人财产。许多人在山中聚集，这是一种危险的生活，可能被任何其他人所杀害而不用承担法律后果——因此就产生了"逃犯"这个词（不得安宁）。作为"逃犯"，我们的三文鱼幸存者也许能找到食物甚至也可能繁殖再生产，但是它们的未来是高度不确定的，如果沃索河三文鱼拯救项目发挥作用，它们将成为一种历史遗迹，就像中世纪抵抗战士一样。

30. "逃逸的养殖三文鱼"提出的真正的问题是什么呢？是关于它们的生殖潜能使它们成为一种杂交种群的未来祖先？还是它们与水产养殖业的密切关系（可能特别是通过垂钓者以及许多其他人）？而这种水产养殖业是与"非自然性"、对于自然的工业化掠夺、被破坏的河流栖息地以及污染相联系的？我的主张是模糊这些分类，将它们分开独立的做法对于当前的分析来说看起来是不必要的。

第七章　尾声

1. Strathern 1991；也见导论。

2. Barad，2003。

3. 对比毕竟是建立在具体化之上的。因此就像罗安清在吸收斯特拉森的思想之后所主张的那样（Tsing，2014）："用来创造对比的具体化是有用的，如果它服务于批判性反思的目的。"假设上述的具体化既严肃又活泼的。

4. "在一个被破坏的星球上生活的艺术"是 2014 年 5 月在加州大学圣克鲁兹分校举办的一场关于"人类世"的学术会议的副标题。具体请见 http://ihr.ucsc.edu/portfolio/anthropocene-arts-of-living-on-a-damaged-planet/。

5. 温特雷克和弗兰（Winthereik and Verran，2012）将这种双重逻辑描述为两种民族志干预的对比。一方面是他们所说的"一个-许多概括"，将时空的特性转变为一般的说法。另一方面是"整体-部分概括"，它承认部分之间的关系并不在事前存在，而是必须被"制作和归拢"在一起，因此重点其实是在任何表述的生成性潜力上面，以及它的不完整性。另外，形成一种互相关联的对比更常规的方法是说这是一件在历史性和过程性的视角之间选择的事情。

6. 如果一个在海洋拖网渔船上工作的渔民对三文鱼有不同的看法，主要不是因为他不如托恩和善，或者他是男性，或者因为他的文化背景抵制这种关于三文鱼感觉的看法，而是因为社会物质条件和他工作场所的关切导致了不同的感情。如果你看过成千上万条鱼在大型围网中挤在一起，可能就很难将鱼类想象为是一种感情的存在物，就像一个要运送足够多的三文鱼去宰杀的、压力巨大的养殖场业务经理，让他花很多时间去思考密度对于三文鱼福利的含义也是很难的。

7. 见 Taranger et al.，2011。风险评估将饲料和饲料资源定义为五个相关目标之一，但是没有把这些思考放入评估报告。

参 考 文 献

Aarseth, Bernt, and Stig Erik Jakobsen. 2004. *On a Clear Day You Can See All the Way to Brussels: The Transformation of Aquaculture Regulation in Norway.* SNF Working Paper no. 63/04. Bergen: Institute for Research in Economics and Business Administration.

Abram, Simone, and Marianne E. Lien. 2011. "Performing Nature at the World's Ends." *Ethnos* 76 (1): 3–18.

Alvial, Adolfo, Frederick Kibenge, John Forster, José M. Burgos, Rolando Ibarra, and Sophie St.-Hilaire. 2012. *The Recovery of the Chilean Salmon Industry: The ISA Crisis and Its Consequences and Lessons.* Puerto Montt, Chile: Global Aquaculture Alliance. www .gaalliance.org/cmsAdmin/uploads/GAA_ISA-Report.pdf.

Anderson, David, Rob P. Wishart, and Virginie Vaté, eds. 2013. *About the Hearth: Perspectives on the Home, Hearth and Household in the Circumpolar North.* New York and Oxford: Berghahn.

Anderson, Virginia de John. 2006. *Creatures of Empire: How Domestic Animals Transformed Early America.* Oxford: Oxford University Press.

Anneberg, Inger. 2013. "Actions of and Interactions between Authorities and Livestock Farmers—in Relation to Animal Welfare." PhD diss., Science and Technology, Department of Animal Science, Aarhus University.

Aquagen. 2014. Products: Eyed Eggs of Atlantic Salmon *(Salmo salar L.).* http://aquagen.no /en/products/salmon-eggs/.

Ardener, Edwin. 1989. *The Voice of Prophecy and Other Essays.* Edited by Malcolm Chapman. London: Basil Blackwell.

Arlinghaus, Robert, Steven J. Cooke, Alexander Schwab, and Ian G. Cows. 2007. "Fish Welfare: A Challenge to the Feelings-Based Approach, with Implications for Recreational Fishing." *Fish and Fisheries* 8: 57–71.

Asche, Frank, Kristin H. Roll, and Sigbjørn Tverterås. 2007. "Markedsvekst som drivkraft for laksenæringen." In *Havbruk: Akvakultur på norsk,* edited by Bernt Aarseth and Grete Rusten, 51–69. Oslo: Fagbokforlaget.

Asdal, Kristin. 2012. "Contexts in Action—and the Future of the Past in STS." *Science, Technology & Human Values* 4: 379–403.

———. 2014. "Enacting Values from the Sea: On Innovation Devices, Value-Practices and the Co-Modifications of Markets and Bodies in Aquaculture." In *Value Practices in the Life Sciences and Medicine,* edited by Isabel Dussauge, Claes-Fredrik Helgesson, and Francis Lee. Oxford: Oxford University Press.

Barad, Karen. 2003. "Posthumanist Performativity: Towards an Understanding of How Matter Comes to Matter." *Signs: Journal of Women in Culture and Society* 28 (3): 801.

Barlaup, Bjørn T. 2008. "Nå eller aldri for Vossolaksen—anbefalte tiltak med bakgrunn i bestandsutvikling og trusselfaktorer." *DN utredning 2008-9.* Trondheim: Direktoratet for Naturforvaltning (Directorate of Nature Management).

———. 2013. "Redningsaksjonen for Vossolaksen." *DN utredning 2013.* Trondheim: Direktoratet for Naturforvaltning.

Barnes, John. 1954. "Class and Committees in a Norwegian Island Parish." *Human Relations* 7 (39).

Barrionuevo, Alexei. 2009. "Chile's Antibiotics Use on Salmon Farms Dwarfs That of a Top Rival's." *New York Times,* July 26. www.nytimes.com/2009/07/27/world/americas /27salmon.html?_r=0.

Bentham, Jeremy. (1789) 1907. "Of the Limits of the Penal Branch of Jurisprudence." Chap. 17 in *An Introduction to the Principles of Morals and Legislation.* Facsimile of the 1823 edition, Library of Economics and Liberty. www.econlib.org/library/Bentham /bnthPML18.html.

Berge, Aslak. 2005. *Salmon Fever: The History of Pan Fish.* Bergen, Norway: Octavian.

Berge, Dag Magne. 2002. "Dansen rundt gullfisken: Næringspolitikk og statlig regulering i norsk fiskeoppdrett 1970–1997." PhD diss., University of Bergen.

Boas, Franz. (1911) 1938. *The Mind of Primitive Man.* New York: Macmillan. Facsimile, Internet Archive. https://archive.org/details/mindofprimitiveman031738mbp.

Bowker, C. Geoffrey, and Susan Leigh Star. 1999. *Sorting Things Out.* Cambridge, MA: MIT Press.

Brøgger, Benedicte. 2010. "An Innovative Approach to Employee Participation in a Norwegian Retail Chain." *Economic and Industrial Democracy* 31 (4): 477–95.

Bshary, Recouan, Wolfgang Wickler, and Hans Fricke. 2002. "Fish Cognition: A Primate's Eye View." *Animal Cognition* 5: 1–13.

Bubandt, Nils, and Ton Otto. 2010. "Anthropology and the Predicaments of Holism." In *Experiments in Holism,* edited by Ton Otto and Nils Bubandt, 1–17. Oxford: Blackwell.

Buller, Henry. 2013. "Individuation, the Mass, and Farm Animals." *Theory, Culture & Society* 30 (7/8): 154–75.

Buller, Henry, and Carol Morris. 2003. "Farm Animal Welfare: A New Repertoire of Nature-Society Relations or Modernism Re-embedded?" *Sociologia Ruralis* 43 (3): 217–37.

Byrkjeflot, Haldor. 2001. "The Nordic Model of Democracy and Management." In *The Democratic Challenge to Capitalism,* edited by Haldor Byrkjeflot, Sissel Myklebust, Christine Myrvang, and Francis Sejersted, 19–45. Bergen: Fagbokforlaget.

Cabello, Felipe C., Henry P. Godfrey, Alexandra Tomova, Larissa Ivanova, Humberto Döltz, Ana Millanao, and Alejandro Buschman, H. 2013. "Antimicrobial Use in Aquaculture Re-examined: Its Relevance to Antimicrobial Resistance and to Animal and Human Health." *Environmental Microbiology:* 1–26. doi:10.1111/1462-2920.12134.

Cadena, Marisol de la. 2014. "The Politics of Modern Politics Meets Ethnographies of Excess through Ontological Openings." *Cultural Anthropology Online.* http://culanth.org /fieldsights/471-the-politics-of-modern-politics-meets-ethnographies-of-excess-through-ontological-openings.

Candea, Matei. 2010. "'I Fell in Love with Carlos the Meerkat': Engagement and Detachment in Human-Animal Relations." *American Ethnologist* 37 (2): 241–58.

Cassidy, Rebecca. 2007. "Introduction: Domestication Reconsidered." In *Where the Wild Things Are Now: Domestication Reconsidered,* edited by Rebecca Cassidy and Molly Mullin, 1–27. Oxford: Berg.

Cassidy, Rebecca, and Molly Mullin. 2007. *Where the Wild Things Are Now: Domestication Reconsidered.* Oxford: Berg.

Chandroo, K. P., I. J. H. Duncan, and R. D. Moccia. 2004. "Can Fish Suffer? Perspectives on Sentience, Pain, Fear and Stress." *Applied Animal Behaviour Science* 86: 225–50.

Childe, V. G. 1958. "Retrospect." *Antiquity* 32: 69–74.

Childe, V. G., and G. Clark. 1946. *What Happened in History?* New York: Penguin.

Chutko, Per Ivar. 2011. "En temmelig vill en: Kontroverser om laks, ca. 1880–2009." Master's thesis, Department of Interdisciplinary Studies of Culture, Norwegian University of Science and Technology (Norges teknisk-naturvitenskapelige universitet [NTNU]).

Clastres, Pierre. 1977 (1974). *Society against the State.* Translated by Robert Hurley. New York: Urizen Books.

Clutton-Brock, Juliet. 1994. "The Unnatural World: Behavioral Aspects of Humans and Animals in the Process of Domestication." In *Animals and Human Society,* edited by A. Manning and J. A. Serpell, 23–36. London: Routledge.

Council of Europe, Standing Committee of the European Convention for the Protection of Animals Kept for Farming Purposes (T-AP). 2005. "Recommendations concerning Farmed Fish." Adopted on December 5, 2005. www.coe.int/t/e/legal_affairs/legal_ co-operation/biological_safety_and_use_of_animals/farming/Rec%20fish%20E .asp#TopOfPage.

Council of the European Union. 2009. "Council Regulation (EC) No. 1099/2009 of 24 September 2009 on the Protection of Animals at the Time of Killing." http://eur-lex.europa .eu/legal-content/EN/TXT/?uri=celex:32009R1099.

Cussins, Charis. 1996. "Ontological Choreography: Agency through Objectification in Infertility Clinics." *Social Studies of Science* 26 (3): 575–610.

Dalheim, Line. 2012. "Into the Wild and Back Again: Hatching 'Wild Salmon' in Western Norway." Master's thesis, University of Oslo.

Damsgaard, Børge. 2005. *Ethical Quality and Welfare in Farmed Fish.* European Aquaculture Society Special Publication, 35: 28–32.

Descola, Philippe. 2012. "Beyond Nature and Culture: Forms of Attachment." *HAU Journal of Ethnographic Theory* 2 (1): 447–78.

Despret, Vinciane. 2013. "Responding Bodies and Partial Affinities in Human-Animal Worlds." *Theory, Culture & Society* 30 (7/8): 51–76.

Directorate of Fisheries *(Fiskeridirecktoratet)*. 2009. "Om statistikken—Biomassestatistikk 4.1." Statistikk: Aqvacultur. Published November 26, 2009. www.fiskeridir.no/statistikk /akvakultur/om-statistikken/om-statistikken-biomassestatistikk.

————. 2013a. "Biomassestatistikk." Statistikk: Aqvacultur. Published November 26, 2009, accessed November 12, 2013. www.fiskeridir.no/statistikk/akvakultur/biomassestatistikk /biomassestatistikk.

————. 2013b. "Oppdaterte rømmingstall" [Updated escape figures]. Statistikk: Aqvacultur. Published March 18, 2005, accessed November 12, 2013. www.fiskeridir.no/statistikk /akvakultur/oppdaterte-roemmingstall.

Douglas, Mary. 1966. *Purity and Danger*. London: Routledge.

EFSA (European Food Safety Authority). 2004. "Opinion of the Scientific Panel on Animal Health and Welfare (AHAW) on a Request from the Commission related to Welfare Aspects of the Main Systems of Stunning and Killing the Main Commercial Species of Animals," EFSA-Q-2003–093. *EFSA Journal*. Adopted by the AHAW Panel June 15, 2004, published July 6, 2004, last updated October 11, 2004. doi:10.2903/j.efsa.2004.45. www.efsa.europa.eu/en/efsajournal/pub/45.htm.

————. 2009. "Species-Specific Welfare Aspects of the Main Systems of Stunning and Killing of Farmed Atlantic Salmon," EFSA-Q-2006–437. *EFSA Journal*. Adopted March 20, 2009, published April 14, 2009, last updated November 26, 2009. doi:10.2903 /j.efsa.2009.1011. www.efsa.europa.eu/en/scdocs/doc/1011.pdf.

Erbs, Stefan. 2011. "Writing the Blue Revolution: Theoretical Contributions toward a Contemporary History of Aquaculture." Master's thesis, Centre for Development and Environment, University of Oslo.

Escobar, Arturo. 2008. *Territories of Difference*. Durham, NC: Duke University Press.

Espeland, S. H., et al. 2010. *Kunnskapstatus leppefisk—Utfordringer i et økende fiskeri* [Current knowledge on wrasse: Challenge in an increasing fishery]. Bergen: Institute of Marine Research.

Evans-Pritchard, Edward E. 1964. *The Nuer: A Description of the Modes of Livelihood and Political Institutions of a Nilotic People*. New York and Oxford: Oxford University Press. Original edition, 1940.

FAO. 2009. "Part 1: World Review of Fisheries and Aquaculture." In *The State of the World Fisheries and Aquaculture 2008*. Rome: Food and Agriculture Organization of the United Nations, Fisheries and Aquaculture Department. www.fao.org/3/a-i0250e.pdf.

————. 2012. *The State of World Fisheries and Aquaculture 2012*. Rome: Food and Agriculture Organization of the United Nations. www.fao.org/docrep/016/i2727e/i2727e00.htm.

FHL (Fiskeri- og havbruksnæringens landsforening [Norwegian Seafood Federation]). 2011. *Norsk havbruk* [Aquaculture in Norway], August. www.fhl.no/getfile.php/ DOKUMENTER/eff_fhl_komplett_lowres.pdf (in English: http://fhl.no/wp-content/ uploads/importedfiles/Aquaculture%2520in%2520Norway%25202011.pdf).

Fish Pool ASA. 2014. "Price Information: Spot Prices." Accessed October 6, 2014. http:// fishpool.eu/spot.aspx?pageId=55.

Gad, Christian, Caspar Bruun Jensen, and Brit Ross Wintherelk. 2015 (forthcoming). "Practical Ontology: Worlds in STS and Anthropology." *NatureCulture* 3.

Gederaas, Lisbeth, Ingrid Salvesen, and Åslaug Viken. 2007. *Norwegian Black List: Ecological Risk Analysis of Alien Species*. Trondheim: Norwegian Biodiversity Information Centre (Artsdatabanken). www.artsdatabanken.no/File/681/Norsk%20svarteliste%202007.

Gifford-Gonzalez, Diane, and Olivier Hanotte. 2011. "Domesticating Animals in Africa: Implications of Genetic and Archaeological Findings." *Journal of World Prehistory* 24 (1–23).

Godelier, Maurice. 1986. *The Mental and the Material*. London: Verso.

Grant, W. Stewart. 2012. "Understanding the Adaptive Consequences of Hatchery-Wild Interactions in Alaska Salmon." *Environmental Biology of Fishes* 94: 325–42.

Grasseni, Christina. 2004. "Skilled Visions: An Apprenticeship in Breeding Aesthetics." *Social Anthropology* 12: 41–57.

Gross, M.R. 1998. "One Species with Two Biologies: Atlantic Salmon *(Salmo salar)* in the Wild and in Aquaculture." *Canadian Journal of Fisheries and Aquatic Sciences* 55 (1): 131–44.

Gullestad, Marianne. 1992. *The Art of Social Relations: Essays on Culture, Social Action, and Everyday Life in Modern Norway*. Oslo: Norwegian University Press.

Gupta, Akhil, and James Ferguson. 1997. *Anthropological Locations*. Berkeley: University of California Press.

Haraway, Donna J. 1988. "'Situated Knowledges': The Science Question in Feminism and the Privilege of Partial Perspective." *Feminist Studies* 13 (3): 579–99.

———. 2008. *When Species Meet*. Minneapolis: University of Minnesota Press.

Hard, Jeffrey J., Mart R. Gross, Mikko Heino, Ray Hilborn, Robert G. Kope, RIchard Law, and John D. Reynolds. 2008. "Evolutionary Consequences of Fishing and Their Implications for Salmon." *Evolutionary Applications* 1 (2): 388–408. doi:10.1111/j.1752-4571.2008.00020.x. http://onlinelibrary.wiley.com/doi/10.1111/j.1752-4571.2008.00020.x/full.

Harvey, Penny, and Hannah Knox. 2014. "Objects and Materials: An introduction." In *Objects and Materials*, edited by Penny Harvey, Eleanor Conlin Casella, Gillian Evans, Hannah Knox, Christine McLean, Elizabeth B. Silva, Nicholas Thoburn, and Kath Woodward, 1–19. London: Routledge.

Hastrup, Frida. 2011. "Shady Plantations: Theorizing Coastal Shelter in Tamil Nadu." *Anthropological Theory* 11 (5): 425–39.

Hastrup, Kirsten. 1992. *Det antropologiske prosjekt. Om forbløffelse*. København: Gyldendal.

Hébert, Karen. 2010. "In Pursuit of Singular Salmon: Paradoxes of Sustainability and the Quality Commodity." *Science as Culture* 19 (4): 553–81.

Helmreich, Stefan. 2009. *Alien Ocean: Anthropological Voyages in Microbial Seas*. Berkeley: University of California Press.

History Channel. 2012. *Mankind: The Story of Us All*, Series 1. Website. www.history.co.uk/shows/mankind-the-story-of-all-of-us/episode-guide/mankind-the-story-of-all-of-us-series-1.

Hodder, Ian. 1990. *The Domestication of Europe: Structure and Contingency in Neolithic Societies*. Oxford: Blackwell.

Howell, Signe. 2011. "Whatever Happened to the Spirit of Adventure?" In *The End of Anthropology?* edited by Holger Jebens and Karl-Heinz Kohl, 139–55. Wantage, Herefordshire, UK: Sean Kingston Publishing.

Huntingford, F., C. Adams, V.A. Braithwaite, S. Kadri, T.G. Pottinger, and P. Sandøe. 2006. "Current Issues in Fish Welfare." *Journal of Fish Biology* 68: 332–72.

Huntingford, Felicity. 2004. "Implications of Domestication and Rearing Conditions for the Behaviour of Cultivated Fishes." *Journal of Fish Biology* 65: 122–42.

Industry Standards for Fish. 1999. "Norwegian Industry Standard for Fish: Quality Grading of Farmed Salmon," NBS 10–01, version 2. http://fhl.nsp01cp.nhosp.no/files/Quality_ grading_of_farmed_salmon.pdf.

Ingold, Tim. 1984. "Time, Social Relationships and the Exploitation of Animals: Anthropological Reflections on Prehistory." In *Animals and Archaeology*. Vol. 3, *Early Herders and Their Flocks*, edited by Juliet Clutton-Brock and C. Grigson, 3–12. Oxford: British Archaeological Reports.

———. 2000. *The Perception of the Environment*. London: Routledge.

———. 2011. *Being Alive: Essays on Knowledge and Description*. Oxford: Routledge.

———. 2013. "Prospect." In *Biosocial Becomings: Integrating Social and Biological Anthropology*, edited by Tim Ingold and Gísli Pálsson, 1–22. Cambridge: Cambridge University Press.

Ingold, Tim, and Gísli Pálsson. 2013. *Biosocial Becomings: Integrating Social and Biological Anthropology*. Cambridge: Cambridge University Press.

Institute of Marine Research (IMR; Havforskningsinstituttet). 2007. "Escaped farmed salmon is not an alien species" *[Rømt oppdrettslaks er ikke en fremmed art]*. Published May 31, 2007. www.imr.no/nyhetsarkiv/2007/mai/romt_oppdrettslaks_ikke_fremmedart /nb-no.

Jonsson, Bror, and Nina Jonsson. 2002. "Feilvandring hos laks." *Naturen* 6: 275–80.

Kålås, Jon Atle, Aslaug Viken, Snorre Henriksen, and Sigrun Skjelseth. 2010a. "LC: *Salmo salar.*" *Norsk rødliste for arter 2010*. Trondheim: Artsdatabanken. www.artsportalen .artsdatabanken.no/#/Rodliste2010/Vurdering/Salmo+salar/25171.

———. 2010b. *Norsk rødliste for arter 2010* [2010 Norwegian red list for species]. Trondheim: Artsdatabanken (Norwegian Biodiversity Information Center). www.artsdatabanken .no/File/685/Norsk%20r%C3%B8dliste%20for%20arter%202010.

Kirksey, Eben, and Stefan Helmreich. 2010. "The Emergence of Multispecies Ethnography." *Cultural Anthropology* 25 (3): 545–76.

Kjærnes, Unni, Mark Harvey, and Alan Warde, eds. 2007. *Trust in Food: A Comparative and Institutional Analysis*. London: Palgrave Macmillan.

Knorr-Cetina, Karen. 1999. *Epistemic Cultures: How the Sciences Make Knowledge*. Cambridge, MA: Harvard University Press.

Kohn, Eduardo. 2013. *How Forests Think: Towards an Anthropology Beyond the Human*. Berkeley: University of California Press.

Kontali Analyse A/S. 2007. *The Salmon Farming Industry in Norway, 2007: Analysis of Annual Reports for 2006*. www.kontali.no/%5Cpublic_files%5Cdocs%5CThe_salmon_ farming_industry_in_Norway_2007.pdf.

Larson, Greger , and Dorian Q. Fuller. 2014. The Evolution of Animal Domestication. *Annual Review of Ecology, Evolution and Systematics*. 45: 115–36.

Latimer, Joanna, and Mara Miele. 2013. "Naturecultures? Science, Affect and the Nonhuman." *Theory, Culture & Society* 30 (7/8): 5–31.

Latour, Bruno. 1987. *Science in Action*. Cambridge, MA: Harvard University Press.

———. 2005. *Reassembling the Social: An Introduction to Actor-Network Theory*. Oxford: Oxford University Press.

————. 2010. *On the Modern Cult of Factish Gods.* Durham, NC: Duke University Press.

Law, John. 1986. "On the Methods of Long Distance Control: Vessels, Navigation , and the Portuguese Route to India." In *Power, Action and Belief: A New Sociology of Knowledge? Sociological Review Monograph* 32, edited by John Law, 234–63. Henley, Oxfordshire, UK: Routledge.

————. 2002. *Aircraft Stories: Decentering the Object in Technoscience.* Durham, NC: Duke University Press.

————. 2004. "And If the Global Were Small and Noncoherent? Method, Complexity, and the Baroque." *Environment and Planning (D): Society and Space* 22: 13–26.

————. 2010. "Care and Killing: Tensions in Veterinary Practice." In *Care in Practice: On Tinkering in Clinics, Homes and Farms,* edited by Annemarie Mol, Ingunn Moser, and Jeannette Pols, 57–73. Bielefeld, Germany: Transcript Verlag.

————. 2015 (forthcoming). "What's Wrong with a One-World World?" *Distinktion: Scandinavian Journal of Social Theory.* (An earlier version, a paper presented to the Center for the Humanities, Wesleyan University, Middletown, CT, 19 September 2011, was published online by heterogeneities.net, September 25, 2011, www.heterogeneities.net /publications/Law2011WhatsWrongWithAOneWorldWorld.pdf.)

Law, John, Geir Afdal, Kristin Asdal, Wen-yuan Lin, Ingunn Moser, and Vicky Singleton. 2014. "Modes of Syncretism: Notes on Non-coherence." *Common Knowledge* 20 (1): 172–92.

Law, John, and Marianne E. Lien. 2013. "Slippery: Field Notes on Empirical Ontology." *Social Studies of Science* 43 (3): 363–78.

————. 2014. "Animal Architextures." In *Objects and Materials,* edited by Penny Harvey, Eleanor C. Casella, Gillian Evans, Hanna Knox, Christine McLean, Elizabeth B. Silva, Nicholas Thoburn, and Kath Woodward. New York: Routledge.

Law, John, and Vicky Singleton. 2012. "ANT and politics: Working in and on the world." www .sv.uio.no/sai/english/research/projects/newcomers/publications/working-papers-web /ant-and-politics.pdf.

Leach, Edmund. 1964. "Anthropological Aspects of Language: Animal Categories and Verbal Abuse." In *New Directions in the Study of Language,* edited by E. H. Lenneberg, 23–63. Cambridge, MA: MIT Press.

Leach, Helen N. 2003. "Human Domestication Reconsidered." *Current Anthropology* 44 (3): 349–68.

————. 2007. "Selection and the Unforeseeen Consequences of Domestication." In *Where the Wild Things Are Now: Domestication Reconsidered,* edited by Rebecca Cassidy and Molly Mullin, 71–101. Oxford: Berg.

Lévi-Strauss, Claude. 1966. *The Savage Mind.* Chicago: Chicago University Press.

Lien, Marianne E. 1997. *Marketing and Modernity.* Oxford: Berg.

————. 2005. "'King of Fish' or Feral Peril: Tasmanian Atlantic Salmon and the Politics of Belonging." *Society and Space* 23 (5): 659–73.

————. 2007a. "Domestication 'Downunder': Atlantic Salmon Farming in Tasmania." In *Where the Wild Things Are Now; Domestication Reconsidered,* edited by Rebecca Cassidy and Molly Mullin, 205–229. Oxford: Berg.

————. 2007b. "Feeding Fish Efficiently: Mobilising Knowledge in Tasmanian Salmon Farming." *Social Anthropology* 15 (2): 169–85.

————. 2009. "Standards, Science and Scale: The Case of Tasmanian Atlantic Salmon." In *The Globalization of Food*, edited by David Inglis and Debra Grimlin, 65–81. Oxford: Berg.

————. 2012. "Conclusion: Salmon Trajectories along the North Pacific Rim: Diversity, Exchange, and Human-Animal Relations." In *Keystone Nations. Indigenous Peoples and Salmon across the North Pacific*, edited by Benedict J. Colombi and James F. Brooks, 237–54. Santa Fe, NM: SAR Press.

Lien, Marianne E., and Aidan Davison. 2010. "Roots, Rupture and Remembrance; The Tasmanian Lives of Monterey Pine." *Journal of Material Culture* 15: 233–53.

Lien, Marianne E., and John Law. 2011. "'Emergent Aliens': On Salmon, Nature and Their Enactment." *Ethnos* 76 (1): 65–87.

Lien, Marianne E., Hilde Lidén, and Halvard Vike. 2001. *Likhetens Paradokser*. Oslo: Norwegian University Press.

Lindi, Marti. 2013. "150.000 kroner for to fiskedøgn i Altaelva," *Nordnytt*, NRK.no. October 25. www.nrk.no/nordnytt/150.000-kr-for-to-fiskedogn-i-alta-1.11318567

Lund, V., C. Mejdell, H. Röcklinsberg, R. Anthony, and T. Håstein. 2007. "Expanding the Moral Circle: Farmed Fish as Objects of Moral Concern." *Diseases of Aquatic Organisms* 75 (2): 109–18.

Magnusson, Anne. 2010. "Making Food: Enactment and Communication of Knowledge in Salmon Aquaculture." PhD diss., University of Oslo.

Marx, Karl. (1844) 1961. *Economic and Philosophic Manuscripts of 1844*. Moscow: Foreign Languages Publishing House.

Mejdell, C, U. Erikson, E. Slinde, and K. Ø. Midling. 2010. "Bedøvingsmetoder ved slakting av laksefisk." *Norsk Veterinærtidsskrift* 122 (1): 83–90.

Menzies, Charles R. 2012. "'The Disturbed Environment: The Indigenous Cultivation of Salmon." In *Keystone Nations: Indigenous Peoples and Salmon across the North Pacific*, edited by Benedict J. Colombi and James F. Brooks, 161–83. Santa Fe: SAR Press.

Midgley, Mary. 1983. *Animals and Why They Matter*. Athens: University of Georgia Press.

Mol, Annemarie. 1999. "Ontological Politics: A Word and Some Questions." In *Actor Network Theory and After*, edited by John Law and John Hassard, 74–89. Oxford and Keele: Blackwell and *Sociological Review*.

————. 2002. *The Body Multiple: Ontology in Medical Practice*. Durham, NC: Duke University Press.

————. 2008. *The Logic of Care: Care and the Problem of Patient Choice*. London: Routledge.

Mol, Annemarie, Ingunn Moser, and Jeannette Pols. 2010. *Care in Practice: On Tinkering in Clinics, Homes and Farms*, edited by Annemarie Mol, Ingunn Moser, and Jeannette Pols. Bielefeld, Germany: Transcript Verlag.

————. 2010. "Care: Putting Practice into Theory." In *Care in Practice: On Tinkering in Clinics, Homes and Farms*, edited by Annemarie Mol, Ingunn Moser, and Jeannette Pols, 7–27. Bielefeld, Germany: Transcript Verlag. www.transcript-verlag.de/ts1447/ts1447_1.pdf.

Nærings- og fiskeridepartementet (Ministry of Trade, Industries, and Fisheries). 2013. Verdens fremste sjømatnasjon [World's leading seafood nation]. Stortingsmelding [White paper]. https://www.regjeringen.no/nb/dokumenter/meld-st-22-20122013/id718631/.

Nash, Colin E. 2011. *The History of Aquaculture*. United States Aquaculture series. Ames, IA: Wiley-Blackwell.

Naylor, Rosamund, Ronald W Hardy, Dominique P. Bureaus, Alice Chiu, Matthew Elliott, Anthony P. Farrell, Ian Forster, Delbert M. Gatlin, Rebecca J. Goldburg, Katheline Hua, Peter D. Nichols, and Thomas F. Malone. 2009. "Feeding Aquaculture in an Era of Finite Resources." *Proceedings of the National Academy of Sciences in the United States of America* 106 (36): 15103–10.

NENT (Nasjonale Forskningsetiske komitee for naturvitenskap og teknologi [National Committee for Research Ethics in Science and Technology]). 1993. *Oppdrettslaks—en studie i norsk teknologiutvikling* (Farmed salmon—a study of Norwegian technology development). Oslo: NENT.

NOAA (National Oceanic and Atmospheric Administration), Northeast Fisheries Science Center. 2011. "Fish FAQ." June 6. www.nefsc.noaa.gov/faq/fishfaq1a.html.

Nordeide, Anita. 2012. "Møte mellom menneske og laks. Om laksepraksiser ved Namsenvass-draget." Master's thesis, University of Oslo. https://www.duo.uio.no/handle/10852/16273.

Norwegian Environment Agency (Miljøstatus). 2012. "Laks" [Salmon]. Ferskvann [Freshwater]. Published November 28, 2012. www.miljostatus.no/Tema/Ferskvann/Laks/#A.

Norwegian Food Safety Authority (Statens tilsyn for planter, fisk, dyr og næringsmidler). 2014. "Lakselusmiddelforbruket økte også i 2013." www.mattilsynet.no/fisk_og_akvakultur /fiskehelse/lakselusmiddelforbruket_okte_ogsaa_i_2013.12980.

Nustad, K., R. Flikke, and C. Berg. 2010. "Imagining Fish and Rivers in Aurland Norway." Paper presented to 11th Biennal European Association of Social Anthropologists (EASA) Conference, Maynooth, Ireland.

Nyquist, Jon Rasmus. 2013. "Making and Breaking the Invasive Cane Toad: Community Engagement and Interspecies Entanglements in the Kimberley, Australia." Master's thesis, University of Oslo.

Organization for Economic Co-operation and Development (OECD). 2012. "Closing the Gender Gap: Norway." Country Notes. *Closing the Gender Gap: Act Now.* www.oecd.org /norway/Closing%20the%20Gender%20Gap%20-%20Norway%20EN.pdf.

Osland, Erna. 1990. *Bruke havet . . . Pioner i norsk fiskeoppdrett.* Oslo: Det Norske Samlaget.

Otterå, Håkon, and Ove Skilbrei 2012. "Akustisk overvaking av seiens vandring I Ryfylkebas-senget." *Rapport frå Havforskningen,* no. 14. April. Bergen: Institute of Marine Research.

Pálsson, Gísli. 1991. *Coastal Economies, Cultural Accounts: Human Ecology and Icelandic Discourse.* Manchester, UK: Manchester University Press.

Paxson, Heather. 2013. *The Life of Cheese: Crafting Food and Value in America.* Berkeley: University of California Press.

Pottage, Alain. 2004. "Introduction: The Fabrication of Persons and Things." In *Law, Anthropology and the Constitution of the Social: Making Persons and Things,* edited by A. Pottage and M. Mundy, 1–39. Cambridge: Cambridge University Press.

Reedy-Maschner, Katherine L. 2011. *Aleut Identities: Tradition and Modernity in an Indigenous Fishery.* Montreal, Quebec, and Kingston, Ontario: McGill–Queen's University Press.

Regan, Tom. 1983. *The Case for Animal Rights.* Berkeley: University of California Press.

Remmïe, Jon Henrik, Z. 2014. *Pigs and Persons in the Philippines: Human-Animal Entanglements in Ifugao Rituals.* Plymouth: Lexington Books.

Research Council of Norway. 2011. *Work Programme for the HAVBRUK Programme.* www .forskningsradet.no/servlet/Satellite?blobcol=urldata&blobheader=application%2Fpdf &blobheadername1=Content-Disposition%3A&blobheadervalue1=+attachment%3B+

filename%3D%22HAVBRUKProgramplaneng2011.pdf%22&blobkey=id&blobtable=
MungoBlobs&blobwhere=1274505282241&ssbinary=true.

Rollin, Bernard E. 1995. *Farm Animal Welfare.* Ames: Iowa State University.

Rose, James D. 2002. "The Neurobehavioral Nature of Fishes, and the Question of Awareness and Pain." *Reviews in Fisheries Science* 10 (1): 1–38.

Russel, Nerina. 2002. "The Wild Side of Animal Domestication." *Society and Animals* 10 (3): 285–302.

———. 2007. "The Domestication of Anthropology." In *Where the Wild Things Are Now: Domestication Reconsidered,* edited by Rebecca Cassidy and Molly Mullin, 27–49. Oxford: Berg.

Scott, James. 2011. "Four Domestications: Fire, Plants, Animals, and . . . Us." Paper presented at the Tanner Lectures on Human Values, Harvard University, Cambridge, MA, May 4–6, 2011. http://tannerlectures.utah.edu/_documents/a-to-z/s/Scott_11.pdf.

Scott, Michael W. 2007. *The Severed Snake.* Durham, NC: Carolina Academic Press.

Singer, Peter. 1981. *The Expanding Circle: Ethics and Sociobiology.* New York: Farrar, Straus & Giroux.

Singleton, Vicky. 2010. "Good Farming: Control or Care?" In *Care in Practice: On Tinkering in Clinics, Homes and Farms,* edited by Annemarie Mol, Ingunn Moser and Jeannette Pols. Bielefeld: Transcript Verlag.

Singleton, Vicky, and John Law. 2012. "Devices as Rituals." *Journal of Cultural Economy* 6 (3): 259–77. www.tandfonline.com/doi/abs/10.1080/17530350.2012.754365#.VNnqK3bKxaQ.

Smith, Bruce. 2001. "Low-Level Food Production." *Journal of Archeological Research* (9): 1–43.

Solhaug, Trygve. 1983. *De norske fiskeriers historie 1815–1880.* 2nd ed. Bergen: Universitetsforlaget.

Star, Susan Leigh, and James Griesemer. 1989. "Institutional Ecology, 'Translations' and Boundary Objects: Amateurs and Professionals in Berkeley's Museum of Vertebrate Zoology, 1907–39." *Social Studies of Science* 19 (3): 387–420.

Statistics Norway. 2012. Historisk Statistikk: Fiskeoppdrett [Aquaculture]. Tabell 15.11: Anlegg med slakt av matfisk og slaktet mengde. www.ssb.no/a/histstat/tabeller/15–11.html#.

———. 2014. Fiskeoppdrett, 2013. Endelige tall [Final figures]. October 30. https://www.ssb.no/jord-skog-jakt-og-fiskeri/statistikker/fiskeoppdrett.

Stead, Selina M., and Lindsay Laird. 2002. *Handbook in Salmon Farming.* Chichester, West Sussex, UK: Praxis.

Stengers, Isabelle. 2011. "Another Science Is Possible! A Plea for Slow Science." Lecture at the Faculté de Philosophie et Lettres, Free University of Brussels, December 13, 2011. http://threerottenpotatoes.files.wordpress.com/2011/06/stengers2011_pleaslowscience.pdf.

Strathern, Marilyn. 1991. *Partial Connections.* Walnut Creek, CA: AltaMira Press.

———. 1992. *Reproducing the Future: Essays on Anthropology, Kinship and the New Reproductive Technologies.* Manchester, UK: Manchester University Press.

———. 2006. *Kinship, Law, and the Unexpected: Relatives Are Always a Surprise.* Cambridge: Cambridge University Press.

Sunnset, Beate Hoddevik. 2013. "Escapees Change the Wild Salmon." Institute of Marine Research (Havforskningsinstituttet). September 3. www.imr.no/nyhetsarkiv/2013/september/romt_oppdrettslaks_forandrer_villaksen/en.

Swanson, Heather Anne. 2013. "Caught in Comparison: Japanese Salmon in an Uneven World." PhD diss., Department of Anthropology, University of California, Santa Cruz.

———. 2015. "Shadow ecologies of conservation: Co-production of salmon landscapes in Hokkaido, Japan, and southern Chile." *Geoforum* 61 (2015): 101-110.

Taranger, Geir Lasse, Terje Svåsand, Abdullah S. Madhun, and Karin H. Boxaspen. 2011. "Risikoverdering—miljøvirkninger av norsk fiskeoppdrett" [Risk assessment—environmental impacts of Norwegian aquaculture]. In *Fisken og Havet*. Bergen: Institute of Marine Research. (English translation at www.imr.no/filarkiv/2011/08/risk_assessment_engelsk_versjon.pdf/en.)

Thompson, Charis. 2005. *Making Parents: The Ontological Choreography of Reproductive Technology*. Cambridge, MA: MIT University Press.

Treimo, Henrik. 2007. "Laks, kart og mening. Det store laksegenomsprosjektet." PhD diss., University of Oslo.

Trigger, Bruce G. 1980. *Gordon Childe; Revolutions in Archaeology*. London: Thames and Hudson.

———. 1996. *A History of Archeological Thought*. Oxford: Oxford University Press.

Tsing, Anna. 2010. "Worlding the Matsutake Diaspora. Or, Can Actor-Network Theory Experiment with Holism?" In *Experiments in Holism*, edited by Ton Otto and Nils Bubandt, 47-66. London: Blackwell.

———. 2012a. "On Nonscalability: The Living World Is Not Amenable to Precision-Nested Scales." *Common Knowledge* 18 (3): 505-24.

———. 2012b. "Unruly Edges: Mushrooms as Companion Species." *Environmental Humanities* 1: 141, 154.

———. 2013. "More-Than-Human Sociality. A Call for Critical Description." In *Anthropology and Nature*, edited by Kristen Hastrup, 27-42. London and New York: Routledge.

———. 2014. "Strathern beyond the Human: Testimony of a Spore." *Theory, Culture and Society* 31 (2/3): 221-41.

———. 2015. *The Mushroom at the End of the World: On the Possibility of Life in Capitalist Ruins*. Princeton, NJ: Princeton University Press .

Turner, Jacky. 2006. *Stop-Look-Listen: Recognising the Sentience of Farm Animals*. Hampshire, UK: Compassion in World Farming Trust.

UNEP (United Nations Environment Program). 1992. "Article 2: Use of Terms." Convention on Biological Diversity. Opened for signature June 5, 1992, entered into force December 29, 1993. www.cbd.int/convention/articles/default.shtml?a=cbd-02.

Verspoor, Eric, Lee Stradmeyer, and Jennifer L. Nielsen. 2007. *The Atlantic Salmon: Genetics, Conservation, and Management*. London: Blackwell.

Vialles, Noëlie. 1994. *Animal to Edible*. Cambridge: Cambridge University Press.

Vigne, Jean-Denis. 2011. "The Origins of Animal Domestication and Husbandry: A Major Change in the History of Humanity and the Biosphere." *Comptes Rendus Biologies* 334 (3): 171-81.

Viveiros de Castro, Eduardo. 2005. "Perspectivism and Multinaturalism in Indigenous America." In *The Land Within: Indigenous Territory and the Perception of Environment*, edited by Alexandre Surralles and Pedro García Hierro, 36-74. Copenhagen: IWGIA.

———. 2011. "Zeno and the Art of Anthropology: Of Lies, Beliefs, Paradoxes and Other Truths." *Common Knowledge* 17 (1): 128–145.

Ween, Gro B. 2012. "Resisting the Imminent Death of Wild Salmon." In *Fishing People of the North: Cultures, Economies, and Management Responding to Change,* edited by Courtney Carothers, Keith R. Criddle, Catherine P. Chambers, Paula J. Cullenberg, James A. Fall, Amber H. Himes-Cornell, Jahn Petter Johnsen, Nicole S. Kimball, Charles R. Menzies, and Emilie S. Springer. Fairbanks: University of Alaska, Fairbanks.

Ween, Gro B., and Ben Colombi. 2013. "Two Rivers. The Politics of Wild Salmon, Indigenous Rights and Natural Resource Management." *Sustainability* 5 (2): 478–96. doi: 10.3390/su5020478.

Ween, Gro B., and Marianne E. Lien. 2012. "Decolonization in the Arctic? Nature Practices and Land Rights in the Norwegian High North." *Journal of Rural and Community Development* 7 (1): 93–109.

Winthereik, Brit Ross, and Helen Verran. 2012. "Ethnographic Stories as Generalizations That Intervene." *Science Studies* 25 (1): 37–51.

Zeder, Melinda A. 2012. "Pathways to Animal Domestication." In *Biodiversity in Agriculture: Domestication, Evolution, and Sustainability,* edited by Paul Gepts, Thomas R. Famula, Robert L. Bettinger, Stephen B. Brush, Ardeshir B. Damania, Patrick E. McGuire, and Calvin O. Qualset, 227–59. Cambridge: Cambridge University Press.

Zeder, Melinda A., Ewe Emshiller, Bruce D. Smith, and Daniel G. Bradleys. 2006. "Documenting Domestication: The Intersection of Genetics and Archeology." *Trends in Genetics* 22 (3): 139–55.